精通 Tableau 2019

[美] 德米特里·阿诺辛 等著

刘 洋 译

清华大学出版社

北 京

内 容 简 介

本书详细阐述了与 Tableau 2019.x 相关的基本解决方案,主要包括 Tableau 数据操控、Tableau 数据提取、Tableau Desktop 高级计算、Tableau 桌面高级过滤机制、创建仪表板、利用 Tableau 讲述故事、Tableau 可视化、Tableau 高级可视化、Tableau 大数据应用、Tableau 预测分析、Tableau 高级预测分析、部署 Tableau Server、Tableau 故障诊断、利用 Tableau Prep 分析数据、基于 Tableau 的 ETL 最佳实践方案等内容。此外,本书还提供了相应的示例、代码,以帮助读者进一步理解相关方案的实现过程。

本书适合作为高等院校计算机及相关专业的教材和教学参考书,也可作为相关开发人员的自学教材和参考手册。

图书在版编目(CIP)数据

精通 Tableau 2019 /(美)德米特里·阿诺辛(Dmitry Anoshin)等著;刘洋译. —北京:清华大学出版社,2019.11

书名原文:Tableau 2019.x Cookbook

ISBN 978-7-302-54076-2

Ⅰ.①精… Ⅱ.①德… ②刘… Ⅲ.①可视化软件 Ⅳ.①TP31

中国版本图书馆 CIP 数据核字(2019)第 241989 号

责任编辑:贾小红
封面设计:刘　超
版式设计:文森时代
责任校对:马军令
责任印制:刘海龙

出版发行:清华大学出版社
　　　　　网　　　址:http://www.tup.com.cn, http://www.wqbook.com
　　　　　地　　　址:北京清华大学学研大厦 A 座　　　邮　　　编:100084
　　　　　社 总 机:010-62770175　　　　　　　　　邮　　　购:010-62786544
　　　　　投稿与读者服务:010-62776969, c-service@tup.tsinghua.edu.cn
　　　　　质 量 反 馈:010-62772015, zhiliang@tup.tsinghua.edu.cn
印 装 者:三河市君旺印务有限公司
经　　　销:全国新华书店
开　　　本:185mm×230mm　　　印　　张:29.25　　　字　　数:583 千字
版　　　次:2019 年 11 月第 1 版　　　　　　　印　　次:2019 年 11 月第 1 次印刷
定　　　价:149.00 元

产品编号:083262-01

译 者 序

古谚有云"一图胜千言",这在不同的文化背景中均广为人知,而 Tableau 即是基于这样的智慧理念下创造出的应用产品,以帮助更多用户读懂他们的数据。Tableau 凭借其强大的交互式数据可视化功能,成为近年来颇受欢迎的商业智能解决方案之一,而本书则帮助读者掌握 Tableau 方方面面的内容。

本书内容较为丰富,涉及提取、Tableau Desktop 高级计算、地理空间分析、创建仪表板、数据处理技术、叙述故事、高级过滤机制、可视化技术、用于优化业务智能任务的故障排除技术、最新的 Tableau Prep 数据分析技术以及基于真实案例的预测机制。本书的复杂度呈逐级递增趋势,从 Tableau 的基本功能,一直到复杂的 Linux 部署。此外,读者还将通过 R、Python 和各种 API 学习 Tableau 的高级特性。在阅读完本书后,读者将能够使用 Tableau 应对各种商业智能挑战任务。

在本书的翻译过程中,除刘洋外,王辉、刘晓雪、张博、张华臻、刘璋、刘祎等人也参与了部分翻译工作,在此一并表示感谢。

由于译者水平有限,难免有疏漏和不妥之处,恳请广大读者批评指正。

译 者

前　　言

Tableau 是近期颇为流行的商业智能（BI）解决方案，并以其强大的交互式数据可视化而著称。本书涵盖了业界专家提供的有效案例，以帮助读者学习 Tableau 2019.x，并掌握其中的各项技能。

本书包含了丰富的内容，如 Tableau 数据提取、Tableau Desktop 高级计算、创建仪表板、数据处理技术、叙述故事、高级过滤机制、可视化技术以及基于真实案例的预测分析等。

本书将从 Tableau 的基本功能讲起，一直讲到 Linux 上的复杂操作。此外，读者还将通过 R 语言、Python 语言和各种 API 了解 Tableau 的高级特性。其间，任务的复杂性将会逐渐增加，读者将通过丰富的案例掌握这些高级功能。同时，本书还介绍了用于优化 BI 任务的故障排除技术。

此外，读者还将学习利用最新的 Tableau Prep 为数据分析过程准备数据。在阅读完本书后，读者可通过 Tableau 的各种特性来处理 BI 任务。

适用读者

本书面向数据分析人员、数据可视化和 BI 用户，并向他们提供基于 Tableau 的快速解决方案。

本书内容

第 1 章主要介绍了 Tableau 的基础知识，读者将熟悉 Tableau 的界面和基本任务，如创建简单的图、表和过滤机制，并理解 Tableau 语义层面的内容。所有这一切都将在市场调查所搜集的真实数据的基础上进行。

第 2 章将通过人口普查数据讲解 Tableau 中数据的操控方式，包括添加数据源、连接数据源以及二者间的混合操作。另外，本章还将介绍如何使用 Tableau Pivot 功能，并设置工作簿的语义层以满足任务的要求，其中包括度量和维度间的转换、连续和离散以及别名编辑等。

第 3 章讨论如何利用提取提升 Tableau 仪表板的性能。其中涉及不同的 Tableau 文件格式类型和提取类型。相应地，本章引入了 Tableau 的最新内存数据引擎技术，该技术于 2017年 10 月发布且速度惊人。此处将通过详细的步骤讲解如何利用 Hyper 划分数据集，从而提高分析速度，并通过聚合提取、减少维度、提取过滤器、增加提取刷新和交叉数据连接优化 Tableau 仪表板的性能。

第 4 章讨论 Tableau Desktop 的其他各项功能，如表计算、计算字段、参数、集合、分组和细节级别表达式，并通过丰富的案例帮助读者掌握 Tableau Desktop 的各种操作技能，从简单的表计算到相对高级的细节级别表达式，从而提升 Tableau 开发人员的技术水平。本章将使用真实的市场数据以及与人口数据相关的地理空间用例。

第 5 章将讲解过滤器，并在第 1 章的基础上进行扩展。其间将使用源自食品包装工业的数据，其中将涉及数据过滤器、度量过滤器、前 N 项过滤器、表计算过滤器以及动作过滤器。另外，本章还将讨论如何管理多个过滤器间的关系。

第 6 章主要讲解仪表板设计技术。本章将引入仪表板这一概念并讨论仪表板的设计过程。通过与互联网应用相关的真实数据，将创建一个基本的仪表板，其中添加了自定义格式和某些高级功能。除此之外，读者还将了解可视化的角色以及正确的布局设计的重要性，进而使用 Tableau 创建美观的仪表板。最后，本章还将构建一个自服务仪表板。

第 7 章将探讨利用数据讲述故事，其中将使用来自汽车工业的真实业务数据，学习如何使用 Tableau 的相关功能，以一种吸引人的、用户可访问的方式讲述故事，同时保证传达信息的准确性。

第 8 章将利用 Tableau Desktop 创建高级可视化结果。本章不仅限于 Tableau 中的 Show Me 特性，还将深入讨论高级可视化技术，以使仪表板故事更加出众。针对各种可视化效果，本章将通过多个案例和推荐的最佳实践方案对其加以创建。相关案例包括识别具有重要影响的数据元素；针对不同分类创建一段时间内的排名，并通过可视化方式跟踪机构的实现目标；比较多个度量间的性能。针对每种可视化效果，本章将采用多个不同的数据集，如美国足球联盟数据集、医院客户满意度数据集、美国各州大学排名数据集、股票价格数据集、二氧化碳排放量数据集、Y18 PMMR 支出和预算数据集，等等。

第 9 章将在第 8 章的基础上讨论多个案例，包括比较 89%～90% 范围内包含较高数值的类别、确定流中的主要因素、创建部分与整体间的关系、从视觉上消除 Alaska Effect。本章将针对各种可视化效果采用不同的数据集，涉及足球联盟数据、维基百科点击流数据、

ITA 市场调研数据、零售销售市场利润和成本数据，以及美国各州人口分布数据。

　　第 10 章将考查可视化数据的重要性——无论它的大小、种类和速度怎样。大数据的可视化方案十分重要，数据的存储、准备和查询成本均较为高昂。对此，组织机构需要利用结构化良好的数据源以及最佳实践方案直接对大数据进行查询。本章将着手解决大数据可视化面临的挑战，其间将使用到 Hadoop、S3、Athena 和 Redshift Spectrum，并探讨如何针对大数据部署 Tableau。

　　第 11 章将使用源自健康调查活动中的真实数据，针对预测机制和 R 数据包的集成讨论 Tableau 的内建功能。读者将学习在简单和复杂数据集上执行回归分析，并对统计测试结果予以正确的解释。此外，本章还将介绍如何实现时序模型。在本章结尾，读者将考查基于机器学习的回归示例。

　　第 12 章阐述了基于 Tableau 的高级数据分析并与 R 语言实现集成。通过来自电信、汽车、银行和快速消费品行业的真实数据，读者将学习如何发现数据的底层结构、判断市场趋势、对相似案例进行分类，以及如何在较大的数据集上推断结果。此外，本章还介绍了如何识别和解释数据中不寻常的情形。

　　第 13 章将讨论 Tableau Server 及其功能，其中涉及 Windows 和 Linux 环境下的 Tableau Server 的部署和下载。另外，读者还将学习如何创建、监视和调度 Tableau Server 备份。随后，本章讨论了服务器应用过程中的监测机制，以及基于 Tabcmd 和 Tabadmin 的 Tableau Server 自动化机制。整体而言，本章旨在在 Tableau Server 上实现自动更新，发布 Tableau 仪表板，并针对受限访问打造适宜的安全措施。

　　第 14 章讨论 Tableau Desktop 和 Tableau Server 的故障诊断机制，并对遇到的问题提供相应的处理步骤，其中包括性能诊断、技术诊断和日志。

　　第 15 章介绍了 Tableau 的新产品 Tableau Prep，该产品旨在快速地对数据进行整合，并构建和清理相关的分析数据。

　　第 16 章介绍了 Tableau Server 和现代 ETL 工具 Matillion 间的集成。读者将学习如何针对 Linux 环境安装 ETL 工具，并构建 ETL 管线和 Tableau Server 活动间的集成方案，如刷新提取和导出 PDF。该方案适用于任何 ETL 工具。

背景知识

　　在软件方面，读者需要下载 Tableau 2019.x。同时，读者还应理解与 BI 和 Tableau 相关的一些基本概念。

资源下载

读者可访问 http://www.packtpub.com，并通过个人账户下载示例代码文件。另外，购买本书的读者也可访问 http://www.packtpub.com/support，注册成功后，我们将以电子邮件的方式将相关文件发给读者。

读者可根据下列步骤下载代码文件：

（1）登录或注册我们的网站 www.packtpub.com。

（2）单击 SUPPORT 选项卡。

（3）单击 Code Downloads & Errata。

（4）在 Search 文本框中输入书名。

当文件下载完毕后，确保使用下列最新版本软件解压文件夹：

❑　Windows 系统下的 WinRAR/7-Zip。

❑　Mac 系统下的 Zipeg/iZip/UnRarX。

❑　Linux 系统下的 7-Zip/PeaZip。

另外，读者还可访问 GitHub 获取本书的代码包，对应网址为 https://github.com/PacktPublishing/Tableau-2019.x-Cookbook。

此外，读者还可访问 https://github.com/PacktPublishing/以了解丰富的代码和视频资源。

读者可访问 http://www.packtpub.com/sites/default/files/downloads/9781789533385_ColorImages.pdf 下载包含本书彩色图像的 PDF 文件。

本书约定

本书通过不同的文本风格区分相应的信息类型。下面通过一些示例对此类风格以及具体含义的解释予以展示。

代码块如下：

```
install.packages('rpart',repos='http://cran.us.r-project.org')
library(rpart)
cars <- read.table("C:\\!Slaven\\6 KNJIGA\\4 Advanced analytics\\4 decision
```

```
tree\\new_or_used_car.csv", header=T, sep=",")
fit <- rpart(FuturePurchase ~ Age + Gender + Education + FamilyStatus
+CurrentCar+AgeOfCurrentCar+MunicipalityType,method="class", data=cars)
plot(fit, uniform=TRUE, main="Classification of new cars buyers")
text(fit, all=TRUE, cex=.8)
```

命令行输入或输出则采用下列方式表达：

```
set enable_result_cache_for_session to off;
```

🛈 图标表示较为重要的事项说明。

🛈 图标则表示提示信息和操作技巧。

读者反馈和客户支持

欢迎读者对本书提出建议或意见。

对此，读者可向 feedback@packtpub.com 发送邮件，并以书名作为邮件标题。若读者对本书有任何疑问，也可发送邮件至 questions@packtpub.com，我们将竭诚为您服务。

若读者针对某项技术具有专家级的见解，抑或计划撰写书籍或完善某部著作的出版工作，则可访问 www.packtpub.com/authors。

关于书中谬误

尽管我们在最大程度上做到尽善尽美，但错误依然在所难免。如果读者发现谬误之处，无论是文字错误抑或是代码错误，还望不吝赐教。对此，读者可访问 http://www.packtpub.com/submit-errata，选取对应书籍，单击 Errata Submission Form 超链接，并输入相关问题的详细内容。

版权须知

一直以来，互联网上的版权问题从未间断，Packt 出版社对此类问题异常重视。若读者在互联网上发现本书任意形式的副本，请告知网络地址或网站名称，我们将对此予以处理。关于盗版问题，读者可发送邮件至 copyright@packtpub.com。

问题解答

　　若读者对本书有任何疑问，均可发送邮件至 questions@packtpub.com，我们将竭诚为您服务。

目　　录

第 1 章　开启 Tableau 之旅

本章主要涉及以下内容：

❑　连接数据。

❑　利用 Show ME 构建条形图。

❑　构建文本表。

❑　添加过滤器。

❑　添加颜色。

❑　构建树形图。

❑　创建地图。

❑　优化工具提示信息。

❑　构建双轴图。

1.1　技 术 需 求

当实现本章案例时，需要安装 Tableau 2019.x。除此之外，还需要将 Baby_names.csv 数据集的本地副本保存至机器设备上，以供后续操作使用。读者可访问 GitHub 存储库下载该数据集，对应网址为 https://github.com/PacktPublishing/Tableau-2018-Dot-1-Cookbook/blob/master/Baby_names.csv。

1.2　Tableau 简介

Tableau 是近期发展迅速的商业智能（BI）和数据可视化工具。Tableau 具有对用户友好的界面，并兼具强大的功能，现已成为应用最为广泛的 BI 工具之一。Tableau 涵盖了诸多功能，且入门十分简单。本章将讨论 Tableau 的基本知识，其中涉及如何连接数据源，以及如何生成简单的可视化效果。

在本章的案例中，我们将使用到与美国出生婴儿名称相关的数据，此类数据由美国联邦社会保障总署负责采集。相应地，Baby_names.csv 数据集包含了 2010—2017 年美国常用的婴儿名字。此外，该数据集还包含了与州、性别、名字、年份以及使用该名字的婴儿数量相关的信息。

1.3 连接数据

本节将介绍连接数据源方面的基本知识。对此，首先打开 Tableau，并在生成可视化效果之前连接至某个数据源上。随后，将使用该数据源创建视图和仪表盘。

1.3.1 准备工作

本节将使用到 Baby_names.csv 数据集，确保已持有保存于计算机上的、该数据集的本地副本。

1.3.2 实现方式

步骤如下：

（1）打开 Tableau 软件。

（2）在左侧 Connect 面板中，选取 Text file 选项，如图 1.1 所示。

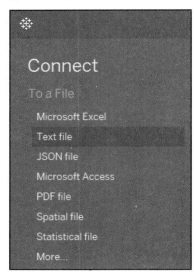

图 1.1

（3）接下来将弹出一个新窗口。找到 Baby_names.csv 数据集的本地副本，选取该文件并单击 Open 按钮。

（4）Tableau 将打开 Data Source 页面。其中，所加载的文件已作为数据源被选取，同时还可对其进行预览。

（5）当生成第一个可视化效果时，可单击工作簿底部的 Sheet 1 选项卡。

至此，全部设置均已完毕。

1.3.3　工作方式

Tableau 将读取所连接的文件，并识别字段和相应的数据类型。相应地，Tableau 包含以下数据类型：

❑　数字（小数）。

❑　数字（整数）。

❑　日期和时间。

❑　日期。

❑　字符串。

❑　布尔值。

在连接了数据源并单击 Sheet 1 之后，将会看到工作区左侧的 Data 面板，其中包含了源自数据源的所有字段，以及数据名称左侧采用图标标记的数据类型，如图 1.2 所示。

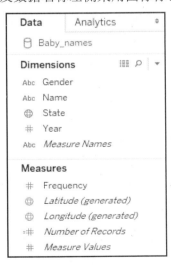

图 1.2

其中，State、Longitude 和 Latitude 前面的球形图标表示此类字段的地理特征，这对于构建地图十分重要。另外一方面，图标 Abc 则表示为字符串，而图标#表示为数值。

1.3.4 其他

Tableau 还支持用户连接到更加广泛的数据，例如，用户可连接至存储于设备本地的不同文件类型、存储于云端的数据，或者存储在云端、关系数据库或多维数据库中的数据。

1.3.5 参考资料

关于数据连接的更多信息，读者可参考 Tableau 的帮助文档，对应网址为 https://onlinehelp.tableau.com/current/pro/desktop/en-us/basicconnectoverview.html。

1.4 利用 Show Me 构建条形图

本节将利用 Show Me 构建一幅条形图。Show Me 是创建 Tableau 可视化效果时一种较为方便的选择方案。当实现可视化效果时，无须了解其内部的真实工作方式，相应地，用户仅需要了解数据源中的字段内容即可。Tableau 将对可视化结果提供相应的建议。

1.4.1 准备工作

当实现这一案例时，需要连接 Baby_names.csv 数据集，并打开一张新建的工作表。

1.4.2 实现方式

利用 Show Me 创建条形图的步骤如下：

1. 利用 Show Me 创建条形

（1）按下 Ctrl 键，在 Dimensions 下的 State 上，选择 Measures 下的 Frequency。

（2）释放 Ctrl 键，单击工作区右上角的 Show Me，如图 1.3 所示。

图 1.3

（3）在弹出的菜单中（其中包含了适用于当前数据的各种可视化效果），选择 horizontal bars。此时，我们创建了第一个可视化效果，如图 1.4 所示。

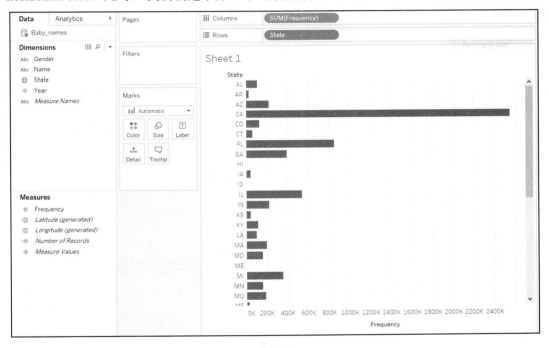

图 1.4

2．对条形进行排序

（1）将鼠标悬停于 Rows 中的 State 上，以便出现一个白色的箭头。单击该箭头并选择 Sort...，如图 1.5 所示。

（2）在 Sort order 选项组中选择 Descending 选项。

（3）在 Sort by 选项组中选择 Field 选项，如图 1.6 所示。

（4）单击 OK 按钮，此时，各州将按照 Frequency 值降序排列，如图 1.7 所示。

图 1.5

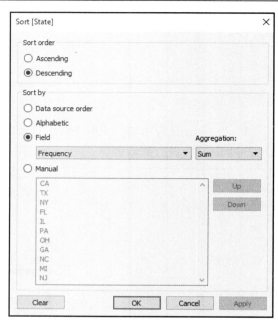

图 1.6

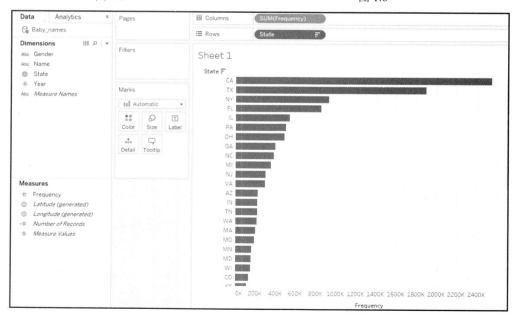

图 1.7

1.4.3 工作方式

Tableau 将数据源中的字段分类为以下两种主要类型。

❑ Dimensions：这一部分内容包含了定性值和分类值，如日期、字符串或地理数据。

❑ Measures：这一部分内容包含了定量值和数字值。

Dimensions 和 Measures 可以是连续的，这意味着向视图中添加了轴向。此外，二者也可以是离散的，也就是说，向视图中添加了字段头。其中，连续字段利用绿色进行标记，而离散字段则采用蓝色进行标记。可以看到，Measures 大多为连续的，而 Dimensions 多呈离散状态，如图 1.8 所示。

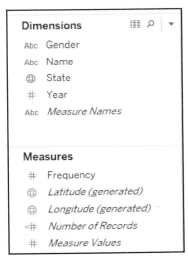

图 1.8

当选择某些 Measures 和 Dimensions 并单击 Show Me 时，Tableau 将展示一系列的基本可视化内容，这往往是所选 Measures 和 Dimensions 的特定组合结果。

1.4.4 其他

当连接至某个数据源时，Tableau 将自动向数据源中的各个字段分配类型（Measure 或 Dimension）。当然，也可通过手动方式对其进行修改，即右键单击 Measures/Dimensions 下的字段名，并选择 Convert to Dimension / Convert to Measure，如图 1.9 所示。

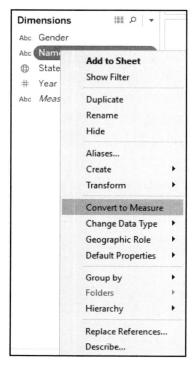

图 1.9

1.4.5　参考资料

关于数据类型的更多内容，读者可查看 Tableau 的帮助文档，对应网址为 https://onlinehelp.tableau.com/current/pro/desktop/en- us/datafields_typesandroles.html。

1.5　构建文本表

本节将构建一个简单的表，其中包含了两个维度以及一个度量值。具体来说，维度将定义行和列标题，而度量值将被执行汇总计算。

1.5.1　准备工作

连接 Baby_names.csv 数据集，并打开一张新的工作表。

1.5.2　实现方式

步骤如下：

（1）将 Dimensions 中的 State 拖曳至 Rows 中。

（2）将 Dimensions 中的 Gender 拖曳至 Columns 中。

（3）将 Measures 中的 Frequency 拖曳至 Marks 中的 Text 上，如图 1.10 所示。

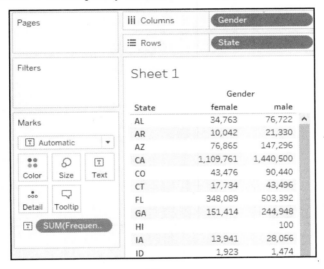

图 1.10

1.5.3　工作方式

之前曾将两个离散维度 State 和 Gender 置于表的行和列中，但表自身仍然为空，目前只能看到 Abc 占位符文本。在将连续度量值 Frequency 置于 Text 上时，Tableau 将利用该度量值自动填充表，并在行和列中所置维度上自动对其进行汇总计算。

1.5.4　其他

在将连续度量值置入某个视图中时，Tableau 需要对其汇总，这将使用到默认的聚合函数。另外，还需要留意是否能看到 Text 中的 Frequency（位于 Marks 中），即 SUM(Frequency)，如图 1.11 所示。

当然，也可对聚合函数进行调整。对此，可将鼠标指针悬停于 Marks 中的 SUM(Frequency)

上，当其上出现白色箭头时，单击该箭头。如果悬停于下拉列表中的 Measure (Sum) 上时，将弹出一个下拉列表，从中，可选择相应的聚合函数，如图 1.12 所示。

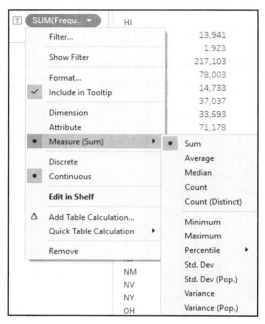

图 1.11　　　　　　　　　　　　　　　　图 1.12

💡 提示：

　　需要注意的是，此类聚合方法仅对其所处的工作表产生影响。当在所有工作表间针对特定的度量修改默认的聚合函数时，可考虑使用 Default Properties 函数。当右键单击 Measures 项下的某个字段时，该函数将出现在下拉列表中。

1.5.5　参考资料

　　关于文本表的更多内容，读者可参考 Tableau 帮助文档，对应网址为 https://onlinehelp. tableau.com/current/pro/desktop/en-us/buildexamples_text.html。

1.6　添加过滤器

　　本节将讨论 Tableau 中基本的过滤功能。首先，本节将创建一个显示不同年份间名字频率的图表，随后将过滤一个名字，查看其流行程度在过去几年中的变化状况，并将考查范围缩至一个州。

1.6.1　准备工作

连接 Baby_names.csv 数据集，并打开一个新的工作表。

1.6.2　实现方式

步骤如下：

（1）将 Dimensions 中的 Year 拖曳至 Columns 中。

（2）将 Measures 中的 Frequency 拖曳至 Rows 中。

（3）将 Name 拖曳至 Filters 中。

（4）在列表上方的搜索栏中，输入 jac。

（5）选择 Jacob，并单击 OK 按钮，如图 1.13 所示。

图 1.13

（6）可以看到，自 2010 年起，名字 Jacob 的流行程度日趋降低。接下来，将查看该名字在得克萨斯州的表现。将 Dimensions 中的 State 拖曳至 Filters 中。

（7）在 Filter [State]对话框的搜索栏中输入 TX。

（8）选择 TX，并单击 OK 按钮，对应结果如图 1.14 所示。

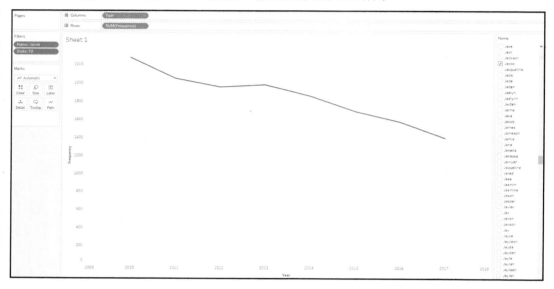

图 1.14

1.6.3　工作方式

过滤器将从数据集中排除某些行。具体来说，当使用过滤器选择名字 Jacob 时，仅包含数据集中 Jacob 值的相关行被分析，而其他行将被排除。除此之外，还可筛选多个值，并选择在视图中显示的 2 个、3 个或 50 个名字。

1.6.4　其他

交互性是 Tableau 过滤器的一个主要优点。对此，可执行下列各项步骤，以查看 Filter 选项的工作方式。

（1）当鼠标指标悬停于 Filters 中的 Name: Jacob 上时，将于其上显示一个白色箭头。

（2）单击该箭头，在下拉列表中单击 Show Filter。

（3）全部名字列表将显示于工作表的右下角处。此时，仅 Jacob 被选中，因为这是对其设置过滤器的方式。当然，还可选中/取消选中任何名字，进而调整可视化结果，如图 1.15 所示。

（4）如果将鼠标指针悬停在过滤器控件上，并单击右上角出现的黑色箭头，则可以更改过滤器的模式，例如，可选择希望过滤器支持单个值或多个值。此外，还可指定是否将过滤器实现为下拉列表、复选框或滑块，如图 1.16 所示。

图 1.15

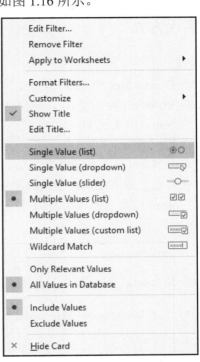

图 1.16

1.6.5　参考资料

关于过滤机制的更多内容，读者可参考 Tableau 帮助文档，对应网址为 https://onlinehelp.tableau.com/current/pro/desktop/en-us/filtering.html。

1.7　添加颜色

色彩可进一步丰富用户的视觉体验。本节将学习如何向可视化结果中加入颜色信息，即选择 Dimension 并将其添加至 Color 中（位于 Marks 中）。

1.7.1　准备工作

连接 Baby_names.csv，并打开一个空工作表。

1.7.2　实现方式

步骤如下：

（1）将 Dimensions 中的 State 拖曳至 Columns 中。

（2）将 Measures 中的 Frequency 拖曳至 Rows 中。

（3）将 Name 拖曳至 Filter 中。

（4）在 Filter[Name]窗口中，应确保 Select from list 在 General 选项卡中被选中。

（5）单击 Nonebig 取消选中所有值。

（6）在列表上方的搜索栏中，输入 soph。

（7）Tableau 将显示起始字符的对应结果，例如 Sophia 和 Sophie。选中这两个值，如图 1.17 所示。

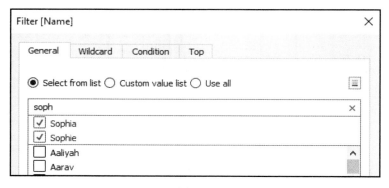

图 1.17

（8）单击 OK 按钮。

（9）将 Frequency 拖曳至 Marks 中的 Label 中。

（10）当前已经生成了一个图表，用以表示每个州内名为 Sophie 和 Sophia 的总频率。如果希望了解这两个名字在哪个州更受欢迎，情况又当如何？对此，可将 Name 添加至 Marks 中的 Color 中即可。

（11）将 Dimensions 中的 Name 拖曳至 Marks 中的 Color，如图 1.18 所示。

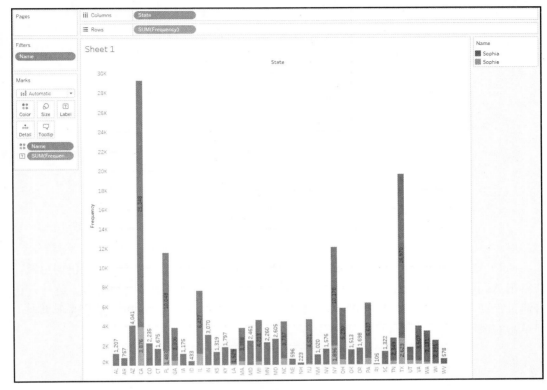

图 1.18

1.7.3　工作方式

如果向 Color 中添加了一个离散维度（Name），Tableau 将通过名字分类对所用的度量 Frequency 进行分解，并为每个类别分配不同的颜色。由于当前过滤了除 Sophia 和 Sophie 之外的所有名字，因而图中仅出现两种颜色。除此之外，还可向 Color 添加度量值，这也是较为常见的做法。其中，度量值通过颜色渐变予以体现，稍后将对此加以考查。

1.7.4　其他

通过执行下列步骤，还可自定义视图中的颜色：

（1）单击 Marks 中的 Color，并于随后单击 Edit Colors... 按钮，如图 1.19 所示。

图 1.19

（2）在开启的 Edit Colors[Name]对话框中，可从下拉列表中选择一个颜色调色板，并单击 Assign Palette 按钮，这将把所选调色板中的颜色分配至维度的类别中。此外，还可通过手动方式向某个类别分配特定的颜色值——在 Select Data Item 面板中选中类别，并单击右侧中期望的颜色值，如图 1.20 所示。

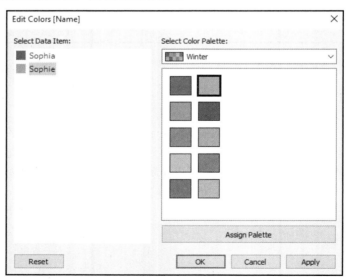

图 1.20

（3）当颜色选择完毕后，单击 OK 按钮并退出。需要注意的是，这仅影响到所创建的特定视图中的颜色。

（4）除此之外，还可针对特定的度量和维度实现颜色调色板的硬编码。对此，鼠标指针悬停于 Measures 或 Dimensions 下方字段上，并单击出现于其上的白色小箭头，在下拉列表中，选择 Default Properties | Color...命令，如图 1.21 所示。

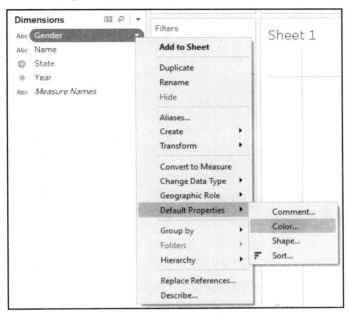

图 1.21

这时，将弹出一个 Edit Colors 对话框，可于其中选择颜色调色板。当通过这种方式向字段中分配了所期望的颜色调色板后，默认状态下，每次将该字段添加到视图中的 Color 时都会使用到它。

💡 提示：

如果打算在多个可视化结果中使用 Color 中的某个字段，一种较好的方法是针对该字段对颜色调色板进行硬编码。在可视化中结果对颜色保持一致性可以使其更清晰、更容易理解，特别是当颜色变得更复杂时。

1.7.5　参考资料

关于颜色调色板的更多内容，读者可访问 Tableau 的帮助文档，对应网址为

https://onlinehelp.tableau.com/current/pro/desktop/en-us/viewparts_marks_markproperties_color.html。

1.8　构建树形图

树形图对于现实多种类别间的相互关系十分有用。本节将考查数据集的组成，进而查看哪一个州占主导地位（记录最多），而哪一个州包含较少的记录。

1.8.1　准备工作

连接 Baby_names.csv 数据源，并打开一个新的工作表。

1.8.2　实现方式

步骤如下：

（1）将 Measures 中的 Number of Records 拖曳至 Marks 中的 Size 上。

（2）将 Dimensions 中的 State 拖曳至 Marks 中的 Detail 上。

（3）将 Dimensions 中的 State 拖曳至 Marks 中的 Label 上。

（4）将 Measures 中的 Number of Records 拖曳至 Marks 中的 Label 上，如图 1.22 所示。

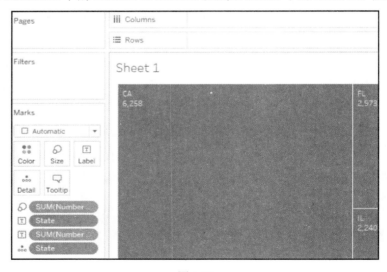

图 1.22

1.8.3　工作方式

记录数量表示为自动生成的度量结果，并简单体现了数据集中的行数，我们将以此查看数据集中每个州的相对表示结果。

1.8.4　其他

当创建树形图时，需要设置 Size 中的 Number of Records，这一步不可或缺。然而，将 Number of Records 添加至 Color 中则可获得更加直观的结果。对此，仅需将 Measures 中的 Number of Records 拖曳至 Marks 中的 Color 中，Number of Records 值将通过矩形颜色梯度予以表示。此外，还可修改和调整颜色调色板，即单击 Marks 中的 Color 按钮，进而选择偏好设置，如图 1.23 所示。

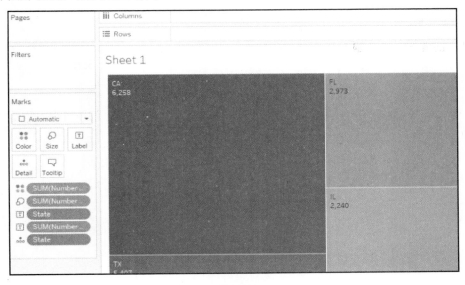

图 1.23

1.8.5　参考资料

关于构建树形图的更多信息，读者可参考 Tableau 帮助文档，对应网址为 https://onlinehelp.tableau.com/current/pro/desktop/en-us/buildexamples_treemap.html。

1.9　构建一幅地图

地图是一种表达地理位置数据的一种良好方法，并可提供直观、简单的阅读体验。本节将考查各州的名字出现频率，同时使用到地图。该案例涉及两种较常使用的方法表示地图上的数据，即利用不同尺寸的圆形创建地图，以及利用颜色梯度创建一幅填充后的地图。

1.9.1　准备工作

针对当前案例，需要连接 Baby_names.csv 数据集，并打开一个新的工作表。

1.9.2　实现方式

步骤如下：

1．创建一幅包含圆形图案的地图

（1）将 State 拖曳至工作表的工作空间中。

（2）将 Size 上的 Frequency 拖曳至 Marks 中。

（3）单击 Marks 中的 Size，并将滑块移至中心处，以此增加或减少图中圆形的尺寸，如图 1.24 所示。

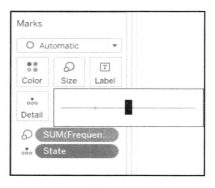

图 1.24

提示：

如果地图无法正常显示，可选择主菜单栏中的 File|Workbook Locale，并执行 More... 命令。当弹出 Set Workbook Locale 窗口时，可选择 English (United States)。

2．创建包含颜色梯度的地图

（1）将 State 拖曳至工作表工作空间中。

（2）将 Color 上的 Frequency 拖曳至 Marks 中，如图 1.25 所示。

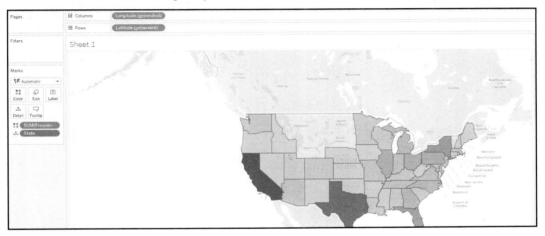

图 1.25

1.9.3　工作方式

Tableau 能够正确地识别包含地理位置信息的 State 维度，并将地理位置角色分配于其中，这可通过 Dimensions 面板中维度名称一侧的球体符号（⊕），以及 Data Source 页面中的数据预览予以显示。据此，可自动生成类中新的度量 Longitude 和 Latitude，但它们并不处于数据集自身中。在将 State 维度拖曳至工作表的工作区中时，将实现 Show Me 功能。这将把 State 置于 Marks 中的 Detail，将 Longitude 置于 Columns 中，将 Latitude 置于 Rows 中。根据我们对 Frequency 所做的操作，Tableau 会自动选择合适的标记类型，即圆形或地图。

1.9.4　其他

通过执行下列操作步骤，还可添加或减少地图中的层数：

（1）在主菜单栏中，访问 Map | Map Layers…并打开 Map Layers 面板，如图 1.26 所示。

（2）在 Map Layers 面板中，通过选中或取消选中各层前的复选框，可添加或移除图层，如图 1.27 所示。

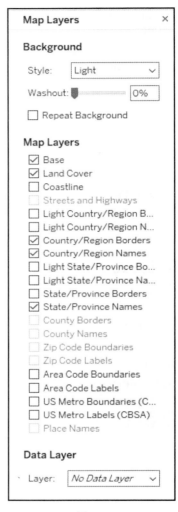

图 1.26   图 1.27

（3）另外，还可在 Data Layer 下拉列表中选择相应的数据层，进而对其进行添加。根据在地图上显示的数据，添加不同的数据层可能会向可视化文件中添加相关信息。

（4）此外，还可调整 Background 下的背景风格。

（5）将上述地图风格和图层设置为默认项，这意味着，每次创建新地图时，相关设置依然有效。

1.9.5　参考资料

关于地图的更多信息，读者可参考 Tableau 帮助文档，对应网址为 https://onlinehelp.
tableau.com/current/pro/desktop/en-us/maps_build. html。

1.10　构建双轴地图

本节将在前述内容的基础上讨论如何构建双轴地图。

1.10.1　准备工作

连接 Baby_names.csv 数据集，并打开新的工作表。

1.10.2　实现方式

步骤如下：

（1）将 Dimensions 中的 State 拖曳至工作表的工作区中，进而显示基本的地图。

（2）将 Measures 中的 Latitude (generated)拖曳至 Rows 中，如图 1.28 所示。

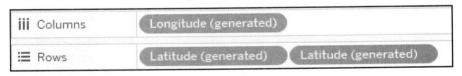

图 1.28

当前，我们持有两幅地图，且彼此上下排列。另外，还需要注意的是 Marks 中新增内容的显示方式。其中包含了一个 All 部分，随后分别是表示上方地图的 Latitude (generated)，以及表示下方地图的 Latitude (generated) (2)，如图 1.29 所示。

（3）单击第二项以扩展其中的内容，即 Marks 中的 Latitude (generated)。

（4）将 Measures 中的 Frequency 拖曳至 Color 中，如图 1.30 所示。

（5）单击 Color 选项并选择 Edit Colors...。

（6）在 Palette 下拉列表中，选择 Gray，并单击 OK 按钮，如图 1.31 所示。

（7）再次单击 Color 选项，并使用滑块将透明度减至 51%左右，如图 1.32 所示。

图 1.29

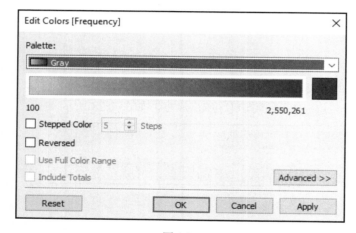

图 1.30

图 1.31

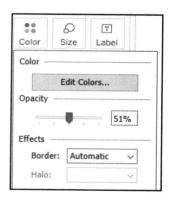

图 1.32

（8）单击第三项以扩展其中的内容，即 Marks 中的 Latitude (generated)(2)。其中，将 Dimensions 中的 Gender 拖曳至 Color 中。

（9）将 Measures 中的 Frequency 拖曳至 Size 中。

（10）单击 Automatic 下拉列表，并将标记类型修改为 Pie，如图 1.33 所示。

（11）当设置双轴时，在 Rows 内，将鼠标指针悬停于第二个 Latitude(generated)处，以便在其上显示白色箭头，如图 1.34 所示。

（12）单击该箭头，选择 Dual Axis 后，将得到如图 1.35 所示的结果。

图 1.33

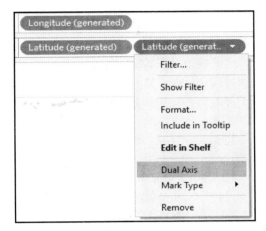

图 1.34

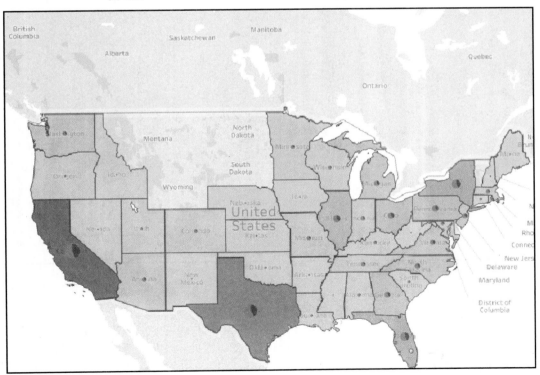

图 1.35

1.10.3　工作方式

这里，将 Latitude 向 Rows 中添加两次复制当前视图，进而生成两幅地图（而非 1 幅）。初始状态下，这两幅地图在 Marks 中包含相同的规范，并在 Detail 中包含相同的 State。但在随后的构建过程中，将于其上添加不同的维度和量度，因而最终二者将显示不同的信息。鉴于最终将实现双轴，因而地图间将处于交叠状态，且其中一幅地图包含两个图层。

1.10.4　其他

双轴可利用不同的视觉效果类型予以实现，而不仅仅是地图。在下面的示例中，将在行中查看到两种不同的量度，以使上方条形图显示 Frequency，而下方条形图显示 Number of Records，如图 1.36 所示。

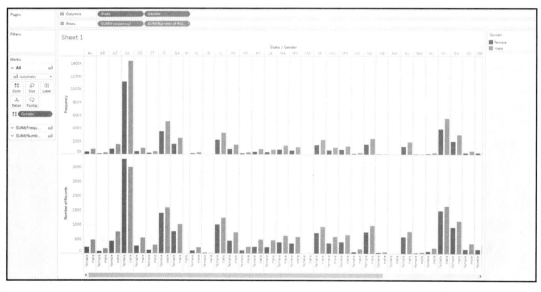

图 1.36

若实现了双轴，两种度量将在一幅条形图中显示，如图 1.37 所示。

需要注意的是，新图表包含了两条 y 轴，分别显示 Frequency 和 Number of Records。其中，两条轴彼此不同，其量度包含了不同的尺度。因此，相同的尺度可能代表不同的量度（包含较小的尺度）。在图 1.37 中，Number of Records 看上去则更加平缓。对此，Tableau 提供了轴向同步机制，当尺度较为相近时，这将十分有用。

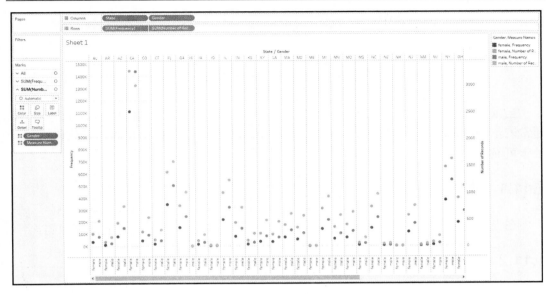

图 1.37

具体来说，可鼠标右键单击任意一条 y 轴，并选择 Synchronize Axis，如图 1.38 所示。

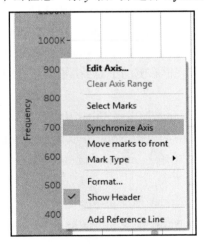

图 1.38

1.10.5 参考资料

关于双轴条形图的更多信息，读者可参考 Tableau 帮助文档，对应网址为 https://kb.

tableau.com/articles/howto/dual-axis-bar-chartmultiple-measures。

1.11　自定义工具提示信息

当鼠标指针悬停于视图的某一点上时，一般将会显示工具提示信息。工具提示信息通常表示为一个较小的框体，其中包含了与视图数据点相关的细节信息，且默认状态下处于可显示状态。本节将讨论如何自定义工具提示信息。

1.11.1　准备工作

在当前案例中，需要连接 Baby_names.csv 数据源，并打开一张新的工作表。

1.11.2　实现方式

步骤如下：

（1）将 Measures 中的 Frequency 拖曳至 Marks 中的 Size 中。

（2）将 Dimensions 中的 State 拖曳至 Marks 中的 Detail 中。

（3）将 Dimensions 中的 State 拖曳至 Marks 中的 Label 中。

（4）将 Measures 中的 Frequency 拖曳至 Marks 中的 Color 中。

（5）单击 Marks 中下拉列表框右侧的小箭头，展开下拉列表，并选择 Circle，如图 1.39 所示。

（6）将 Dimensions 中的 Name 拖曳至 Filter 中。

（7）在 Filter [Name]窗口中，单击 None 并取消选中所有值。

（8）在列表上方的搜索栏中输入 emma，选择 Emma，并单击 OK 按钮，如图 1.40 所示。

（9）将 Dimensions 中的 Gender 拖曳至 Marks 中的 Detail 中。

（10）将 Dimensions 中的 Name 拖曳至 Marks 中的 Tooltip 中。

（11）双击 Marks 中的 Tooltip。

（12）在 Edit Tooltip 对话框中，按 Enter 键，并在现有文本上添加一行，同时将鼠标指针置于新行中。

（13）单击 Insert 项，并选择 ATTR(Name)，如图 1.41 所示。

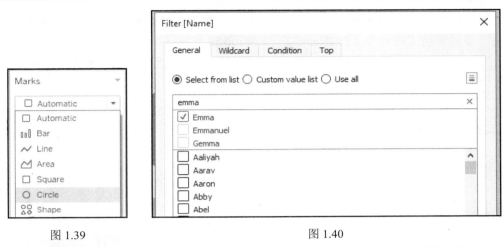

图 1.39　　　　　　　　　　　　　　　　　　　　　　图 1.40

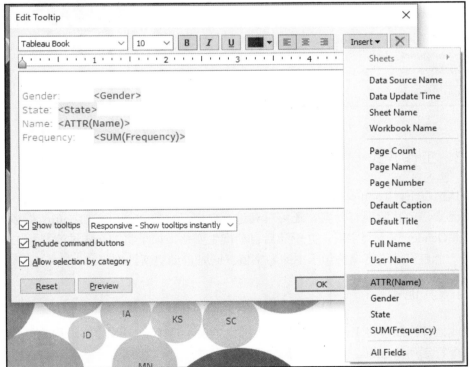

图 1.41

（14）再次单击 Insert 项并选择 Gender。

（15）在<ATTR(Name)>和<Gender>之间，输入 is a beautiful；在<Gender>之后输入 name。整体表达式应为<ATTR(Name)> is a beautiful <Gender> name，如图 1.42 所示。

（16）单击 OK 按钮，完成以上操作。当鼠标指针悬停于任一圆形上时，将会显示输入至工具提示信息中的表达式，如图 1.43 所示。

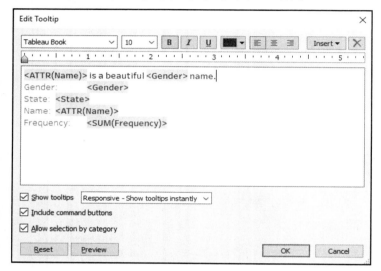

图 1.42

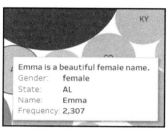

图 1.43

1.11.3　工作方式

默认情况下，Tooltip 被设置为加载视图中的字段及其当前值的信息。然而，通过添加附加元素，或移除现有元素，还可对其进行自定义。例如，可向 Tooltip 中插入诸如 Name 和 Gender 这一类字段，并于随后自动产生变化。如果将 Name 过滤器从 Emma 修改为另一个名称，这将调整句子中的名字值，同时自动更新性别信息。

1.11.4　其他

除此之外，还可将工作区中的另一个工作表插入至 Tooltip 中。假设用户能够查看地图上某个特定州的位置，对此，可执行下列步骤：

（1）创建包含当前地图的另一个工作表，即打开一个空的工作表，并双击 Dimensions 上的 State。

（2）在原始表中，双击 Tooltip，打开 Edit Tooltip 窗口并输入一个空行，如图 1.44 所示。

图 1.44

（3）单击 Insert 项，并访问 Sheets | Sheet 2。Tableau 自动将引用 Sheet 2 的表达式插入至 Tooltip 部分中，如图 1.45 所示。

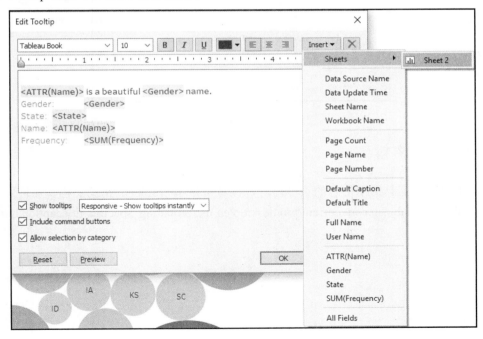

图 1.45

当访问 Sheet 2 时，Tableau 将作为过滤器添加 Tooltip（State）。当鼠标指针悬停于 Sheet 1 中的任何州上时，将会显示一个包含地图信息（标记该州）的工具提示，如图 1.46 所示。

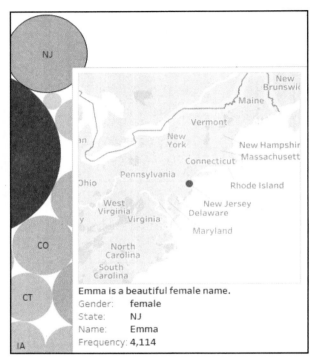

图 1.46

1.11.5　参考资料

关于格式化工具提示信息的更多内容，读者可参考 Tableau 帮助文档，对应网址为 https://onlinehelp.tableau.com/current/pro/desktop/en-us/formatting_specific_titlecaption.html。

第 2 章　Tableau 数据操控

本章主要涉及以下内容：

❏　连接数据源。
❏　添加二级数据源。
❏　数据混合。
❏　数据合并。
❏　使用 Tableau Pivot。
❏　准备数据。

2.1　技 术 需 求

当完成本章案例时，需要安装 Tableau 2019.x。除此之外，还需要将本章的数据集下载、保存本地计算机上，具体如下：

❏　访问 https://github.com/PacktPublishing/Tableau-2018-Dot-1-Cookbook/blob/master/
Bread_basket_by_year.xlsx，并下载 Bread_basket_by_year.xlsx。
❏　访问 https://github.com/PacktPublishing/Tableau-2018-Dot-1-Cookbook/blob/master/
Internet_satisfaction_by_region.csv，并下载 Internet_satisfaction_by_region.csv。
❏　访问 https://github.com/PacktPublishing/Tableau-2018-Dot-1-Cookbook/blob/master/
Public_Schools_1.csv，并下载 Public_schools_1.csv。
❏　访问 https://github.com/PacktPublishing/Tableau-2018-Dot-1-Cookbook/blob/master/
Public_Schools_2.csv，并下载 Public_schools_2.csv。
❏　访问 https://github.com/PacktPublishing/Tableau-2018-Dot-1-Cookbook/blob/master/
Winery.zip，并下载 Winery.csv。
❏　访问 https://github.com/PacktPublishing/Tableau-2018-Dot-1-Cookbook/blob/master/
Internet_satisfaction.csv，并下载 Internet_satisfaction.csv。
❏　访问 https://github.com/PacktPublishing/Tableau-2018-Dot-1-Cookbook/blob/master/
Internet_usage.csv，并下载 Internet_usage.csv。

2.2　简　　介

在 Tableau 中执行操作之前，首先需要连接所操作的数据。第 1 章曾讨论了如何连接至数据源，本章则在此基础上熟练地操控、连接、合并和转换数据源。在本章的最后一个案例中，还将考查数据准备这方面的问题，以使数据可供可视化操作和进一步分析使用。

本章将使用到多个数据集。在第一个案例中，将使用 Public_Schools_1.csv 和 Public_Schools_2.csv 这两个数据集，其中包含了 2018/2019 年波士顿公立学校方面的数据，该数据集最初来自 Kaggle 官方网站。在后续案例中，本章还将使用 Internet_satisfaction.csv 和 Internet_usage.csv 数据集，其中描述了塞尔维亚一项关于互联网使用的消费者调查结果，以及该国各地的互联网普及率方面的数据。在数据合并案例中，我们将使用到 Bread_basket_by_year.xlsx（最初发布于 Kaggle.com），其中包含了面包店的交易数据，该数据被分为两张表，各自加载了不同年份的数据。在"使用 Tableau Pivot"案例中，将使用到 Internet_satisfaction_by_region.csv，其中加载了 Internet_satisfaction.csv 文件中消费者满意度方面的调查结果，但以不同的格式加以组织。最后，在"准备数据"这一案例中，将使用到 Winery.csv 数据集（最初发布于 Kaggle.com），其中包含了葡萄酒的数据、产地、定价和评级方面的数据。

2.3　连接数据源

我们所使用的数据往往位于多张表中，并可以使用公共字段或键将多张原始表连接起来，从而创建一张独立的虚拟表。最终结果则是一张更加宽泛的表，其中包含来自不同表的列，而行则通过列、键和字段值进行匹配。

2.3.1　准备工作

本案例将使用到两个数据集，即 Public_Schools_1.csv 和 Public_Schools_2.csv，确保这两个数据集已经保存至本地计算机上。

2.3.2　实现方式

步骤如下：

（1）打开 Tableau，在左侧 Connect 面板中选择 Text file，如图 2.1 所示。

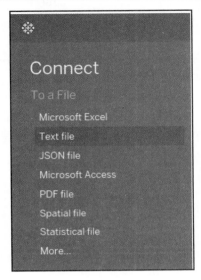

图 2.1

（2）当打开 Open 窗口时，访问 Public_Schools_1.csv 的本地副本，选择该文件，并单击 Open 按钮。

（3）Tableau 将显示 Data Source 页面，表示已经成功地连接至所选的数据源。在该页面左侧、File 的下方，将列出同一文件夹中的全部文本文件，其中之一便是 Public_Schools_2.csv，如图 2.2 所示。

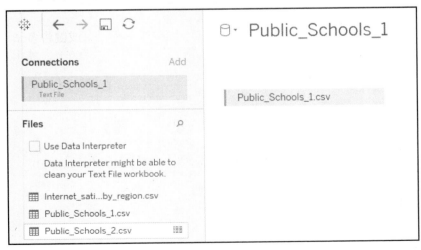

图 2.2

（4）将 Public_Schools_2.csv 从 Files 拖曳至 Public_Schools_1.csv 一侧的空白工作区，如图 2.3 所示。

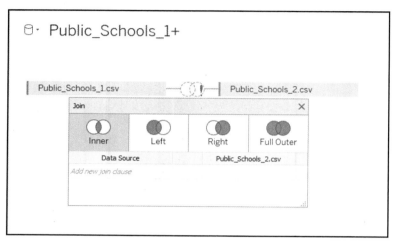

图 2.3

（5）在打开的 Join 窗口中，单击 Data Source 下方的 Add new join clause 下拉列表，并选择 Objectid 1。

（6）单击 Public_Schools_2.csv 下方、=号右侧的白色字段。

（7）在下拉列表中选择 School ID，如图 2.4 所示。

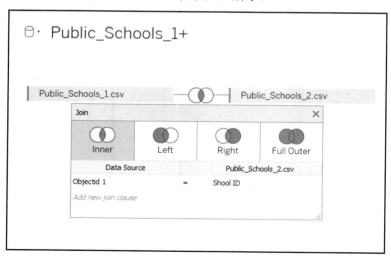

图 2.4

（8）单击×关闭 Join 对话框。至此，我们已经成功地连接了数据。另外，还可在预览中查看新连接的数据表，如图 2.5 所示。

Sort fields　Data source order　　　Show aliases　Show hidden fields　131

Public_Schools_1.csv Objectid 1	Public_Schools_1... Objectid	Public_Schools... Bldg Id	Public_Schools_1.csv Bldg Name	Public_Schools_1.csv Address	Public_Schools_1... City	Public_Schools_1... Zipcode	Public_Schools_1.csv Csp Sch Id	Public_School... Sch Id
1	1	1	Guild Bldg	195 Leyden Street	East Boston	02128	4061	4061
2	2	3	Kennedy, P Bldg	343 Saratoga Street	East Boston	02128	4541	4541
3	3	4	Otis Bldg	218 Marion Street	East Boston	02128	4322	4322
4	4	6	Odonnell Bldg	33 Trenton Street	East Boston	02128	4543	4543
5	5	7	East Boston High Bldg	86 White Street	East Boston	02128	1070	1070
6	6	8	Umana / Barnes Bldg	312 Border Street	East Boston	02128	4323	4323
7	7	10	East Boston Eec Bldg	135 Gove Street	East Boston	02128	4450	4450
8	8	11	Mckay Bldg	122 Cottage Street	East Boston	02128	4360	4360
9	9	12	Adams Bldg	165 Webster Street	East Boston	02128	4361	4361
10	10	13	Harvard-Kent	50 Bunker Hill Street	Charlestown	02129	4280	4280
11	11	14	Charlestown High Bld...	240 Medford Street	Charlestown	02129	1050	1050
12	12	15	Edwards Bldg	28 Walker Street	Charlestown	02129	2010	2010
13	13	16	Warren-Prescott Bldg	50 School Street	Charlestown	02129	4283	4283

图 2.5

2.3.3　工作方式

上述各步骤中连接了两张表，即 Public_Schools_1 和 Public_Schools_2，并通过唯一的键匹配了两张表中的相关行。在 Join 对话框中，两个数据集中的键字段分别表示为 Objectid 1 和 School ID。这两个字段包含了相同值，这将使 Tableau 在两张表之间创建一对一的映射关系。然而，它们却包含了不同的名称，因而需要通过手动方式对其进行指定。如果名称相同，Tableau 将自动生成连接。

2.3.4　其他

当前执行的操作可视为两张表的内连接，除此之外，还存在其他连接方式，如 Tableau 提供的左连接、右连接和全外连接，并可在 Join 对话框中进行切换。

当前案例适用于内连接，由于唯一的键字段，两张表中的所有行均可匹配。内连接生成的表涵盖了两张表中均匹配的用例。

相应地，左连接则持有左表中的全部值，且仅使用右表中、与左表匹配的用例，如图 2.6 所示。

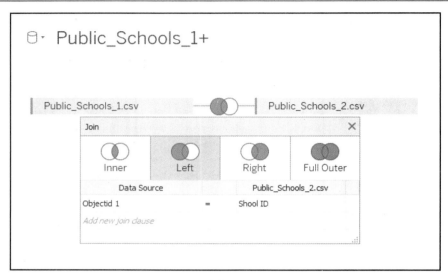

图 2.6

右连接的工作方式与左连接基本相同：持有右表中的全部值，如图 2.7 所示。

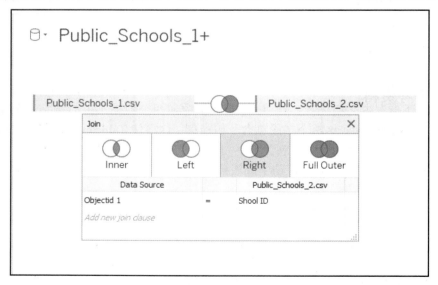

图 2.7

最后，全外连接则持有两张表中的全部用例，而不考虑在另一张表中是否存在匹配项。若不存在匹配，则设置 Null 值，如图 2.8 所示。

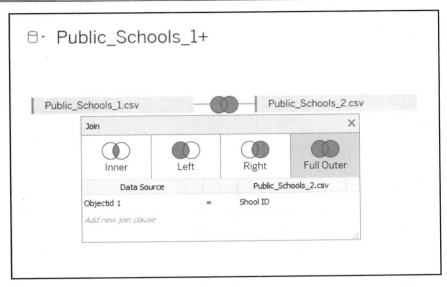

图 2.8

自 Tableau 2018.2 以来，Tableau 还支持另一种连接方式，即 Spatial 连接，并可根据位置连接空间表中的点和多边形。其实现方式可通过新的连接谓词 intersect 予以完成，也就是说，在不同表间的点和多边形位置之间进行匹配，当点位于一个多边形中时即连接数据。

2.3.5　参考资料

❑　关于连接的更多信息，读者可参考 Tableau 帮助文档，对应网址为 https://onlinehelp.
tableau.com/current/pro/desktop/en-us/joining_tables.htm#About。

❑　关于空间连接的更多信息，读者可访问 https://www.tableau.com/about/blog/2018/
8/perform-advanced-spatial-analysis-spatial-join-nowavailable-tableau-92166。

2.4　添加二级数据源

当创建工作簿或仪表板时，通常会涉及多个与主题相关的数据源，并希望包含所有数据源中的数据。然而，我们可能并不想连接它们，仅需在同一个工作簿或仪表板中包含来自不相关数据源的所有可视化结果。

2.4.1　准备工作

当前案例将使用到两个数据集，也就是说，将 Internet_satisfaction.csv 和 Internet_usage.csv 作为数据源。对此，应确保两个数据集均保存于本地计算机中。

2.4.2　实现方式

步骤如下：

（1）打开 Tableau，在左侧 Connect 面板中选择 Text file。

（2）当弹出 Open 窗口时，访问 Internet_satisfaction.csv 的本地副本，选择该文件，并单击 Open 按钮。

（3）Tableau 将打开 Data Source 页面，并可于其中预览文件。单击 Sheet 1 选项卡，并打开一个新的工作表。

（4）在新的工作表中，在 Data 面板上方可以看到 Internet_satisfaction 表示为数据源。下面将添加二级数据源。对此，在主菜单栏中单击 Data。

（5）在下拉列表中，选择 New Data Source，如图 2.9 所示。

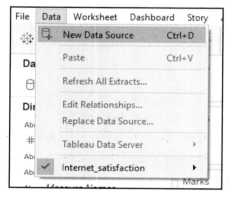

图 2.9

（6）此外，还可单击新数据源图标，如图 2.10 所示。

图 2.10

（7）随后将弹出 Connect 下拉列表，并从中选择 Text file，如图 2.11 所示。

（8）在弹出的 Open 窗口中，访问 Internet_usage.csv 的本地副本，选择该文件并单击 Open 按钮。

（9）此时将再次打开 Data Source 模板，并可预览 Internet_usage.csv 数据源，随后再次单击 Sheet 1 选项卡。

（10）当前，Internet_usage 将显示于 Data 模板中（其上是 Internet_satisfaction），如图 2.12 所示。

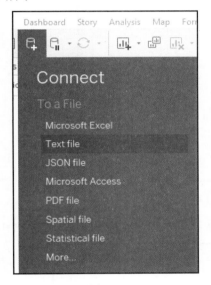

图 2.11　　　　　　　　　　　　　　图 2.12

（11）尝试单击数据源并在其中进行切换。当选择不同的数据源时，应注意度量和维度的变化方式。

2.4.3　工作方式

一旦连接了两个数据源，即可以此创建视图，具体步骤如下：

（1）在 Data 模板上方，选择 Internet_satisfaction（执行单击操作）作为活动数据源。

（2）将 HH internet type 从 Dimensions 拖曳至 Columns 中。

（3）将 Satisfaction overall 从 Measures 拖曳至 Marks 的 Text 中。

（4）鼠标右键单击 Marks 中的 SUM(Satisfaction overall)，访问 Measure (Sum)，并在下拉列表中选择 Average，如图 2.13 所示。

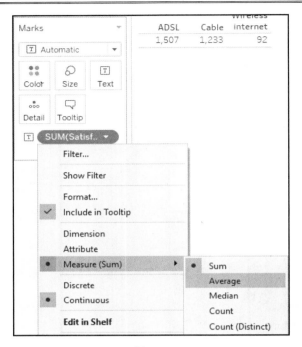

图 2.13

（5）至此，我们利用 Internet_satisfaction 数据源创建了一个视图，如图 2.14 所示。

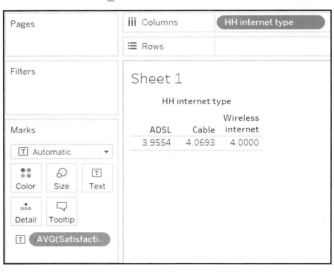

图 2.14

（6）单击工作区下方的 New Worksheet 选项卡，并打开一张新的工作表。

（7）在 Data 面板上方，单击 Internet_usage，并将其选取为活动的数据源。

（8）将 Settlement type 从 Dimensions 移至 Columns 中。

（9）将 Internet penetration 从 Measures 移至 Marks 中的 Text 中。

（10）鼠标右键单击 Marks 中的 SUM(Internet penetration)，访问 Measure (Sum)，并从下拉列表中选择 Average，如图 2.15 所示。

图 2.15

在图 2.15 中可以看到，此处创建了两张表，其中包含了源自两个不同数据源的数据和字段。

2.4.4　其他

前述内容讨论了如何连接多个数据源，但需要在独立的工作表中谨慎使用，进而防止数据混合。如果尝试在同一张工作表中使用两个数据源，Tableau 将自动对其混合。稍后将讨论数据混合。

2.4.5　参考资料

关于多个数据源的连接问题，可访问 https://kb.tableau.com/articles/howto/connectingmultiple-data-sources-without-joining-orblending，以了解更多内容。

2.5　数　据　混　合

某些时候，出于多种原因，数据源可能并不适用于连接。例如，数据源可能处于不同的聚合级别上，进而在连接时导致重复；或者可能希望使用不支持跨数据库连接的数据源类型，如 Google Analytics，但是，我们依然希望能够实现包含不同数据源的字段的可视化效果，这也是数据混合的用武之地——当连接不适宜的数据源，或者无法实现连接时，依然可在不同数据源之间生成连接。

2.5.1　准备工作

在前述操作（添加二级数据源）的基础上，连接 Internet_satisfaction.csv 和 Internet_usage.csv 数据源。

2.5.2　实现方式

步骤如下：

（1）连接两个数据源 Internet_satisfaction.csv 和 Internet_usage.csv，并打开一张新的工作表。

（2）在主菜单栏中，访问 Data。

（3）在下拉列表中，选择 Edit Relationships...，如图 2.16 所示。

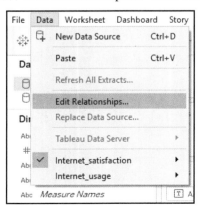

图 2.16

（4）在 Relationships 对话框中，选择 Custom。

（5）单击 Add...，如图 2.17 所示。

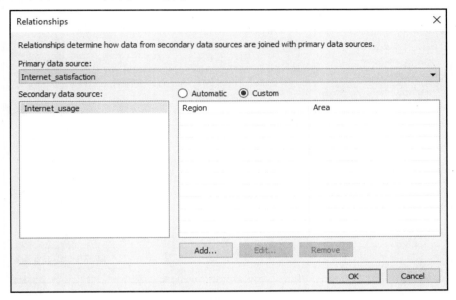

图 2.17

（6）在 Add/Edit Field Mapping 对话框中，分别单击一个模板中的 Area，以及另一个模板中的 Region，以使其显示为蓝色，如图 2.18 所示。

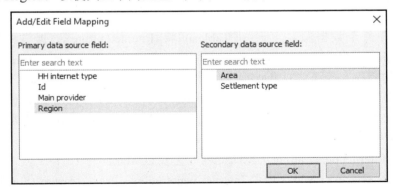

图 2.18

（7）单击 OK 按钮。

（8）当前，Region 和 Area 的映射将呈现于 Relationships 对话框中，如图 2.19 所示。

单击 OK 按钮，并退出该对话框。

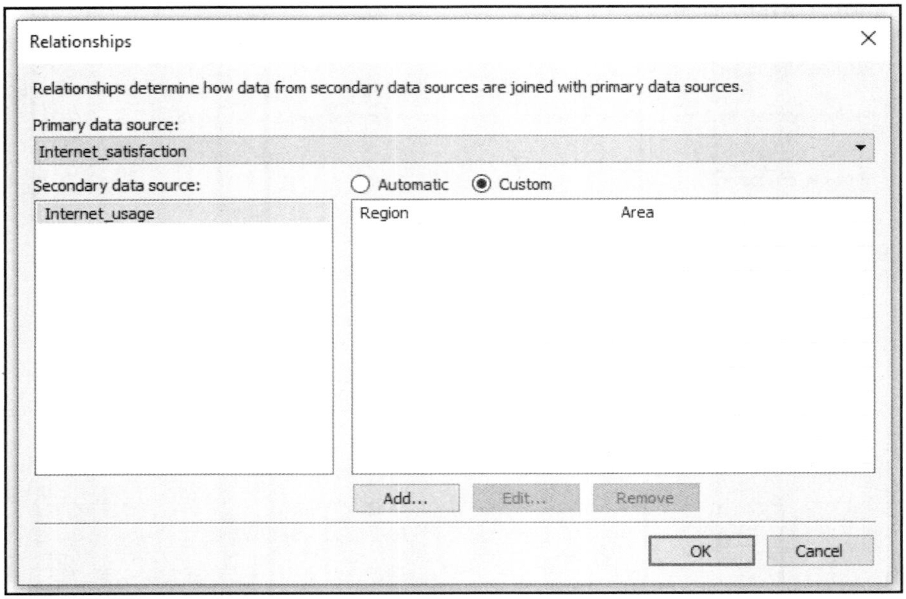

图 2.19

至此，我们已经成功地混合了数据源。

2.5.3　工作方式

通过混合两个数据源，可通知 Tableau 将 Internet_usage 数据源中的 Area 和 Internet_satisfaction 数据源中的 Region 视为同一个字段。据此，可创建视图，并包含源自两个数据源的字段，尽管它们可能处于不同的细节级别，且不适宜连接。当查看其工作方式时，需要创建一个新的可视化结果，并涵盖源自两个数据源的字段，具体步骤如下：

（1）在 Sheet 1 的 Data 面板中，单击 Internet_usage 并将其选为活动数据源。

（2）将 Area 从 Dimensions 拖曳至 Rows 中。

（3）将 Internet penetration 从 Measures 中拖曳至 Marks 的 Text 中。

（4）鼠标右键单击 Marks 中的 Internet penetration，访问 Measure (Sum)，并在下拉列表中选择 Average。

（5）在 Data 面板中，单击 Internet_satisfaction 并将其选为活动数据源。

（6）将 Satisfaction overall 从 Measures 拖曳至 Marks 的 Text 中。

（7）鼠标右键单击 Marks 中的 Satisfaction overall，访问 Measure (Sum)，并在下拉列表中选择 Average，如图 2.20 所示。

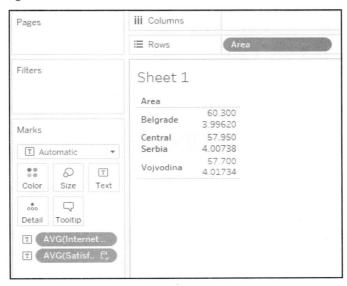

图 2.20

当前，我们创建了一张单独的表，显示每个地区的互联网普及率和总体满意度，相关度量结果来自不同的数据源。

2.5.4　其他

这里应注意 Dimensions 下方 Region 字段右侧的链接符号（🔗），这表示为一个链接字段，用户可单击链接符号终止对其使用。相应地，链接符号将变为灰色（🔗），表明链接处于断开状态。

如果数据源中的两个字段包含了相同的名称和值，Tableau 将以此自动地混合数据源。例如，如果将 Area 重命名为 Region，则无须手动匹配这两个字段，Tableau 将自动执行此项操作。

💡 提示：

虽然 Tableau 可自动执行数据混合，但一种较好的做法是，通过打开 Relationship 窗口查看现有的关系，进而检查字段是否已正确地匹配。

2.5.5 参考资料

关于数据混合的更多信息,读者可参考 Tableau 帮助文档,对应网址为 https://onlinehelp. tableau.com/current/pro/desktop/en-us/multiple_connections.htm。

2.6 数据合并

通过追加表间的相关行,Tableau 数据合并功能可对多张表进行整合。

2.6.1 准备工作

本案例将使用到 Bread_basket_by_year.xlsx 文件,因而应确保将其保存至计算机上。

2.6.2 实现方式

步骤如下:

（1）打开 Tableau,在右侧 Connect 模板中选择 Microsoft Excel,如图 2.21 所示。

图 2.21

（2）当弹出 Open 对话框时，访问 Bread_basket_by_year.xlsx 的本地副本，选择该文件，并单击 OK 按钮。

（3）在 Data Source 页面中，可以看到数据源中的两张表，即 2017 和 2018，并在其下方显示了 New Union 选项，如图 2.22 所示。

（4）将 New Union 拖曳至当前画布（canvas）上。

（5）此时将打开一个新的 Union 对话框。将 Sheet 中的 2017 拖曳至 Union 窗口中，如图 2.23 所示。

图 2.22　　　　　　　　　　　　　　　图 2.23

（6）单击 Apply 和 OK 按钮，退出 Union 对话框。

2.6.3　工作方式

至此，我们已经成功地合并了两张表。在 Data Source 页面中，它们可作为单一表被预览，其中包含了 Sheet 和 Table Name 数据集中不存在的两个新列。通过显示如图 2.24

所示的各行的来源，这两个列提供了与合并相关的元数据。

Sort fields　Data source order

Date (Union)	Time (Union)	Transaction (Union)	Item (Union)	Sheet (Union)	Table Name (Union)
10/30/2017	12/30/1899 9:58:11 AM	1	Bread	2017	2017
10/30/2017	12/30/1899 10:05:34 ...	2	Scandinavian	2017	2017
10/30/2017	12/30/1899 10:05:34 ...	2	Scandinavian	2017	2017
10/30/2017	12/30/1899 10:07:57 ...	3	Hot chocolate	2017	2017
10/30/2017	12/30/1899 10:07:57 ...	3	Jam	2017	2017
10/30/2017	12/30/1899 10:07:57 ...	3	Cookies	2017	2017
10/30/2017	12/30/1899 10:08:41 ...	4	Muffin	2017	2017
10/30/2017	12/30/1899 10:13:03 ...	5	Coffee	2017	2017

图 2.24

实际上，源自两个数据集中的相关行被合并至一张表中。可以看到，如果打开一张新的工作表，并将 Date 从 Dimensions 拖曳至 Rows 中，最新合并后的数据将包含来自两个数据集中的年份数据。由于当前表包含了相同数量的列和列名称，因此合并操作成功执行，这也使得 Tableau 正确地匹配列。

2.6.4　其他

此外，还可利用通配符搜索合并 Tableau 中的表，这意味着可设置搜索条件来搜索表名中的字符串，并让 Tableau 自动合并满足指定条件的表名。

2.6.5　参考资料

关于数据合并的更多信息，读者可参考 Tableau 帮助文档，对应网址为 https://onlinehelp.tableau.com/current/pro/desktop/en-us/union.htm。

2.7　使用 Tableau Pivot

某些时候，数据并不会以适用于创建视图的格式加以组织，针对于此，Tableau Pivot

提供了一种方式可方便地将数据重构为某种格式，以满足相关需求。

2.7.1　准备工作

当执行当前案例中的各项操作步骤时，将使用到 Internet_satisfaction_by_region.csv 文件作为数据源，因而应确保将其保存至计算机中，并予以连接。

2.7.2　实现方式

步骤如下：

（1）在 Data Source 页面中，按住 Ctrl 键并单击数据源预览中全部 3 个字段的头部位置，进而对其进行选择。

（2）释放 Ctrl 键，鼠标右键单击任何一个头部位置。

（3）在下拉列表中选择 Pivot，如图 2.25 所示。

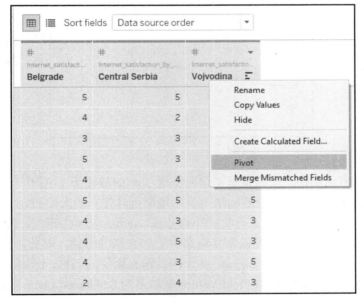

图 2.25

2.7.3　工作方式

在 Data Source 页面的预览中，可以看到数据格式已发生变化。原始的列名（Belgrade、

Central Serbia 和 Vojvodina）当前变为新列中的标记，即 Pivot Field Names。

　　另外一方面，3 个原始列中的数值均被合并为一个新列，即 Pivot Field Values，如图 2.26 所示。

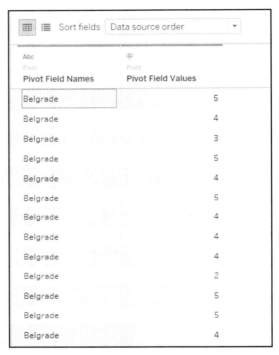

图 2.26

　　这里只是简单地调换了表的位置，进而将这 3 列的值置于 1 列中（一列在另一列下面），而 Pivot Field Names 列值的标记则表示每个值（行）的原始列。

　　当查看 Sheet 1 时可以看到，当前，Pivot Field Names 表示为维度，Pivot Field Values 表示为度量。为了便于使用，可以将其命名为更加直观的名称，对此，可鼠标右键单击对应字段，从下拉列表中选择 Rename，并于随后输入期望的名称，例如，可将 Pivot Field Names 重命名为 Region，将 Pivot Field Values 重命名为 Satisfaction with internet，如图 2.27 所示。

　　与原始的数据结构相比，新的数据结构可生成包含 3 个区域的可视化结果，因而使用起来更加方便。

　　（1）将 Region 从 Dimensions 拖曳至 Columns 中。

　　（2）将 Satisfaction with internet 从 Measures 拖曳至 Rows 中，如图 2.28 所示。

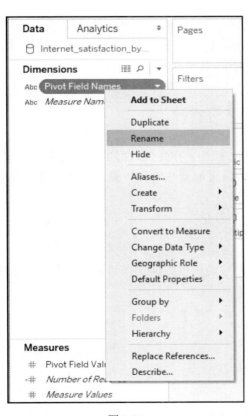

图 2.27

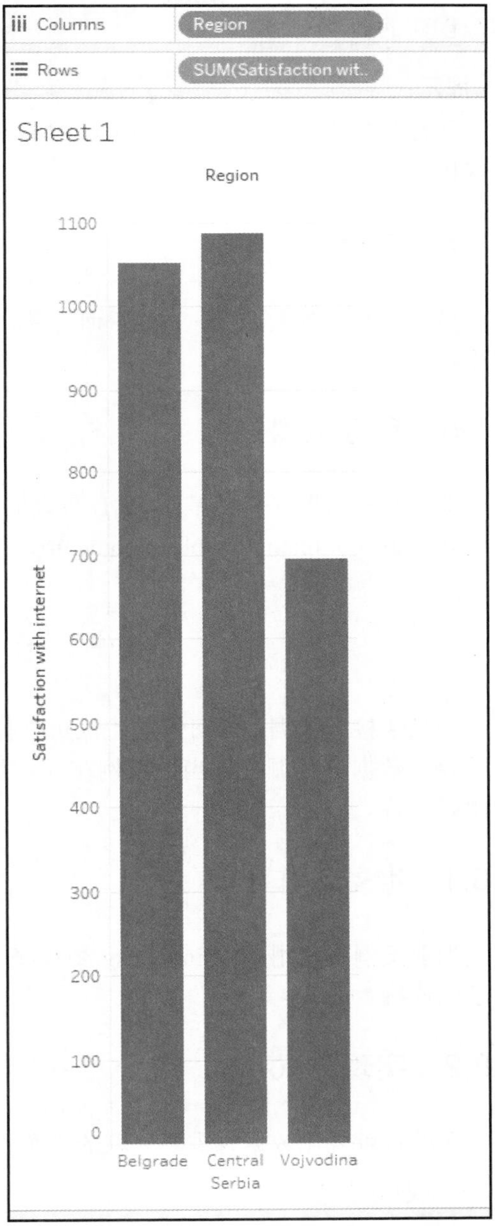

图 2.28

前述内容曾创建了一张图表，其中只有一个度量和维度，这是我们之前通过转置数据源创建的。

💡 提示：

　　注意，使用某个数据源的其他表将会受到转置的影响。如果被转置的原始列用于某个视图中，则转置后将不再有效。

2.7.4　其他

　　另外，还可使用自定义 SQL 查询转置数据，也就是说，简单地向其中添加 UNION ALL 操作符。

2.7.5　参考资料

　　关于数据转置（包括基于 SQL 查询的转置），读者可参考 Tableau 帮助文档，对应网址为 https://onlinehelp.tableau.com/current/pro/desktop/en-us/pivot.htm。

2.8　准 备 数 据

　　一旦连接了数据，即可开始生成可视化效果。然而，在生成较好的可视化图表之前，还需要对数据进行调整。当前案例在导入数据时将采取一些常见步骤，以便为进一步分析做好准备。

2.8.1　准备工作

　　当前案例将使用到 Winery.csv 数据集，因而应确保该数据集存储于计算机上，并对其予以连接。

2.8.2　实现方式

　　在准备可视化数据时需要采取的几个步骤如下：

1. 划分字段

这一步骤将讨论如何将某个字段划分为多个字段。

（1）在 Data Source 页面中，鼠标右键单击 Taster Name 字段。

（2）访问 Sheet 1，鼠标右键单击 Dimensions 下的 Taster Name，在下拉列表中，访问 Transform，如图 2.29 所示。

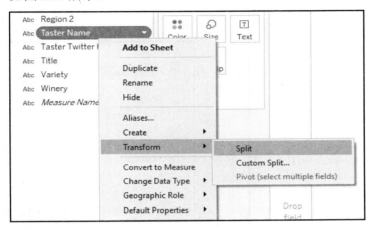

图 2.29

（3）在下拉列表中选择 Split，如图 2.30 所示。

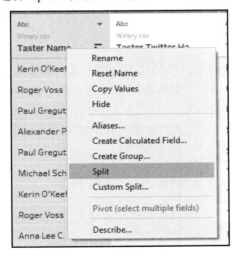

图 2.30

当前创建了两个字段，即 Taster Name - Split 1 和 Taster Name - Split 2，如图 2.31 所示。

2．将量度转换为维度

接下来，考查如何将量度转换为维度。

（1）鼠标右键单击 Measures 下的 F1 字段。

（2）在下拉列表中选择 Convert to Dimension，如图 2.32 所示。

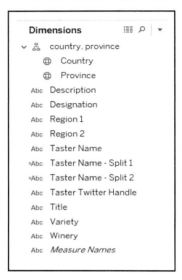

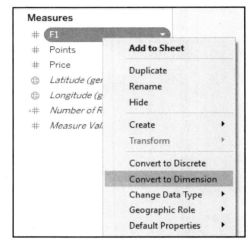

图 2.31　　　　　　　　　　　　图 2.32

3．重命名字段

下面对某些字段进行重命名，以简化其使用方式，步骤如下：

（1）在 Data Source 页面中，鼠标右键双击列头部中的 Taster Name-Split 1 文本，如图 2.33 所示。

图 2.33

（2）访问 Sheet 1，鼠标右键单击 Data 模板中 Dimensions 下的 Taster Name - Split 1 字段，并选择 Rename，如图 2.34 所示。

（3）输入新的字段名称，即 Taster First Name，如图 2.35 所示。

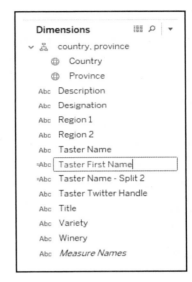

图 2.34　　　　　　　　　　　　　　　　　　　图 2.35

（4）双击 Data Source 页面中的 Taster Name-Split 2，如图 2.36 所示。

（5）将该字段重命名为 Taster Last Name，如图 2.37 所示。

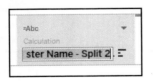
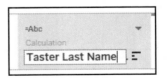

图 2.36　　　　　　　　　　　　　　　　图 2.37

4．添加别名

最后一步是添加字段的别名，步骤如下：

（1）访问 Sheet 1。

（2）将 Taster Name 从 Dimensions 拖曳至 Dimensions 中。

（3）将 Taster Last Name 从 Dimensions 拖曳至 Rows 中。不难发现，名字 Sean

P. Sullivan 被错误地解析，中间包含了一个大写字母，其真实的姓氏已被删除，而中间的首字母被保存为姓氏，如图 2.38 所示。

接下来通过添加别名对此进行更正。

（4）鼠标右键单击 Dimensions 下的 Taster Last Name 字段。

（5）在下拉列表中选择 Aliases，如图 2.39 所示。

Taster Name	Taster Last ..	
Null	Null	Abc
Alexander Peartree	Peartree	Abc
Anna Lee C. Iijima	Lee	Abc
Anne Krebiehl MW	Krebiehl MW	Abc
Carrie Dykes	Dykes	Abc
Christina Pickard	Pickard	Abc
Fiona Adams	Adams	Abc
Jeff Jenssen	Jenssen	Abc
Jim Gordon	Gordon	Abc
Joe Czerwinski	Czerwinski	Abc
Kerin O'Keefe	O'Keefe	Abc
Lauren Buzzeo	Buzzeo	Abc
Matt Kettmann	Kettmann	Abc
Michael Schachner	Schachner	Abc
Mike DeSimone	DeSimone	Abc
Paul Gregutt	Gregutt	Abc
Roger Voss	Voss	Abc
Sean P. Sullivan	P.	Abc
Susan Kostrzewa	Kostrzewa	Abc
Virginie Boone	Boone	Abc

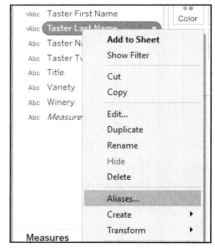

图 2.38　　　　　　　　　　　　　　　　图 2.39

（6）鼠标右键单击 Rows 下的 Taster Last Name，并选择 Edit Aliases...。

（7）在 Edit Aliases [Taster Last Name]对话框中，滚动并定位至 P.。

（8）单击 Value (Alias)下、右列中的文本 P.。

（9）输入真实的姓氏 Sullivan（而非 P.），如图 2.40 所示。

（10）单击 OK 按钮并退出当前对话框。

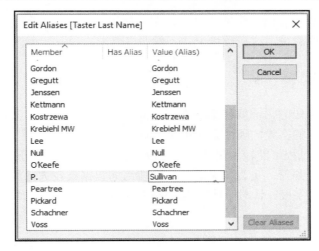

图 2.40

2.8.3　工作方式

当前案例执行了一些较为基本的数据准备工作。

首先，我们将字段 Taster Name 划分为两个字段，其中一个字段包含了名字，而另一个字段则包含了姓氏。当然，该步骤并非必需，但常会在处理字符串字段时被执行，进而支持数据分析过程中更为丰富的细节信息和更大的灵活性。这里不再将姓氏和名字连接在一起，而是将其置于单独的列中，并通过名字、姓氏或名字—姓氏分别加以使用以对数据进行分析。

接下来所执行的步骤是将字段 F1 从量度转换为维度，其原因在于，F1 实际上是一个索引字段，而非一个连续的度量值，尽管 Tableau 可根据其数值内容自动指定一个度量值。但是我们知道，其值实际上处于离散状态，因而无法表示为一个数量，仅可作为用例（行）的唯一标识符。何时将度量转换为维度（反之亦然）完全取决于我们对数据集的判断和熟悉程度。对此，应该较好地理解数据集中字段的真正含义，并根据现有的知识将其调整为度量/维度。

随后，在划分 Taster Name 字段时，对生成的字段进行了重命名。由 Tableau 自动分配的名称并未包含足够的信息，当生成视图时，应确保我们和终端用户确切知晓工作簿或仪表板所显示的内容。因此，字段名应清晰、准确且包含应有的信息。

最后，我们将别名分配给 Taster Last Name 字段成员。这里，别名是可分配与离散维度成员的备选名称。在前述内容中，我们采用别名来修正由于划分行为而导致的错误文本。无论何时，如果打算修改维度成员名，即可使用别名。如前所述，并不一定要将别名分配给所有的维度成员，这在数量上并不做严格要求。

2.8.4　其他

当划分字符串字段时，需要仔细查看划分前后的数据，其间，某些实例可能不会遵循与大多数实例相同的格式，因而无法实现正确的划分。

某些时候，划分过程可能较为复杂——字段未包含相同数量的分隔符（如本章示例），或者包含了不同的分隔符。更为常见的是，所使用的数据集较大，且无法通过手动方式修正未加正确划分的字段。针对于此，Tableau 提供了自定义划分方式，以及通过正则表达式对字段进行划分。

2.8.5　参考资料

❑　关于划分数据，读者可参考 Tableau 的帮助文档，对应网址为 https://onlinehelp.tableau.com/current/pro/desktop/en-us/split.htm。

❑　关于创建和编辑别名，读者可参考 https://onlinehelp.tableau.com/current/pro/desktop/en-us/datafields_fieldproperties_aliases_ex1editing.htm。

❑　关于数据类型、量度和维度，读者可参考第 1 章。

第 3 章　Tableau 数据提取

本章主要涉及以下内容：

- ❑ Tableau 中不同的数据格式。
- ❑ 创建数据源提取。
- ❑ 配置增量提取。
- ❑ 更新 Hyper。
- ❑ 利用跨数据库连接创建提取。
- ❑ 基于 Tableau Server 的故障诊断提取。

3.1　简　　介

本章将介绍如何通过数据提取改进仪表板的性能，并考查 Tableau 不同类型的文件格式和析取类型。此外，本章还将讨论 Tableau 的内存快速数据引擎技术，该技术于 2017 年 10 月发布，本章将探讨 2018.3 版本中的一些更新内容。最后，我们还将通过聚合提取、降维、提取过滤器、增量提取刷新和跨数据连接优化 Tableau 仪表板的性能。需要说明的是，之前用于连接文本文件的一些操作原则虽然是一些较为简单的示例，但同样适用于复杂的数据源。

3.2　Tableau 中的各种文件格式

本节将考查 Tableau 所用的不同文件格式，其中涉及 Tableau Workbook（*.twb）、Tableau Bookmark（*.tbm）、Tableau Packaged Workbook（.twbx）和 Tableau Extract（*.hyper 或.tde）。

3.2.1　实现方式

在该案例中，我们将学习 Tableau 中的不同文件格式，而 Tableau Extract 则在稍后加以详细介绍。

1．Tableau Workbook（TWB）

Tableau Workbook（TWB）由 Tableau Desktop 生成，并作为集合加载了所创建的分析内容，该集合包含了工作表和仪表板等。工作表可帮助我们对分析结果加以组织，用户可在桌面或服务器上查看视图。如果共享此类工作簿，接收方必须能够访问正在使用的数据源。相应地，工作簿保存为 .twb 扩展文件。

当保存工作簿时，可访问 File | Save As，同时针对 File Name 字段提供一个名称并选择 Tableau Workbook (*.twb)，如图 3.1 所示。

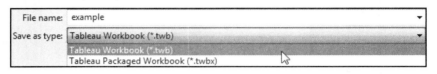

图 3.1

2．Tableau Packaged Workbook

工作簿常会引用外部资源，例如数据源、图像、数据文件或提取文件。当保存某个工作簿并实现共享时，较好的方法是保存一个打包的工作簿。其中，打包工作簿由工作簿和外部资源构成，并保存为 .twbx 扩展文件。另外，打包工作簿可通过桌面、服务器或读取方进行查看。

当保存 Tableau Packaged Workbook（TWBX）时，可访问 File | Save As，同时针对 File name 字段提供一个名称，并选择 Tableau Packaged Workbook（*.twbx），如图 3.2 所示。

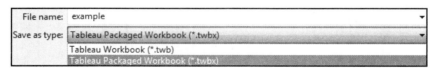

图 3.2

3．Tableau Bookmark

Tableau Bookmark（TBM）用于保存某个工作簿的独立工作表，其中包含了数据连接和相关格式。书签的主要优点在于，两名或多名开发人员可针对同一数据进行操作，并于随后将工作表整合为单一的工作簿。书签可通过书签菜单并从任何工作簿中进行访问（如果保存在 Tableau 存储库中），相关步骤如下：

（1）当保存书签时，可访问 Window | Bookmark | Create Bookmark，如图 3.3 所示。

（2）当访问某个书签时，可执行 Window | Bookmark 选项，并在 Create Bookmark...

中搜索，如图 3.4 所示。

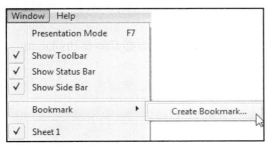

图 3.3

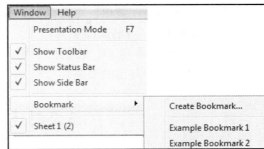

图 3.4

4．Tableau Data Extract

Tableau Data Extract（TDE）根据连接和指定的提取过滤器条件，保存从数据源中获取的本地压缩数据快照。从底层来看，这是一个列存储，进而具有较快的聚合和列访问速度。通常情况下，这将比实时查询每次更改的数据库更容易处理。数据提取可发布至服务器上，以供使用和调度，进而实现有规律的更新行为。稍后将对如何创建提取加以讨论。

5．Hyper

在版本 10.5 后，Hyper 是一种用于 Tableau 数据引擎中的新技术，与传统的数据提取相比，用户可快速地创建较大量的提取结果。经升级后，处理大量数据的用户可从中获益。2018.3 版本中包含了一些新特性，用户可提供单表或多表提取选择数据的存储方式。其中，多表提取可提升性能并减少提取尺寸。稍后将对多表提取的使用条件加以讨论。

3.2.2　工作方式

本节将简要介绍 TWB、TWBX 和 TBM 文件格式。

1．Tableau Workbook

通过 File 和 Save AS，即可对工作簿加以保存。对此，需要针对 File Name 字段提供一个文件名并选择 Tableau Workbook。

2．Tableau Packaged Workbook（TWBX）

通过 File 和 Save As 可保存 Tableau Packaged Workbook（TWBX）。针对 File Name 字段，需要提供一个文件名，并选择 Tableau Packaged Workbook。

3．Tableau Bookmark（TBM）

通过访问 Window 菜单，可保存 Tableau Bookmark（TBM）书签。对此，可分别选择 Bookmark 和 Create Bookmark...。

通过访问 Window 菜单，可访问书签，可分别选择 Bookmark 和 Create Bookmark...，并于随后选择菜单中列出的书签。

3.3 创建数据源提取

本节将考查如何创建一个数据源提取。

3.3.1 准备工作

当使用 Tableau 2019.x 时，应了解数据的连接方式。另外，相关内容还可参考第 1 章。

3.3.2 实现方式

本节将快速浏览一个文本文件中的数据连接示例，进而创建一个提取。

1．连接数据

连接 books_tags.csv 和 books.csv，并于随后执行如下步骤：

（1）使用 Text file 连接 books_tags.csv，如图 3.5 所示。

（2）添加了一个基于 books.csv 的文本文件连接，如图 3.6 所示。

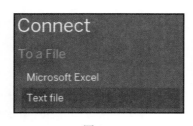

图 3.5

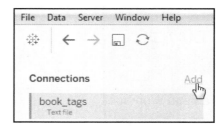

图 3.6

（3）连接 Goodreads Book Id 和 Book Id，如图 3.7 所示。

2．创建一个提取

在成功地连接至数据后，接下来将创建一个提取，这可在 Tableau 中的多个地方予以实现。这里，我们将在 Data Source 选项卡中确定一种方法。

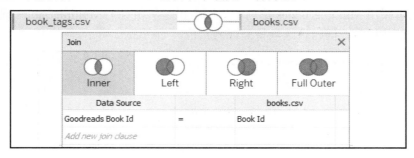

图 3.7

（1）在 Data Source 选项卡中，选中 Extract 单选按钮，如图 3.8 所示。

（2）单击 Sheet 1 选项卡，并初始化当前提取，如图 3.9 所示。

图 3.8　　　　　　　　　　　　　　　　　　　　　　图 3.9

（3）选择文件名，并单击 Save 按钮。图 3.10 所示显示了当前所选的默认项。

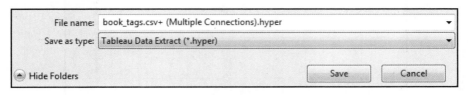

图 3.10

3. 提取的可选设置

（1）这里，存在多种可选项可优化数据的存储方式，这可体现在提取的尺寸和刷新时间。针对当前菜单，使用 Edit 链接，如图 3.11 所示。

图 3.11

（2）通过考查下列选项，可配置数据的存储方式。

❑　Single table：该选项为 Tableau 所使用的默认结构。如果数据量受限于提取过滤器、聚合和函数，或者使用传递函数时，可选择 Single table 选项。

❑　Multiple tables：如果提取包含一个或多个等值连接，且这些列的数据类型相同，则可采用 Multiple tables 选项。该选项指定了相对于 Multiple tables 提取数据的无效数据量，同时该选项将呈现为灰色，如图 3.12 所示。

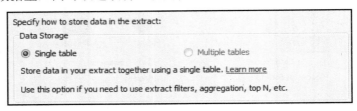

图 3.12

ℹ️ 注意：

当选择 Single table 存储时，可从步骤（2）开始；当选择 Multiple tables 存储时，则可跳至步骤（5）。

（3）对于 Single table 存储，可选择添加过滤器，选择 Add...并根据列和值限制数据，如图 3.13 所示。

图 3.13

（4）选择 Aggregate data for visible dimensions 汇总数据，并整合对性能产生正面影响的行数，如图 3.14 所示。

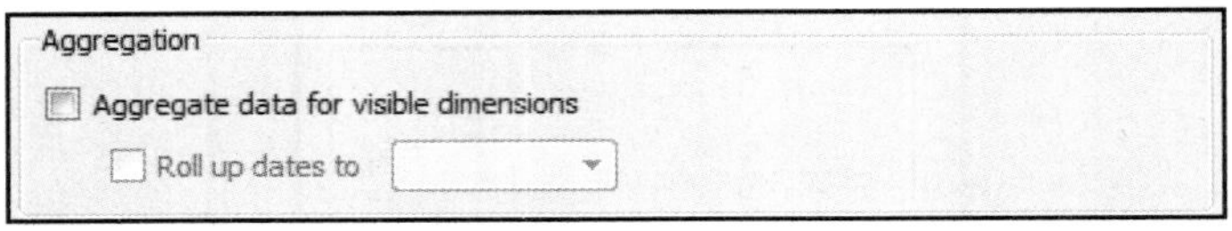

图 3.14

（5）选择 Number of Rows 选项将指定提取中返回的行数。Tableau 首先使用过滤器和聚合操作，并于随后提取所指定的行数。另外，一些数据源并不支持采样，因而该选项可能无效，如图 3.15 所示。

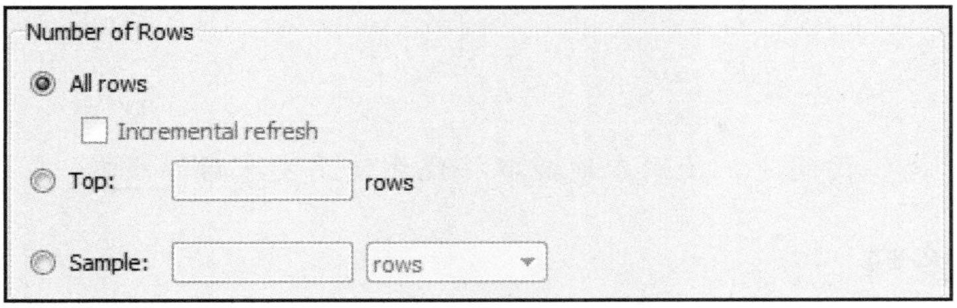

图 3.15

（6）作为可选项，Hide All Unused Fields 可排除工作表中的隐藏字段，或者提取中
的 Data Source 选项卡，如图 3.16 所示。

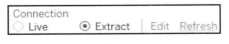

图 3.16

（7）保存提取结果。

ⓘ 注意：

一旦创建了提取，工作簿将自动对其加以使用。如果工作簿未保存，当再次打开时，
数据提取的连接将不会被持久化。

3.3.3　工作方式

通过访问 Data Source 并选择 Extract，可创建本地提取。当初始化 Extract 时，可单
击 Sheet 1 和 Save 按钮。

自 2018.3 以来，Edit 提供了数据存储选项，并通过过滤机制、聚合机制、行限定以
及隐藏字段对数据予以限制。通过限制其尺寸和更新次数，此类选项可对提取进行优化。

3.3.4　其他

从本地角度来看，一旦数据源被提取，即可通过选择 Refresh 对其予以更新，如图 3.17
所示。

图 3.17

对于 Tableau Server，只要该服务器具备访问数据源的权限，即可发布、分配提取并
刷新调度。具体来说，更新工作簿以引用已发布的提取将根据预定义的调度刷新数据，

而不是手动更新。

 提示：

　　当数据需要离线访问时，使用本地提取将优于使用发布后的版本。

3.3.5　参考资料

　　关于数据提取，读者可参考 Tableau 的在线帮助文档，对应网址为 https://onlinehelp. tableau.com/v2018.3/pro/desktop/en-us/extracting_data.htm。

　　静态提取加密数据是一种新的数据特性，用户可在 Tableau Server 上加密其提取数据。针对全部提取，管理员可强制执行这一项政策，或者允许用户对此加以选择，诸如 Desktop 或 Prep 这一类 Tableau 工具，则不包含加密特性。

3.4　配置增量提取

　　默认情况下，提取将通过整体刷新进行更新，这意味着在构建期间将替换所有行，这取决于提取的大小，以及是否存在某种机制可识别新行，增量提取可快速地向用户提供新数据，例如，每天可根据日期添加新行，而不是重新构建整合提取数据。

3.4.1　准备工作

　　使用 Tableau 2019.x，并确保数据源已准备就绪。

3.4.2　实现方式

　　这里，我们仅添加自上次更新以来的新行，而不是每次更新整个提取数据，相关操作步骤如下：

　　（1）使用连接至 madrid_2017.csv 的 Text file 创建数据源。

　　（2）选中 Extract 按钮并单击 Edit，如图 3.18 所示。

　　（3）选择 Number of Rows 下的 All rows 进行提取，如图 3.19 所示。

图 3.18

图 3.19

🛈 **注意：**

Incremental refresh 仅可在以下情形时定义：基于数据库中的 All rows 且提取为 Single table 时。

（4）选择 Incremental refresh，并于随后指定一个识别新行的列，如图 3.20 所示。

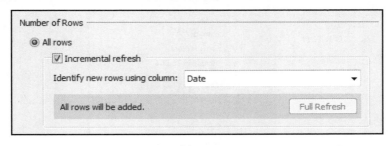

图 3.20

（5）单击 OK 按钮，并保存 .hyper 文件，如图 3.21 所示。

图 3.21

（6）单击 Sheet 1 并未提取输入名称，如图 3.22 所示。

图 3.22

🛈 **注意：**

上述各项步骤可用于新提取或现有提取上。当编辑一个现有的提取时，将显示最后一次更新结果。

（7）当验证加载的最新日期时，可向 Columns 中添加 Date。

（8）鼠标右键单击 Date 进而显示最大值，先选择 Measure(Maximum)，再选择 Maximum，如图 3.23 所示。

（9）保存工作簿，并关闭 Tableau。

（10）当模拟增量加载时，复制 Nov.csv 中的全部数据，将其粘贴至文件的尾部并保存该文件。

（11）打开工作簿，并单击 Refresh，如图 3.24 所示。

（12）返回至 Sheet 1，可以看到，Max.Date 为 11/30/2017，如图 3.25 所示。

图 3.23

图 3.24　　　　　　　　　　　　　　　图 3.25

3.4.3　工作方式

如前所述，我们选择了 Incremental refresh 复选框，并将 Date 表示为 Tableau 所使用的列, 进而检测是否出现了新行。

3.4.4　其他

通过选择 Data 菜单上的数据源, 并于随后选择 Extract 和 History..., 可查看提取的刷新历史, 如图 3.26 所示。

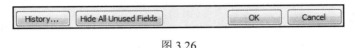

图 3.26

无论是全刷新还是增量刷新, Extract History 窗口都将显示每次刷新的日期和时间, 以及所处理的行数。如果刷新来自某个文件, 还将会进一步显示文件名。

图 3.27 所示显示了所有的细节信息。

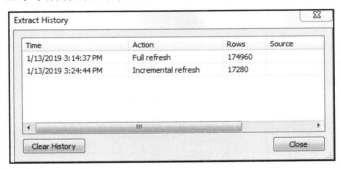

图 3.27

3.4.5　参考资料

关于 Refresh Extracts 下的 Extract Your Data, 读者可参考 Tableau 的在线帮助文档, 网址为 https://onlinehelp.tableau.com/current/pro/desktop/en-us/extracting_refresh.htm。

3.5　升级至 Hyper

自 Tableau 10.5 之后, 提取采用了 .hyper 格式, 而不再是 .tde 格式。Hyper 支持包含百万行的大型提取、快速的提取创建且兼具较好的性能。本节主要讨论将 .tde 提取升级至 .hyper 提取过程中的相关步骤。此外, 本章还将探讨兼容性方面的内容, 因而 Tableau Desktop、Online 和 Server 并不会同时升级。

3.5.1　准备工作

在本案例中，将学习如何将 .tde 提取升级至 .hyper 提取。

3.5.2　实现方式

当采用本地提取时，可利用 Tableau Desktop，并通过手动方式将 .tde 提取升级至 .hyper 提取，具体步骤如下：

（1）打开使用 .tde 提取的工作簿。

（2）在 Data 菜单中，选择 book_tags (book_tags) | Extract | Upgrade，如图 3.28 所示。

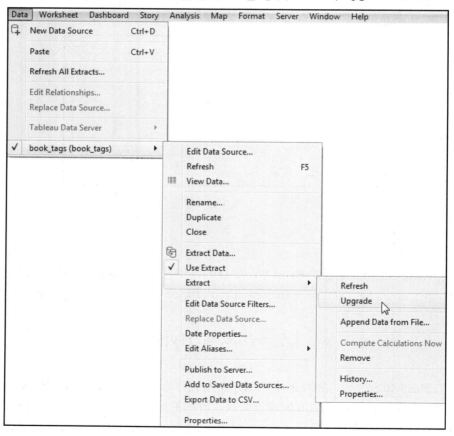

图 3.28

（3）选择 File | Save 完成提取的更新操作。

在 Tableau Desktop 之外，提取可通过 Tableau Server 或 Tableau Online 以及下列方式进行升级：

❑ 手动刷新。
❑ 调度式全提取更新或增量更新。

3.5.3 工作方式

我们在最新版本中使用了 .tde 提取并打开了一个工作簿，升级了该提取并保存了文件。

3.5.4 参考资料

关于提取升级后的后续工作，读者可参考 Tableau 的帮助文档，对应网址为 https://onlinehelp.tableau.com/current/pro/desktop/en-us/extracting_upgrade.htm#user_after。

3.6 利用跨数据库连接创建提取

本节将详细讨论从独立数据源和提取中创建表连接时所涉及的相关步骤。当需要分析来自两个或多个不同数据库的数据时，跨数据库连接非常有用（仿佛是单一数据库）。通常情况下，需要一个技术团队资源将这些数据置于某处并进行集成。

3.6.1 准备工作

在当前案例中，将学习如何执行跨数据库连接。

3.6.2 实现方式

跨数据库连接允许用户在 Tableau 中处理数据，就像该数据位于单个源一样，对此，可使用 book_tags.xlsx 和 books.csv 文件，并执行下列步骤：

（1）打开 Tableau，并创建与 book_tags.xlsx 间的 Microsoft Excel 数据源连接，如图 3.29 所示。

（2）通过 Add 添加另一个数据源，如图 3.30 所示。

图 3.29

（3）创建 books.csv 文本文件，表示为不同的数据源，如图 3.31 所示。

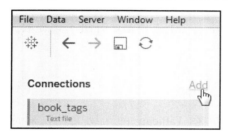

图 3.30

图 3.31

（4）连接键字段 Goodreads Book Id 和 Book Id，如图 3.32 所示。

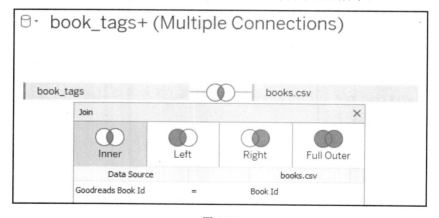

图 3.32

ⓘ 注意：

　　跨数据库连接中使用的字段应该是相同的数据类型。当前，我们可以使用任何连接类型。

　　注意，每个连接采用不同的颜色表示，如图 3.33 所示。

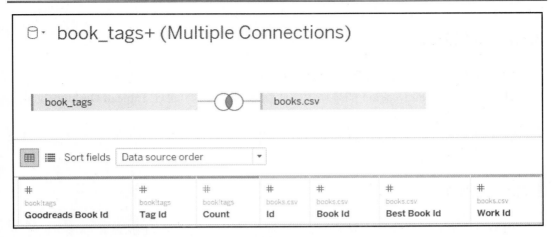

图 3.33

3.6.3　工作方式

当前，连接了不同类型的数据源，即 Excel 和文本，跨数据库连接所用的字段具有相同的数据类型。另外，还可通过分配给每个列和表的颜色来识别每个数据源中的列。具体来说，Excel 表表示为蓝色，而文本文件则表示为橘黄色。

3.6.4　参考资料

跨数据库连接具有强大的功能，并为用户提供了更多快速处理报表需求的能力。关于相关工具的更多内容，例如 Tableau Prep，读者可参考第 15 章。

3.7　利用 Tableau Server 诊断提取

在 .tde 提取升级完毕后，将无法利用之前的 Tableau Desktop 打开。如果升级失败，提取仍保留为.tde 格式。

3.7.1　准备工作

当前，需要使用安装于计算机上的、较早的 Tableau Desktop 版本，以及原始的数据源连接。

3.7.2　实现方式

如果升级失败或者希望保留之前的版本，可考虑以下两种选择方案：

❑　利用 Tableau Desktop 的早期版本重新创建提取，即通过 Tableau Desktop 较早版本连接原始数据源。

❑　如果 Server 或 Tableau Online 启用了修订历史，可通过下载早期版本将提取回滚至上一个版本。

3.7.3　工作方式

如果错误地升级至较新的版本，则需要回滚至上一个版本。相应地，回滚可通过下列方式进行：在 Tableau 中的旧版本中创建当前任务，或者从服务器处获取旧版本。

3.7.4　其他

如果希望将提取保留为 .tde 格式，则无需升级该提取，同时针对提取、刷新或附加数据保持 Tableau Desktop 早期版本。此外，服务器上禁用的提取刷新应保留为遗留格式。关于提取的升级行为，读者可参考 3.5 节。

3.7.5　参考资料

可考虑升级至 2018.x 或更高版本，以在跨平台间体现 Hyper 提取的各种优点。当执行升级操作时，应考虑下列后向兼容所带来的各种限制：

❑　.hyper 文件无法降级至 .tde 提取。

❑　Tableau Desktop 的旧版本无法发布至升级后的服务器环境。

❑　升级后的提取无法在 Tableau 的早期版本中打开，这将限制早期版本使用者间的共享方式。

❑　Export as a Version 无法用于降级包含 .hyper 提取的工作簿。

第 4 章　Tableau Desktop 高级计算

本章主要涉及以下内容：
- ❏ 创建计算后的字段。
- ❏ 实现快速表计算。
- ❏ 创建并使用分组。
- ❏ 创建并使用集合。
- ❏ 创建并使用参数。
- ❏ 实现细节级别表达式。
- ❏ 使用自定义地理编码。
- ❏ 针对分析使用多边形。

4.1　技　术　需　求

当考查本章中的案例时，需要安装 Tableau 2019.x；此外，还需要下载、保存下列数据集：

- ❏ Unemployment_rates_1990-2016.csv 文件。下载网址为 https://github.com/ PacktPublishing/Tableau-2018-Dot-1-Cookbook/blob/master/Unemployment_rates_ 1990-2016.csv。

- ❏ Province_geocoding.csv 文件。下载网址为 https://github.com/PacktPublishing/ Tableau-2018-Dot-1-Cookbook/blob/master/Province_geocoding.csv。

- ❏ Serbian_provinces_population_size.cs 文件。下载网址为 https://github.com/ PacktPublishing/Tableau-2018-Dot-1-Cookbook/blob/master/Serbian_provinces_pop ulation_size.csv。

- ❏ Serbia_Provinces_Features.csv 文件。下载网址为 https://github.com/PacktPublishing/ Tableau-2018-Dot-1-Cookbook/blob/master/Serbia_Provinces_Features.csv。

- ❏ Serbia_Provinces_Points.csv 文件。下载网址为 https://github.com/PacktPublishing/ Tableau-2018-Dot-1-Cookbook/blob/master/Serbia_Provinces_Points.csv。

4.2　简　　介

如前所述，即使是一些较为基本的特性，就已经体现了 Tableau 功能的多样化，相应地，一些高级功能则使得 Tableau 变得更加强大。本章主要介绍 Tableau 的一些高级特性，并通过易于理解的方式逐步介绍计算后的字段、快速表计算、分组和集合、参数以及细节级别表达式，并使用美国劳工部、劳工统计局提供的 Unemployment_rates_1990-2016.csv 数据集。该数据集包含了 1990 年至 2016 年美国城市劳动力规模方面的数据（就业和失业人数）。

第 1 章曾介绍过地图方面的知识，在此基础上，本章将进一步讨论 Tableau 地理空间分析方面的内容，并使用自定义的地理编码和多边形地图，其中，将使用 Province_geocoding.csv、Serbian_provinces_population_size.csv、Serbia_Provinces_Features.csv 和 Serbia_Provinces_Points.csv 数据集。此类数据集包含了 Serbian 中心和边界的不同地理编码数据（经纬度）的组合，以及与人口规模相关的一些数据。

4.3　创建计算后的字段

计算字段表示为可添加至数据源中的自定义字段，对应值由用户自行编写的公式加以确定。在当前案例中，将创建一个简单的计算字段，其中包含每个数据点及其之前数据点之间 Civilian Labor Force 的差值。

4.3.1　准备工作

连接至 Unemployment_rates_1990-2016.csv 数据集，并打开一张空的工作表。

4.3.2　实现方式

步骤如下：

（1）单击 Data 面板中 Dimensions 右侧的黑色下拉箭头。

（2）选择 Create Calculated Field...。另外，还可从主菜单工具栏中选择 Analysis，并于随后选择 Create Calculated Field，如图 4.1 所示。

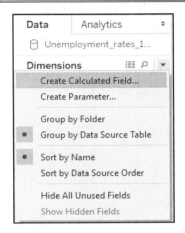

图 4.1

（3）将该字段从 Calculation 1 重命名为 Difference from Previous，先单击 Apply 按钮，再单击 OK 按钮。

（4）在公式面板中，输入下列表达式，先单击 Apply 按钮，再单击 OK 按钮。

```
SUM([Civilian Labor Force])-LOOKUP(SUM([Civilian Labor Force]),-1)
```

对应结果如图 4.2 所示。

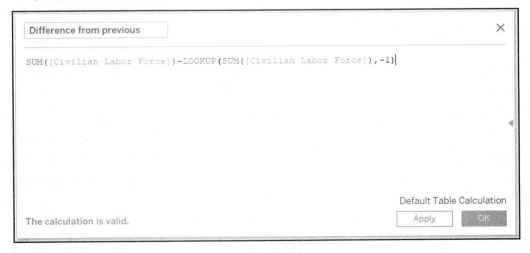

图 4.2

（5）最新计算的字段 Difference from Previous 出现于 Measures 下方。

（6）将新计算的字段拖曳至 Marks 的 Text 中。

（7）将新计算的字段拖曳至 Rows 中。

（8）将 Year 从 Dimensions 拖曳至 Columns 中，如图 4.3 所示。

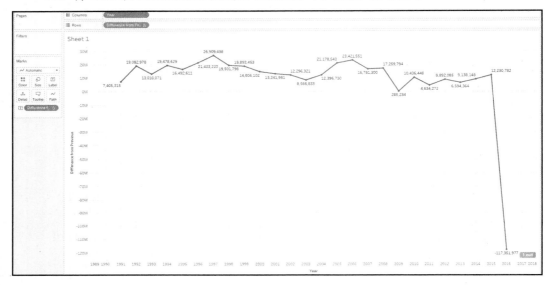

图 4.3

4.3.3　工作方式

目前，我们创建了一个计算字段，该字段包含了当前数据点和上一数据点之间的差值。针对上一个数据点，其间使用了 LOOKUP 函数返回 Civilian Labor Force 的聚合值，并于随后将其从当前数据点的 Civilian Labor Force 聚合值中减去，这将生成一个新的字段并包含该差值，并用于可视化效果中。需要注意的是，所有的表计算函数（包括 LOOKUP 函数）都需要一个协同工作的聚合值，这意味着，当使用不包含聚合函数的字段时，如 Civilian Labor Force，而非 SUM([Civilian Labor Force])，计算字段中将会产生错误。

更为重要的是，原始数据集保持不变，这意味着所创建的计算字段并未写入至其中。如果打开一个新的 Tableau 工作簿，并连接至 Unemployment_rates_1990-2016.csv 数据集，将不会在数据源字段中看到该计算字段。

4.3.4　其他

在当前案例中，所生成的计算类型称作表计算，这表明，所创建的计算字段值与可视化效果中所用的维度有关。例如，如果选择了 Month 而非 Year，则会得到与上一个月间的差值。当查看 Data Source 工作表时可以看到，每行中计算字段值为 Undefined，如图 4.4 所示。

Area	Year	Month	Civilian Labor Force	Employment	Unemployment	Unemployment Ra...	Difference from pr...
Anniston-Oxford-Jack...	1990	1	51,485	48,307	3,178	6.2000	Undefined
Auburn-Opelika, AL M...	1990	1	44,415	41,247	3,168	7.1000	Undefined
Birmingham-Hoover, ...	1990	1	457,612	433,590	24,022	5.2000	Undefined
Daphne-Fairhope-Fole...	1990	1	45,859	43,402	2,457	5.4000	Undefined
Decatur, AL MSA	1990	1	65,452	61,009	4,443	6.8000	Undefined
Dothan, AL MSA	1990	1	58,423	56,097	2,326	4.0000	Undefined
Florence-Muscle Shoa...	1990	1	61,752	57,486	4,266	6.9000	Undefined

图 4.4

然而，计算字段也可包含其他输出类型，例如，利用[Employment]+[Unemployment]并对 Employment 和 Unemployment 求和后将得到 Civilian Labor Force。当查看 Data Source 预览时，将会看到数据源中每行的新计算字段值，如图 4.5 所示。

Area	Year	Month	Civilian Labor Force	Employment	Unemployment	Unemployment Ra...	Difference from pr...	Calculated Labor Force
Anniston-Oxford-Jack...	1990	1	51,485	48,307	3,178	6.2000	Undefined	51,485
Auburn-Opelika, AL M...	1990	1	44,415	41,247	3,168	7.1000	Undefined	44,415
Birmingham-Hoover, ...	1990	1	457,612	433,590	24,022	5.2000	Undefined	457,612
Daphne-Fairhope-Fole...	1990	1	45,859	43,402	2,457	5.4000	Undefined	45,859
Decatur, AL MSA	1990	1	65,452	61,009	4,443	6.8000	Undefined	65,452
Dothan, AL MSA	1990	1	58,423	56,097	2,326	4.0000	Undefined	58,423

图 4.5

Tableau 提供了多种函数进而执行各种不同任务，因而需要理解并熟悉函数以真正地掌握 Tableau 计算字段。相应地，Tableau 中的每个函数均需要使用到特定的参数。因此，当查看函数、函数描述以及函数所需的参数时，可打开一个新的计算字段，并单击编辑器窗口右侧的箭头。这将展开窗口，同时显示一个函数列表及其相关细节内容，如图 4.6 所示。

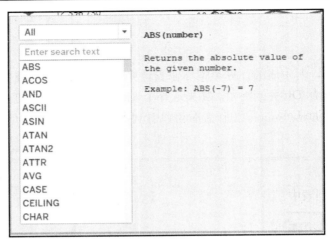

图 4.6

另外，并不是所有函数均可应用于全部数据类型上，例如，SUM 函数便无法应用于字符串上，但却适用于数字值。在函数列表上方的下拉列表中，可以选择适用于不同数据类型的函数。

4.3.5　参考资料

关于计算字段的输入问题，读者可参考 Tableau 帮助文档，对应网址为 https://onlinehelp. tableau.com/current/pro/desktop/en-us/functions_operators.html。

4.4　实现快速表计算

表计算是一种字段计算类型，并可转换视图中的值（仅考虑当前视图中的值，而不考虑过滤掉的值）。前述内容通过计算字段创建了一个表计算；相比之下，快速表计算可方便地实现视图中的常见表计算，且无须通过手动方式对其进行设置。

4.4.1　准备工作

针对当前案例，需要连接至 Unemployment_rates_1990-2016.csv 数据集，并打开一张空的工作表。

4.4.2　实现方式

步骤如下：

（1）将 Year 从 Dimensions 拖曳至 Columns 中。

（2）将 Civilian Labor Force 从 Measures 中拖曳至 Rows 中。

（3）再次将 Civilian Labor Force 从 Measures 拖曳至 Marks 的 Label 中。

（4）鼠标指针悬停于 Text 的 Civilian Labor Force 上，并单击显示于其上的白色箭头。

（5）在下拉列表中，访问 Quick Table Calculation | Percent Difference，如图 4.7 所示。

图 4.7

（6）鼠标指针再次悬停于 Civilian Labor Force 上，并单击显示于其上的白色箭头。

（7）在下拉列表中，访问 Edit Table Calculation...，如图 4.8 所示。

（8）在弹出的 Table Calculation 窗口中，单击按钮中的 Relative to 下拉列表，并选择 First，如图 4.9 所示。

（9）操作结束后关闭当前窗口，最终结果如图 4.10 所示。

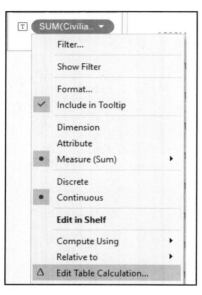

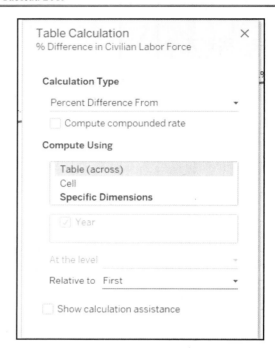

图 4.8   图 4.9

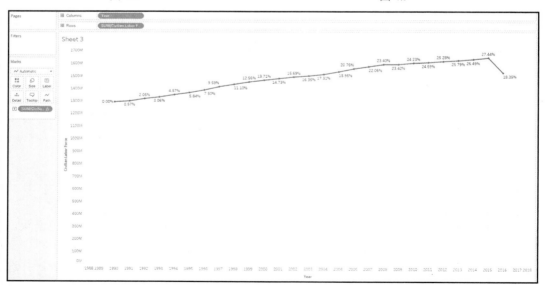

图 4.10

4.4.3　工作方式

快速表计算支持基于默认设置的快速转换实现。当前示例实现了 Percent Difference 计算。默认状态下，将设置相对于上一个数据点（Year）的差值，并于随后对默认设置进行编辑，即修改相对于视图中第一个数据点的计算结果，而非上一个数据点。据此，视图中的全部百分比将相对于 1990 年而设置。需要注意的是，表计算仅考查视图中的数据。因此，如果从视图中过滤掉年份 1990，全部计算将相对于年份 1991 而进行，进而变为视图中的第一个数据点。

4.4.4　其他

快速表计算只是实现公共表计算的一种快捷方式。除此之外，表计算还可通过手动方式予以实现。当从头开始实现表计算时，可单击希望转换的量度项（在当前案例中为 Civilian Labor Force），并从下拉列表中选择 Add Table Calculation。在弹出的 Table Calculation 窗口中，可调整基于所选计算类型的全部相对参数。

4.4.5　参考资料

关于表计算的深度讨论，读者可参考 Tableau 帮助文档，对应网址为 https://onlinehelp.tableau.com/current/pro/desktop/en- us/calculations_tablecalculations.html。

4.5　创建并使用分组

分组是将某个字段的多个成员组合成一个新成员的简便方法，当前示例即会参照这种方式。具体来说，将把独立的年份置于 10 年期分组中，进而可按照年度（10 年）查看数据。

4.5.1　准备工作

连接 Unemployment_rates_1990-2016.csv 数据集的本地副本，并打开一张新的工作表。

4.5.2　实现方式

步骤如下：

（1）鼠标右键单击 Dimensions 下的 Year 字段。

（2）在下拉列表中选择 Create | Group...命令，如图 4.11 所示。

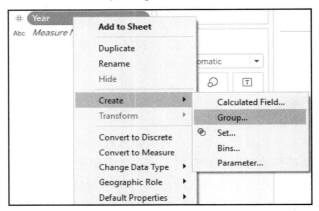

图 4.11

（3）在 Field Name 字段中，将当前分组名称修改为 Decade。

（4）在 Create Group [Year]窗口中，选取年份 1990～1999，即按下键盘上的 Shift 键，并单击第一个和最后一个年份。

（5）当年份选择完毕后，单击列表下方的 Group，或者鼠标右键单击选择部分并选择 Group，如图 4.12 所示。

（6）随后将出现名为 1990、1991、1992……1999 的新分组。默认状态下，分组名称可进行编辑。这里，可将该分组重命名为 1990s，如图 4.13 所示。

（7）选取 2000～2009，并单击 Group 按钮。

（8）将该分组重命名为 2000s。

（9）最后，选择剩余年份，即 2010～2019，单击 Group 按钮并对其进行分组。

（10）将该分组重命名为 2010s。

（11）当全部 3 个分组创建并重命名完毕后，单击 OK 按钮。

（12）新的分组将显示于 Data 模板的 Dimensions 之下，并通过一个曲别针图标加以表示。接下来，将 Decade 拖曳至 Rows 中。

（13）将 Employment 从 Measures 拖曳至 Marks 的 Text 中。

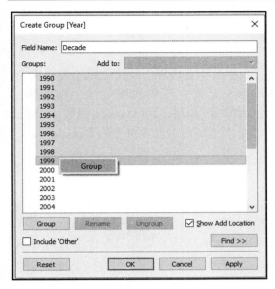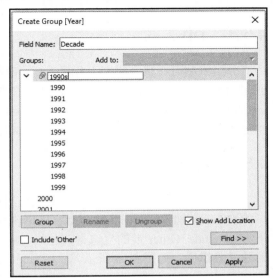

图 4.12   图 4.13

（14）鼠标指针悬停于 Marks 中的 AVG(Employment)上，并单击其中所显示的白色箭头。

（15）执行 Measure (Sum)并选择 Average，如图 4.14 所示。

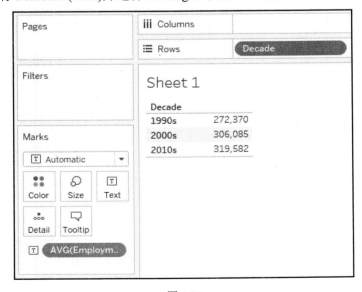

图 4.14

4.5.3　工作方式

　　分组机制可在聚合级别上分析数据，而此类数据并不会出现于所用的原始数据集中。通过分组，可生成新的分组和字段。在将其插入至某个视图或度量（当前示例为Employment）中时，度量将在分组级别上聚合。这意味着，如果使用 Average 函数，Tableau将返回属于同一组成员的、跨所有行计算得到的平均值（在当前示例中为 Decade）。

4.5.4　其他

　　如果不希望将所有字段成员分类至分组中，Tableau 还支持将全部剩余成员分组至单一的 Other 类别中。当在新的分组字段中创建了相应的分组后，可选择 Create Group 窗口下方、Include 'Other' 前的复选框。这样，Tableau 将把所有的未分组成员整合至名为 Other 的独立分组中，如图 4.15 所示。

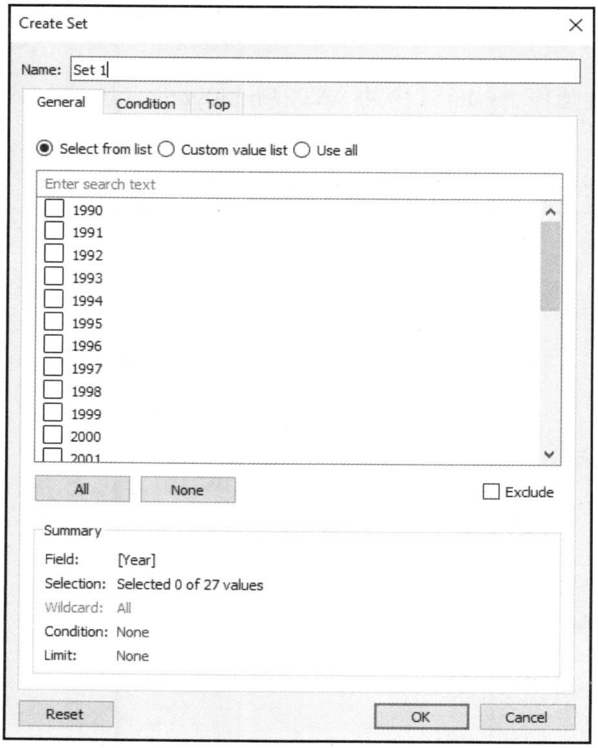

图 4.15

4.5.5　参考资料

关于分组机制的更多内容，读者可参考 Tableau 的帮助文档，对应网址为
https://onlinehelp.tableau.com/current/pro/desktop/en-us/sortgroup_groups_creating.html#Include。

4.6　创建并使用集合

从某种意义上讲，集合与分组具有相反的含义。具体来说，可利用集合划分数据：
根据某种条件将数据划分为子集，进而在更细的粒度上对其进行处理。在下面讨论的案
例中，将创建一个集合，并区分就业状况高于平均水平的年份和就业状况低于平均水平
的年份。

4.6.1　准备工作

连接 Unemployment_rates_1990-2016.csv 数据源，并打开一张空的工作表。

4.6.2　实现方式

步骤如下：
（1）鼠标右键单击 Dimensions 下的 Year 字段。
（2）在下拉列表中，选择 Create | Set...命令，如图 4.16 所示。

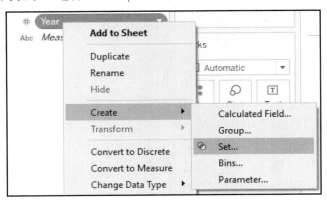

图 4.16

（3）在 Name 字段中，将集合名称从 Set1 调整为 Above average employment years，如图 4.17 所示。

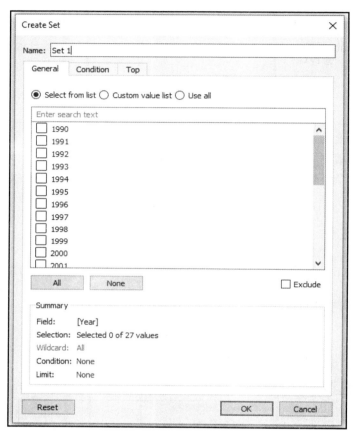

图 4.17

（4）单击 Condition 选项卡并选择 By field。

（5）在下拉列表中选择 Employment。

（6）在第二个下拉列表中选择 Average。

（7）在第三个下拉列表中，选择>=（大于或等于）符号。

（8）在数字字段，输入 297027，这表示为所有年份的总平均就业率。

（9）单击 OK 按钮，并退出当前对话框。

当前状态如图 4.18 所示。

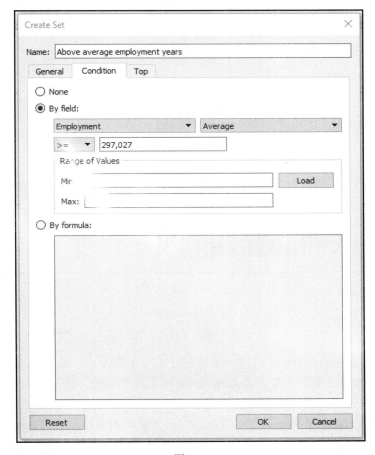

图 4.18

（10）最新的 Sets 部分出现于 Measures 下的 Data 面板中，其中包含了新集合，并采用符号标注。接下来，将刚创建的集合拖曳至 Marks 中的 Color 上。

（11）将 Year 从 Dimensions 拖曳至 Columns 中。

（12）鼠标右键单击 Columns 中的 Year，在下拉列表中切换至 Discrete。

（13）将 Employment 从 Measures 拖曳至 Rows 中。

（14）鼠标指针悬停于 Rows 中的 Employment 上方，并于随后单击显示于其中的白色箭头。

（15）在下拉列表中，选择 Measure (Sum)和 Average，对应输出结果如图 4.19 所示。

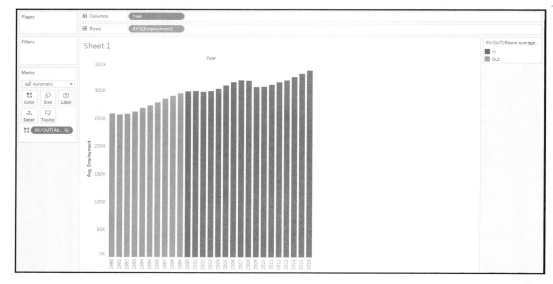

图 4.19

4.6.3　工作方式

当前案例根据 Employment 值这一条件创建了一个集合，该条件使得 Employment 值等于或大于 297027（即整个数据集 Employment 值的平均值）的所有数据点都包含在集合中，而其他数据点则被排除在外。这将生成一个新的字段，即当前数据集，并于随后用于可视化效果中。该集合字段当前用作包含两个值的离散维度，即 In 和 Out，分别表示位于集合内/外的数据点。我们将在可视化效果中使用此类值，并为包含 Employment平均值或高于 Employment 平均值的年份着色。

💡 提示：

如果希望集合成员出现于可视化效果中，可鼠标右键单击视图中的 Set，并在下拉列表中将 Show In/Out of Set 切换为 Show Members in Set。

4.6.4　其他

Tableau 提供了两种集合类型，即固定集合和动态集合。相应地，当前案例中采用了动态集合。这意味着，集合成员可随着底层数据发生变化。但是，也存在一个与动态集合相关的限制条件——仅限于一维。

相比较之下，固定集合则不会产生变化：其成员通常保持不变，对此，可简单地选取数据点作为视图，鼠标右键单击选择区域，并从下拉列表中选择 Create Set...选项，进而创建固定集合，如图 4.20 所示。

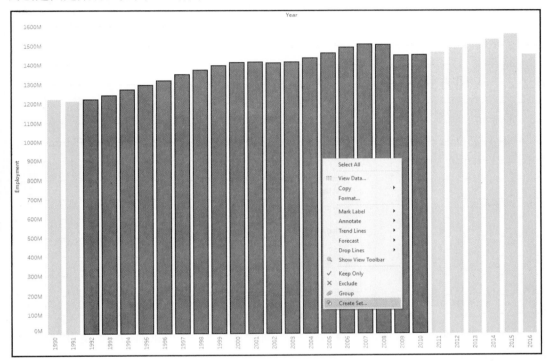

图 4.20

4.6.5　参考资料

关于集合的更多信息，读者可参考 Tableau 帮助文档，对应网址为 https://onlinehelp.tableau.com/current/pro/desktop/en-us/sortgroup_sets_create.html。

4.7　生成并使用参数

前述内容曾创建了一个集合，并将年份划分为大于平均工龄和小于平均工龄两种情况。对此，我们在集合定义中对平均值进行了硬编码。但是，当输入不同值并生成可视化效果，且可视化内容随着数值的不同而动态变化时，情况又当如何？针对于此，可通过参数方式处理此类问题。接下来将创建一个集合，并于其中动态地调整集合中的定义值。

4.7.1 准备工作

当前案例将使用 Unemployment_rates_1990-2016.csv 数据集，因而应确保连接至该数据集，并打开一张新的工作表。

4.7.2 实现方式

步骤如下：

（1）在 Data 模板中，单击 Dimensions 右侧的黑色箭头，并选择 Create Parameter...，如图 4.21 所示。

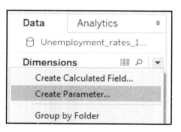

图 4.21

（2）在 Create Parameter 对话框中，将参数名从 Parameter 1 修改为 Average employment cut-off，如图 4.22 所示。

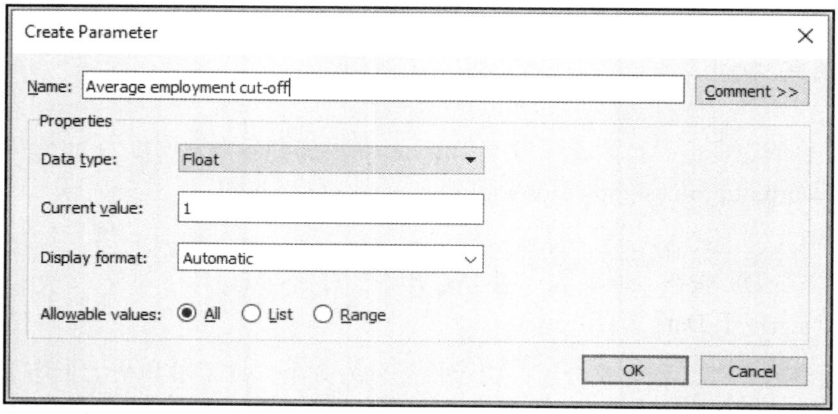

图 4.22

（3）其他设置保持不变，单击 OK 按钮，并退出当前对话框。随后，Data 面板中 Measures 下方将出现一个 Parameters 部分，其中包含了新参数 Average employment cut-off，如图 4.23 所示。

（4）鼠标右键单击 Parameters 下的 Average Employment cut-off 参数，并选择 Show Parameter Control，如图 4.24 所示。

此时，参数控制面板将显示于工作区的右上角，其中显示了所设置的当前值为 1，如图 4.25 所示。

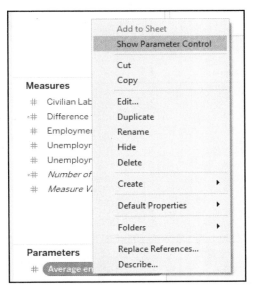

图 4.23　　　　　　　　　　　　图 4.24　　　　　　　　　　　　图 4.25

（5）在设置了参数后，接下来对所使用的集合进行设置。对此，鼠标右键单击 Dimensions 下的 Year，并选择 Create | Set...命令。

（6）在 Create Set 对话框中，将集合名称从 1 修改为 Above cut-off employment。

（7）将 General 选项卡切换为 Condition 选项卡，并选择 By formula。

（8）输入表达式 AVG([Employment])>[Average employment cut-off]，如图 4.26 所示。

（9）单击 OK 按钮，并退出当前对话框。当前，集合 Above cut-off employment 与 Set 部分一同出现于 Data 面板中。

（10）利用新集合生成可视化效果。对此，可将 Year 从 Dimensions 拖曳至 Columns 中。

（11）鼠标右键单击 Columns 中的 Year，并在下拉列表中切换至 Discrete。

（12）将 Employment 从 Measures 拖曳至 Rows 中。

图 4.26

ℹ️ **注意：**

当构建集合时，虽然采用了平均工龄作为聚合函数，但视图中仍可留用 SUM 聚合函数，这两个函数彼此毫无关联。其中，集合中的函数用于定义该集合，且与视图中可能使用到的量度无关。

（13）将 Above cut-off employment 集合从 Sets 拖曳至 Marks 的 Color 中。

（14）所有的条形图均采用 In 集合着色，其原因在于 Average employment cut-off 参数值被设置为 1。在参数控制卡中，可尝试将当前值修改为 300000。

（15）尝试多次修改当前值，并查看集合内外的年份如何随参数值的变化而改变，如图 4.27 所示。

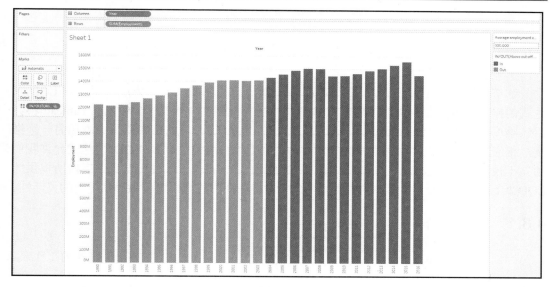

图 4.27

4.7.3　工作方式

　　参数表示为基于用户输入可动态变化的数值，并可在多种不同的场合中替换常量值。
　　前述内容曾设置了一个参数，并将数字作为用户输入。随后，通过设置条件将用户
输入值用作集合成员的阈值。接下来将定义一个动态值，并在用户每次输入新数字时调
整当前集合，而不再将常量值（平均值）作为集合成员阈值。据此，每次修改用户输入
内容时，不同的年份将被包含或排除于集合之外。

4.7.4　其他

　　参数的使用方式多种多样，进而使得可视化效果更具交互性。例如，可利用参数在
不同的字段（视图中的量度或维度）间进行切换，或者创建动态参考线。总体来说，当
使用参数时，大多数时候可与计算字段协同使用。参数自身则无法包含至视图中，其包
含方式可描述为：创建一个使用该参数的计算字段，并于随后包含视图中的计算字段。

4.7.5　参考资料

　　关于参数的更多信息，读者可参考 Tableau 帮助文档，对应网址为 https://onlinehelp.
tableau.com/current/pro/desktop/en-us/changing-views-using-parameters.html。

4.8　实现细节级别表达式

细节级别（LOD）表达式是 Tableau 中一项十分有用的功能。为了深入理解 LOD 表达式的操作内容，首先需要了解其具体含义。当在视图中使用某个维度时，Tableau 将会沿该维度聚合度量结果。因此，可以说该维度提供了 LOD。如果向视图中添加另一个维度，相应地，度量也将沿该维度分解，进而得到更细粒度的 LOD。LOD 表达式允许我们独立于视图中的所包含的字段来控制视图中使用的 LOD。与可视化自身中字段所提供的 LOD 相比，我们可以进一步对粒度进行调整，这将在视图的创建过程中提供更大的灵活性。

4.8.1　准备工作

当前案例将连接 Unemployment_rates_1990-2016.csv 数据集，并打开一张新的工作表。

4.8.2　实现方式

步骤如下：

（1）在 Data 面板中，单击 Dimensions 右侧的黑色箭头，并选择 Create Calculated Field...。

（2）将最新计算的字段从 Calculation 1 重命名为 Difference from average。

（3）在公式区域内，输入 AVG(([Employment])-{FIXED:AVG([Employment])})，如图 4.28 所示。

图 4.28

（4）单击 Apply 按钮，随后单击 OK 按钮，退出当前对话框。新计算后的字段 Difference from average 将出现于 Data 模板的 Measures 下方。

（5）将 Difference from average 从 Measures 拖曳至 Rows 中。

（6）将 Year 从 Dimensions 拖曳至 Columns 中。

（7）右击 Columns 中的 Year，并在下拉列表中切换至 Discrete。

（8）将 Employment 从 Measures 拖曳至 Marks 的 Label 中，如图 4.29 所示。

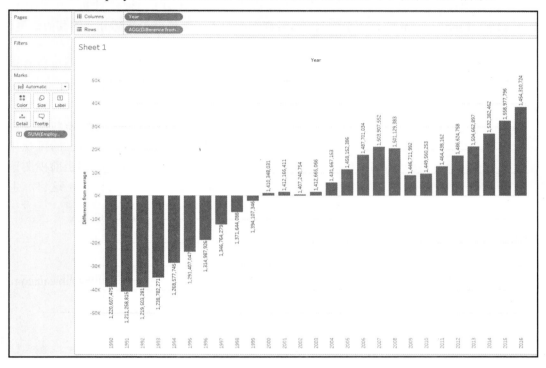

图 4.29

4.8.3　工作方式

当前案例创建了一个可视化应用程序，并计算与总体平均就业率间的差值，但在这种情况下，无论可视化结果中包含何种内容，整体平均值都被用作参考点。因此，当包含 Year 时，可视化结果中显示了每年 Employment 与 Employment 整体均值间的平均差值，这里，平均值指的是数据源中属于特定年份的、所有行中的平均值。

例如，如果在可视化中包含了 Month，平均差值将针对每年的每个月份进行计算，但仍会相对于 Employment 的整体平均值进行计算，其原因在于无论可视化结果是什么，Tableau 保持整体平均值不变。

4.8.4　其他

当前案例使用了 FIXED LOD 表达式。当采用 FIXED LOD 表达式时，将指定可视化结果中希望拥有的确切 LOD，且完全不受视图中所包含的 LOD 的影响。据此，我们在计算时保留了 Employment 的整体平均值，尽管视图中引入了会使度量指标分散的其他维度。

除此之外，Tableau 中还引入了以下两种 LOD 表达式类型。

- ❑ INCLUDE：该表达式可向视图中引入附加的 LOD（粒度大于可视化结果自身指定的粒度）。INCLUDE 表达式查看包含于当前可视化结果中的 LOD，但会根据 INCLUDE 表达式自身中指定的维度另外分解数据。
- ❑ EXCLUDE：该表达式执行与 INCLUDE 表达式相反的操作——在特定粒度级别（大于视图自身所引入的粒度）上保持数据。这意味着，当创建自己的可视化结果时，除了 EXCLUDE 表达式中指定的维度之外，Tableau 将根据当前视图聚合度量。鉴于在较高级别上被聚合，而非在此类数据点间对其聚合，这将产生多个数据点间的数值重复现象。

4.8.5　参考资料

对于 LOD 的详细解释，读者可参考 Tableau 白皮书，对应网址为 https://www.tableau.com/learn/whitepapers/understanding-lod-expressions。

4.9　使用自定义地理编码

Tableau 可将多个地理位置识别为地理值，并将地理坐标分配于其中，因此无须知晓真实的坐标值即可对其进行映射。但某些时候，我们也希望能够使用 Tableau 无法识别的地理数据且不能生成经纬度的地图位置。

其间，可利用自定义地理编码为 Tableau 提供地理坐标。

4.9.1　准备工作

当前案例将使用两个数据集，即创建视图的数据集，以及包含自定义地理编码数据的数据集,并确保机器设备上已保存了 Serbian_provinces_population_size.csv 和 Province_geocoding.csv 数据集。另外,还应保证 Province_geocoding.csv 数据集保存于独立的文件夹中。最后,连接 Serbian_provinces_population_size.csv 数据集并打开新的工作表。

💡 提示:

包含自定义地理编码数据的数据集(所映射的地理位置的经纬度)需要保存在独立文件夹中的文本文件中。

4.9.2 实现方式

步骤如下:

(1)在主菜单工具栏中,单击 Map。

(2)在下拉列表中,访问 Geocoding | Import Custom Geocoding...,如图 4.30 所示。

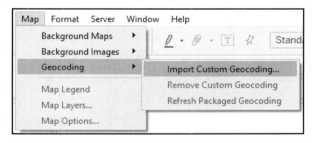

图 4.30

(3)在 Import Custom Geocoding 对话框中,单击...图标,并打开保存 Province_geocoding.csv 的目录,如图 4.31 所示。

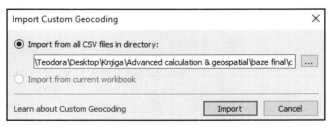

图 4.31

(4)在打开的 Choose Source Folder 对话框中,访问保存 Province_geocoding.csv 文件(其中包含了自定义地理编码数据)的文件夹,选取该文件,并单击 Select Folder。

（5）该文件夹的路径将显示于 Import Custom Geocoding 对话框中。单击 Import 并在 Tableau 处理请求时稍作等待。

（6）当自定义地理编码被导入后，右击 Dimensions 下的 Province，在下拉列表中单击 Geographical Role，并选择 Province-Serbia，如图 4.32 所示。

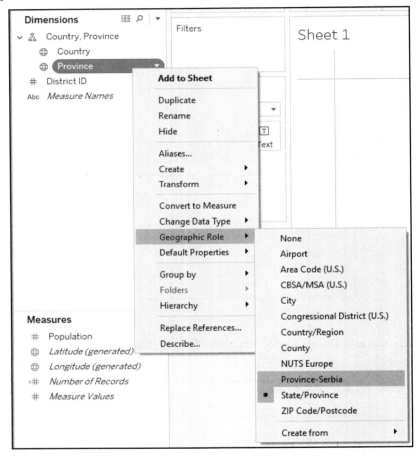

图 4.32

（7）当前针对 Province-Serbi 设置了自定义地理编码，并通过图标 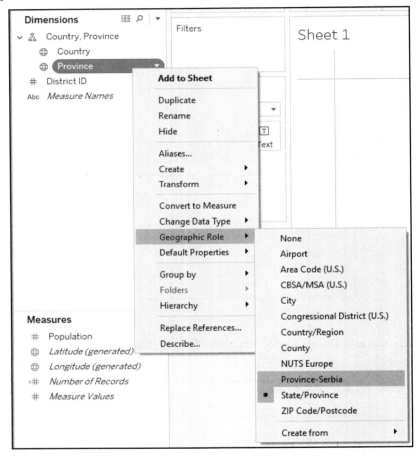予以表示。当在地图中对其加以使用时，可将 Province 从 Dimensions 拖曳至工作区即可。

（8）最后一步是添加 Population，也就是说，将其从 Measures 拖曳至 Marks 中的 Size 上，如图 4.33 所示。

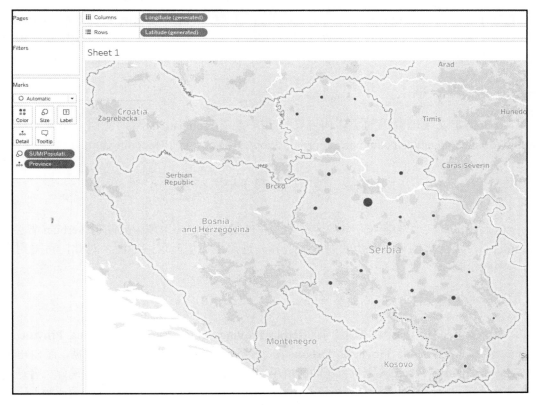

图 4.33

4.9.3　工作方式

前述内容针对 Province 使用 Province_geocoding.csv 设置了自定义地理编码。Province_geocoding.csv 数据集包含了每个省份的经纬度。当作为地理坐标导入此类数据后可将该地理编码分配给 Serbian_provinces_population_size.csv 数据集中的维度，即 Province。鉴于省份名称在两个文件中均相同，Tableau 能够在 Serbian_provinces_population_size.csv 文件的 Province 维度和 Province_geocoding.csv 文件的经纬度间生成一个连接，并以此正确地映射 Province。

4.9.4　其他

通过数据混合也可得到相同的结果。对此，可连接 Province_geocoding.csv 和 Serbian_provinces_population_size.csv，并通过 Province 和 Province-Serbia 对其进行混合。相应地，

可采用 Province_geocoding.csv 中的 Longitude 和 Latitude，并通过视图中的 Serbian_provinces_population_size.csv 数据源对其进行混合。与该方案相比，自定义地理编码则包含了自身的优点，例如，一旦导入后，可在其他工作簿中对其予以复用。

4.9.5　参考资料

关于自定义地理编码的更多内容，读者可参考 Tableau 的帮助文档，对应网址为 https://onlinehelp.tableau.com/current/pro/desktop/en-us/custom_geocoding.html。

4.10　使用多边形进行分析

在上述自定义地理编码方案中，曾导入并使用了自定义地理编码映射 Serbian 省会。相比之下，当前案例将进一步映射地域边界，进而生成填充后的地图，对此，可采用多边形映射机制。

4.10.1　准备工作

当前案例将使用两个数据集，即 Serbia_Provinces_Features.csv 和 Serbia_Provinces_Points.csv。其中，Serbia_Provinces_Features.csv 数据集包含了 Serbian 的人口数据，而 Serbia_Provinces_Points.csv 数据集则包含了映射所用的坐标数据。打开两个文件，并确保二者通过 ID 进行连接。随后，双击集合交集符号，并确保数据集通过 ID 予以连接，如图 4.34 所示。

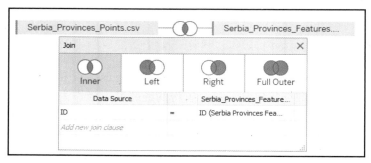

图 4.34

4.10.2　实现方式

步骤如下：

（1）将 Serbia_Provinces_Points.csv 表中的 Longitude 从 Measures 拖曳至 Columns 中。

（2）右击 Columns 中的 Longitude，并选择 Dimension。

（3）将 Serbia_Provinces_Points.csv 表中的 Latitude 从 Measures 拖曳至 Rows 中。

（4）右击 Rows 中的 Latitude，并选择 Dimension。

（5）在 Marks 中，通过下拉列表将标记类型从 Automatic 调整为 Polygon，随后将会在 Marks 中看到新的按钮 Path，如图 4.35 所示。

（6）右击 Measures 下的 Point order 字段，并选择 Convert to Dimension。

（7）将 Point order 从 Dimensions 拖曳至 Marks 中的 Path 上。

（8）将 Province 从 Dimensions 拖曳至 Marks 中的 Detail 上。

图 4.35

（9）最后，将 Population 从 Dimensions 拖曳至 Color 上。

最终结果如图 4.36 所示。

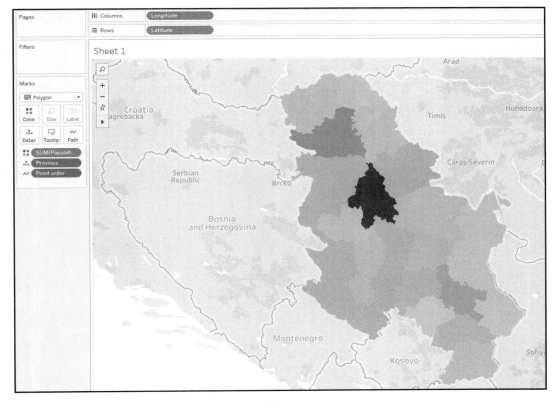

图 4.36

4.10.3　工作方式

多边形地图的创建过程可描述为：向 Tableau 提供希望绘制的形状的坐标，并于随后通过绘制其间的路径而连接各点。前述内容曾利用自定义边界（省份）创建了一幅地图，并向 Tableau 提供了其边界的准确坐标（即经纬度），此类数据位于 Serbia_Provinces_Points.csv 数据集中。Point order 通知 Tableau 连接相关各点（坐标点）。最后，将 Province 置于 Detail 中即完成了地图的绘制工作。

4.10.4　其他

除了地图之外，多边形映射可绘制任意形状，只要知晓对应形状的 x 和 y 轴坐标（如像素），并将其记录于某个文件中，即可绘制任意形状，并在可视化结果中对其加以使用。图像的映射过程可能稍显复杂，但却可获得可复用的、自定义形状的可视化结果。

4.10.5　参考资料

关于多边形地图的更多 Tableau 资源，读者可访问 https://www.tableau.com/learn/tutorials/on-demand/polygon-maps-8 以了解更多内容。

第 5 章　Tableau 桌面高级过滤机制

本章主要涉及以下内容：
- ❏　实现前 N 项过滤器。
- ❏　向上下文中添加过滤器。
- ❏　创建度量过滤器。
- ❏　创建日期范围过滤器。
- ❏　创建相对日期过滤器。
- ❏　实现表计算过滤器。
- ❏　实现动作（action）过滤器。

5.1　技　术　需　求

实现本章案例需要安装 Tableau 2019.x，除此之外，还需要下载并保存下列数据集：
- ❏　Winery.csv。下载网址为 https://github.com/PacktPublishing/Tableau-2018-Dot-1-Cookbook/blob/master/Winery.zip。
- ❏　Bread_basket.csv。下载网址为 https://github.com/PacktPublishing/Tableau-2018-Dot-1-Cookbook/blob/master/Bread_basket.csv。

5.2　简　　介

在第 1 章中，我们曾讨论了如何实现基本的过滤器。其中，过滤器允许我们使用数据集中的部分行，这一基本原理适用于所有的过滤器。

Tableau 过滤机制对此进行了扩展，本章将尝试实现前 N 项过滤器、度量过滤器、不同类型的日期过滤器、表计算过滤器以及动作过滤器。

本章大部分时间将使用 Winery.csv 数据集，该数据集最初源自 Kaggle.com，并包含了与葡萄酒相关的数据，包括酒厂、省份、评级、价格、品酒师的名字以及其他细节内容。

除此之外，在处理日期过滤器时（即创建日期范围过滤器和相对日期过滤器），将使用 Bread_basket.csv 数据集，其中涉及来自面包店且包含具体日期的交易行为。该数据集同样来自 Kaggle.com。

5.3　实现前 N 项过滤器

前 N 项过滤器仅过滤某个维度的前 N 个成员，并通过另一个所选字段中的值加以确定。

5.3.1　准备工作

当前案例需要连接至 Winery.csv 数据集，并打开一张新的工作表。

5.3.2　实现方式

步骤如下：

（1）将 Winery 从 Dimensions 拖曳至 Rows 中。

（2）将 Price 从 Measures 拖曳至 Columns。

（3）右击 Columns 中的 SUM (Price)，访问 Measure(Sum)并选择 Average。

（4）在 Filter [Winery]对话框中，访问 Top 选项卡。

（5）选择 By field，在输入框中输入 5 进而将"前 10"修改为"前 5"，如图 5.1 所示。

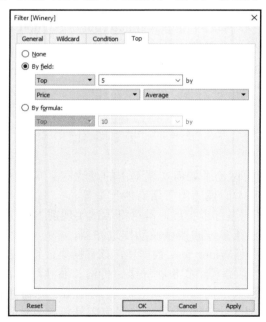

图 5.1

（6）单击 OK 按钮，并退出当前对话框。

（7）最后，通过价格排序视图。右击 Rows 中的 Winery，并选择 Sort...，如图 5.2 所示。

（8）在 Sort [Winery]对话框中，在 Sort Order 下选择 Descending。

（9）在 Sort By 下选择 Field，确保在 Field Name 下设置为 Price，同时在 Aggregation 下设置为 Average，如图 5.3 所示。

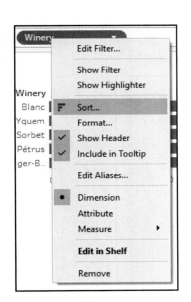

图 5.2

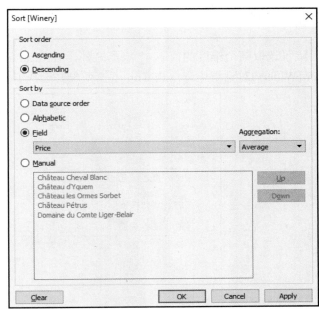

图 5.3

（10）单击 OK 按钮，并退出当前对话框。当前，在红酒的价格视图中仅显示前 5 家红酒厂商的红酒价格，如图 5.4 所示。

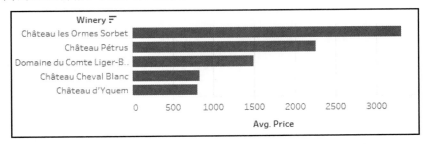

图 5.4

5.3.3 工作方式

前述内容通过红酒的平均价格选取了前 5 家红酒厂商。尽管过滤器通过某个维度（即 Winery）设置，但一般还需要包含某个量度（在该示例中为 Price），进而选择前 5 家厂商。

5.3.4 其他

除了选取某个维度的前 N 个成员之外，Tableau 还可选择最后 N 个成员。对此，在 Filter [Winery]对话框中，单击 Top 下拉列表并选择 Bottom，如图 5.5 所示。

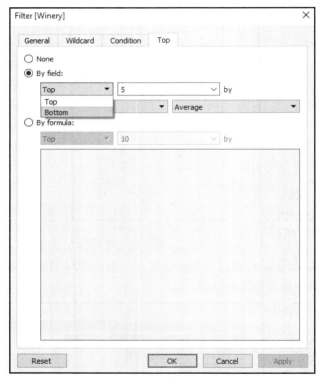

图 5.5

除此之外，还可通过自定义公式过滤前/后 N 个成员。相应地，在 Filter [Winery]对话框中，可选择 By formula，进而在 Tableau 中输入供过滤使用的自定义表达式。

5.3.5　参考资料

关于前 N 项过滤机制，读者可参考 Tableau 帮助文档，对应网址为 https://kb.tableau.com/articles/howto/using-a-top-n-parameter-to-filter-a-table。

5.4　向上下文中添加过滤器

前述案例讨论了如何创建前 N 项过滤器。当前案例将对已有的知识进行扩展，进而设置多个过滤器，其中也涵盖了前 N 项过滤器。

5.4.1　准备工作

当前案例将在 5.3 节示例的基础上完成，对此，创建一张新的工作表。

5.4.2　实现方式

步骤如下：

（1）通过 Province 添加一个过滤器，将 Province 从 Dimensions 拖曳至 Filters。

（2）在 Filter [Province]对话框中，单击区域列表下方的 All，进而选择全部区域。

（3）单击 OK 按钮，退出当前对话框。

（4）右击 Filters 中的 Province，在下拉列表中选择 Show Filter。

（5）假设希望按照价格查看 Burgundy 州的前 5 家葡萄酒厂商，对此，可在 Province 过滤器中选择 Burgundy。

💡 提示：

可输入 Burgundy 以缩小查找范围。

（6）然而，该选取方式无法生成期望的结果——当前视图仅显示了一家葡萄酒厂商，而非 5 家，如图 5.6 所示。

（7）针对这一问题，可右击 Filters 中的 Province: Burgundy，并在下拉列表中选择 Add to Context，如图 5.7 所示。

随后，图 5.8 所示显示了 Burgundy 州的前 5 家葡萄酒厂商的价格情况。

图 5.6

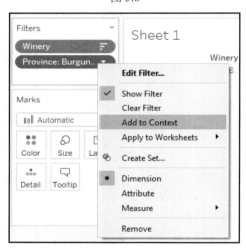

图 5.7

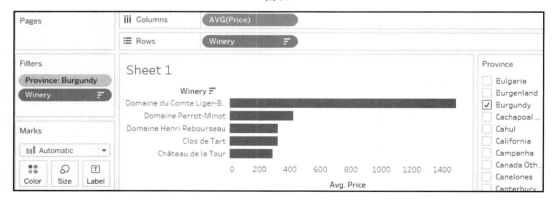

图 5.8

5.4.3　工作方式

开始时，视图显示了前 5 家厂商葡萄酒的平均价格，随后即通过 Province 添加了一个过滤器，进而查看各省内前 5 家葡萄酒厂商，但最终结果并非是期望内容——当选择 Burgundy 这一区域时，我们得到了总样本中排名前 5 的葡萄酒厂商，这些厂商都位于 Burgundy 省。

在向上下文中添加了 Province 过滤器后，我们得到了期望的输出结果——视图将显示各区域内排名前 5 的葡萄酒厂商。这里的问题是，在向上下文中添加了 Province 过滤器后，究竟发生了何种变化？

通过将 Province 过滤器添加至上下文中，我们将其优先级设置为高于前 N 项过滤器。其中，上下文过滤器可设置其他过滤器所用的上下文，其优先级大于视图中的其他过滤器，这些过滤器仅应用于已被上下文过滤器过滤的行。

5.4.4　其他

对于多个过滤器或大型数据源，上下文过滤器还可提高视图的性能，额外的过滤器通常会对性能产生负面影响。

5.4.5　参考资料

关于上下文过滤器，读者可参考 Tableau 帮助文档，对应网址为 https://onlinehelp. tableau.com/current/pro/desktop/en-us/filtering_context.html

5.5　创建度量过滤器

前述内容利用维度作为过滤器字段，并对视图进行过滤，然而，Tableau 也可通过度量过滤视图。当前案例将探讨这一特性中的各项操作。

5.5.1　准备工作

连接 Winery.csv 数据集，并打开一张新的工作表。

5.5.2　实现方式

步骤如下：

（1）将 Country 从 Dimensions 拖曳至画布（canvas）中。

（2）将 Price 从 Measures 拖曳至 Marks 的 Color 中。

（3）右击 Color 中的 SUM (Price)，访问 Measure (Sum)，并在下拉列表中选择 Average。

（4）将 Points 从 Measures 拖曳至 Filters 中。

（5）在 Filter Field [Points]对话框中，选择 All values 并单击 Next >按钮，如图 5.9 所示。

图 5.9

（6）在 Filter [Points]对话框中，将 Range of values 保留为默认选项（80～100），并单击 OK 按钮，如图 5.10 所示。

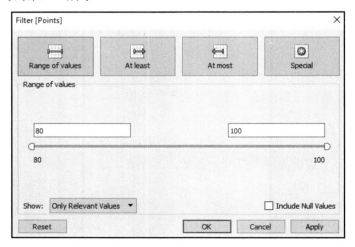

图 5.10

（7）右击 Filters 中的 Points，并选择 Show Filter。当过滤器控制滑块显示于工作表的右上角时，尝试移动滑块并选取不同的数值范围。相应地，根据所选的范围将显示不同的国家，如图 5.11 所示。

图 5.11

5.5.3　工作方式

前述内容通过 Points 的数量对视图进行过滤，同时开启了过滤器控制，以便可选取视图中所包含的 Points 范围。当调整 Points 数量时，所选取的国家保持不变，但对应的颜色会发生变化，其原因在于视图中包含了不同的行。

例如，在将 Points 的范围设置为 85～90 时，Price 仅在满足过滤器指定条件的行上被计算，也就是说，Points 位于 85～90 区间内。因此，变化中显示的平均价格（作为不同的行）将被过滤器排除或包含在视图中。

5.5.4　其他

当通过度量过滤某个视图时，还可选择 At least 和 At most 选项。

其中，At least 选项可将最大值保持在数据集的最大值上，并可对最小值进行调整。At most 则体现了相反的行为——将最小值保持在数据集的最小值上，并可调整最大值。

5.5.5　参考资料

关于度量过滤机制的更多内容，读者可参考 Tableau 帮助文档，对应网址为 https://onlinehelp.tableau.com/current/pro/desktop/en-us/filtering.html。

5.6　创建日期范围过滤器

Tableau 将日期识别为一种特殊的数据类型，并包含与日期相关的特定的过滤功能。本节所讨论的案例将展示通过日期范围对数据进行过滤的各项步骤。

5.6.1　准备工作

连接 Bread_basket.csv 数据集并打开一张新的工作表。

5.6.2　实现方式

步骤如下：

（1）将 Item 从 Dimensions 拖曳至 Rows 中。

（2）将 Number of Records 从 Measures 中拖曳至 Marks 中的 Text 上。

（3）通过日期范围过滤视图，将 Date 从 Dimensions 拖曳至 Filter 中。

（4）在 Filter Field [Date]对话框中，选择 Range of Dates，并单击 Next >按钮，如图 5.12 所示。

（5）在开启的 Filter [Date]对话框中，选取期望的日期范围。针对当前示例，可选择 12/1/2017～2/1/2018 的数据。单击左上角的日期字段，并从下拉日历菜单中选择 12/1/2017。在右侧字段中重复相同步骤，并将结束日期选为 2/1/2018，如图 5.13 所示。

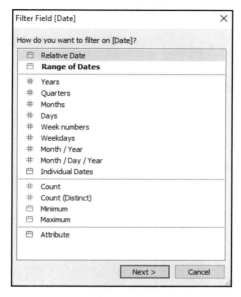

图 5.12

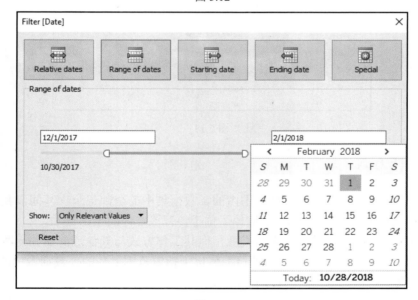

图 5.13

（6）单击 OK 按钮，并退出当前对话框。相应地，当前视图仅显示所选时间段之间的数据，如图 5.14 所示。

图 5.14

5.6.3　工作方式

当前示例选取了位于特定日期范围内的、数据集中的全部记录。其间，我们指定了开始日期和结束日期，且 Tableau 过滤掉了位于该范围之外的全部日期。

虽然日期过滤器特定于数据字段类型，但其工作方式与其他过滤器并无两样。当指定某个日期范围时，Tableau 将过滤掉日期值位于指定范围之外的、数据源中的全部行，且在视图中仅包含指定范围内的日期值。

5.6.4　其他

当通过日期范围进行过滤时，Tableau 还提供了 Starting date 和 Ending date 选项。

当选取 Starting date 时，将设置日期范围内最早的日期，而结束日期则设置为数据源中的最后日期。

图 5.15 所示显示了所选内容。

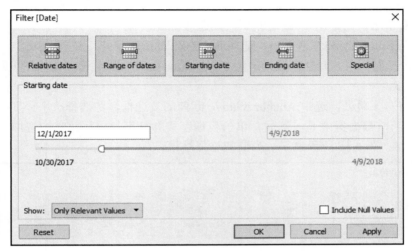

图 5.15

另外一方面，当使用 Ending date 选项时，将设置所过滤的、日期范围内的最后日期，而开始日期则被设置为数据源中的最早日期。

5.6.5　参考资料

关于日期过滤机制的更多内容，读者可参考 Tableau 帮助文档，对应网址为 https://onlinehelp.tableau.com/current/pro/desktop/en-us/filtering. html。

5.7　创建相对日期过滤器

在 5.6 节中，曾创建了一个日期范围过滤器。在当前案例中，将讨论另一种类型的日期过滤器，即相对日期过滤器。相对日期过滤器可相对于所选日期对日期数据进行过滤。

5.7.1　准备工作

连接 Bread_basket.csv 数据集并打开一张新的工作表。

5.7.2　实现方式

步骤如下：

（1）右击之前创建的 Date 过滤器，并选择 Edit...。

（2）在 Filter [Date]对话框中，选择 Relative dates 选项。

（3）选择时间段，此处设置为最近 5 天。选中 Last 前的单选按钮，并在所关联的输入框中输入 5。

（4）在左下角处，选中 Anchor relative to 前的复选框，并选择一个日期（确保对应数据包含于当前数据集中），例如，单击日期字段并从下拉日历菜单中选取日期，进而选择 2/1/2018。图 5.16 所示显示了当前的选择结果。

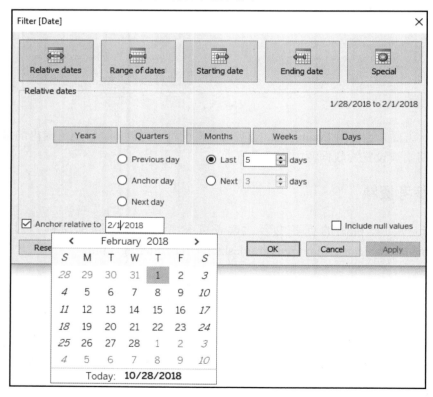

图 5.16

（5）单击 OK 按钮，并退出当前对话框。图 5.17 所示显示了生成的输出结果。

图 5.17

5.7.3　工作方式

当前示例介绍了相对日期过滤器，即相对于随机选取的日期 2/1/2018 创建了一个过滤器。其间，我们选取了日期，并相对于此选取了最近的 5 天。对应视图显示了相对于所选日期的天数。

5.7.4　其他

当与相对日期过滤器协同工作时，Tableau 支持多种选项。除了指定天数之外，

Tableau 还可相对于所选日期设置所选的年数、季度数、月数和星期数。此外，通过选择 Next 而不是 Last，我们不仅可以显示所选日期之前的时间段，还可以显示所选日期之后的时间段。

最后，除了设置固定日期之外，还可选择 Taday、Yesterday 或 Tomorrow 作为锚定日期。若希望视图采用相对于当前日期的新数据进行更新时，这将十分有用。

5.7.5 参考资料

关于日期过滤机制的更多内容，读者可参考 Tableau 帮助文档，对应网址为 https://onlinehelp.tableau.com/current/pro/desktop/en-us/filtering.html。

5.8 实现表计算过滤器

当视图中包含表计算时，过滤问题将变得较为复杂——它将改变表的计算过程，并可能生成意料之外的结果。

本节将讨论包含表计算的视图过滤行为，并采用一种较为简单的方式设置表计算过滤器，进而生成期望的结果。

5.8.1 准备工作

连接 Winery.csv 数据集并打开一张新的工作表。

5.8.2 实现方式

步骤如下：

（1）将 Country 从 Dimensions 拖曳至 Rows 中。

（2）将 Number of Records 从 Measures 拖曳至 Columns 中。

（3）将 Taster Name 从 Dimensions 拖曳至 Marks 的 Color 中。

（4）右击 Columns 中的 SUM（Number of Records），并在下拉列表中访问 Quick Table Calculation | Percent of Total，如图 5.18 所示。

（5）再次右击 Columns 中的 SUM（Number of Records），并在下拉列表中访问 Compute Using | Taster Name，如图 5.19 所示。

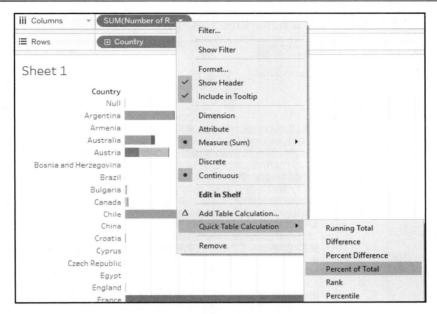

图 5.18

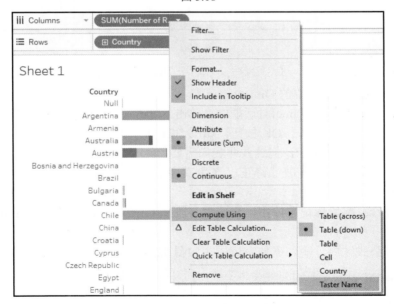

图 5.19

（6）当前，我们可以看到每个国家中品酒师评级的百分比，然而，显示结果看起来较为混乱，且难以区分出每名品酒师，如图 5.20 所示。

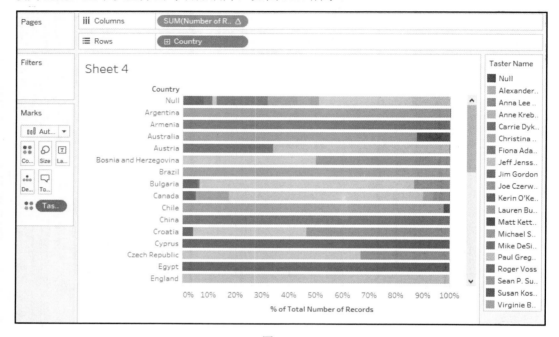

图 5.20

（7）假设希望过滤掉一名品酒师，并查看他在每个国家的评级份额，对此，可将 Taster Name 拖曳至 Filters 中的 Dimensions 上。

（8）在 Filter [Taster Name]对话框中，单击 None，并取消选中所有名称，随后，选择 Anna Lee C. Iijima，并单击 OK 按钮，如图 5.21 所示。

对应视图如图 5.22 所示，但这并非我们需要的结果。

（9）下面对这一问题进行修正。在主菜单栏中，单击 Analysis，并选择 Create Calculated Field...。

（10）在计算字段标记窗口中，将计算字段从 Calculation1 重命名为 Filter by Wine Taster。

（11）在公式区内，输入下列表达式（如图 5.23 所示）：

```
LOOKUP(ATTR([Taster Name]),0)
```

（12）单击 OK 按钮，并退出当前窗口。

（13）从 Filter 中移除 Taster Name，并将新的计算字段 Filter by Wine Taster 拖曳至 Filter 中。

图 5.21

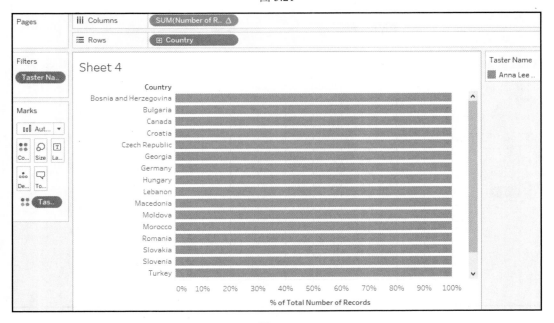

图 5.22

图 5.23

（14）在 Filter [Filter by Wine Taster]窗口中，选择 Anna Lee C. Iijima，并单击 OK 按钮。图 5.24 显示了该品酒师在每个国家中的记录百分比。

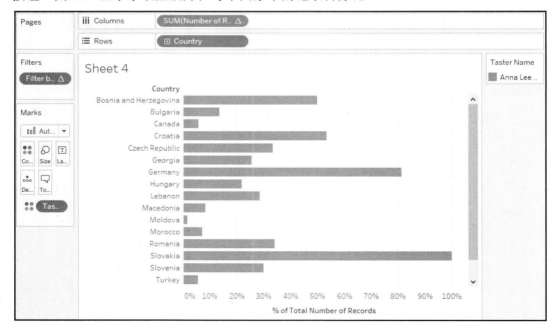

图 5.24

5.8.3　工作方式

表计算仅考查了视图中的数据。前述内容执行了一个表计算过程，并显示了每名品酒师的记录比例。在仅保留一名品酒师的情况下，Tableau 仅通过视图中的数据重新执行了表计算过程。这意味着，每个国家中的全部记录仅隶属于单个 Taster Name。

这将会生成一个无任何信息的视图，也就是说，100%的记录属于上述特定的品酒师。

通过实现表计算过滤器，原始表计算（计算百分比）可在视图被过滤之前替换，而不是相反情况（仅通过 Wine Taster 实现过滤器）。

据此，视图将在表计算执行后被过滤；同时，表计算不会受到从视图中过滤的某些行的影响。

5.8.4　其他

另一种实现相同结果的方法是，除了希望在视图中查看的品酒师名字之外，可简单地隐藏其他品酒师的名字，对于一次性静态视图，这可能是一种较好的快速解决方案。

然而，由于缺乏交互性，该方法一般不予以推荐（难以在不同的过滤器值间进行切换）。另外，对于首次查看视图的用户来说，这往往会带来某些困惑——无法知晓视图被何种内容所过滤。

5.8.5　参考资料

读者可参考 Tableau 帮助文档，以进一步了解 Tableau 的工作方式，对应网址为 https://onlinehelp.tableau.com/current/pro/desktop/en-us/order_of_operations.html。

5.9　实现动作过滤器

另一种过滤器可采用一种简单、直观的方式在多个工作表间过滤数值——只需单击视图中需要过滤的数据点即可。

5.9.1　准备工作

当前案例将使用 Winery.csv 数据集，确保已经连接至该数据集上；此外，还需要打开一张新的工作表。

5.9.2 实现方式

步骤如下：

（1）将 Country 从 Dimension 拖曳至 Marks 的 Detail 上。

（2）将 Points 从 Measures 拖曳至 Marks 的 Color 上。

（3）右击 Color 中的 SUM (Points)，单击 Measure (Sum)，并在下拉列表中选择 Average。

（4）单击工作区下方的 New Worksheet 选项卡，创建一张新的工作表。另外，也可在主菜单工具栏中从下拉列表中选择 Worksheet | New Worksheet。

（5）在新的工作表中，将 Country 从 Dimensions 拖曳至 Marks 的 Color 中，随后将弹出一个对话框，并询问是否过滤某些国家，对此，选择 Add all members，如图 5.25 所示。

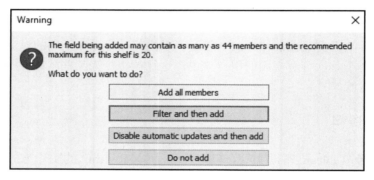

图 5.25

（6）将 Province 从 Dimensions 拖曳至 Marks 的 Detail 上。

（7）将 Price 从 Measures 拖曳至 Marks 的 Size 上。

（8）右击 Size 中的 SUM (Price)，在下拉列表中访问 Measure (Sum)，并选择 Average。

（9）在 Marks 中，单击下拉列表，并将标记类型从 Automatic 修改为 Circle，如图 5.26 所示。

（10）访问 Sheet 1。单击主菜单栏中的 Worksheet，并在下拉列表中访问 Actions...，如图 5.27 所示。

（11）在打开的 Actions 窗口中，单击 Add Action >按钮，并选择 Filter...，如图 5.28 所示。

图 5.26

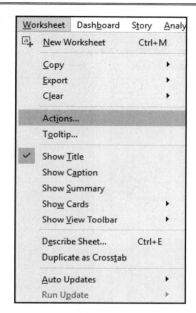

图 5.27

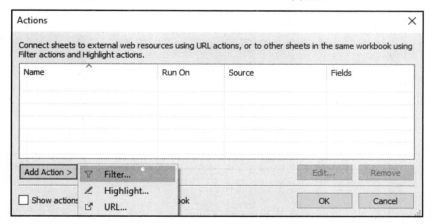

图 5.28

（12）在 Add Filter Action 窗口中，通过 Name 字段将过滤器名称从 Filter1 更改为 Filter per Country。

（13）在 Run action on 下方选择 Select。

（14）将 Target Sheets 设置为 Sheet 2。

（15）单击 OK 按钮，并退出当前对话框，最终结果如图 5.29 所示。

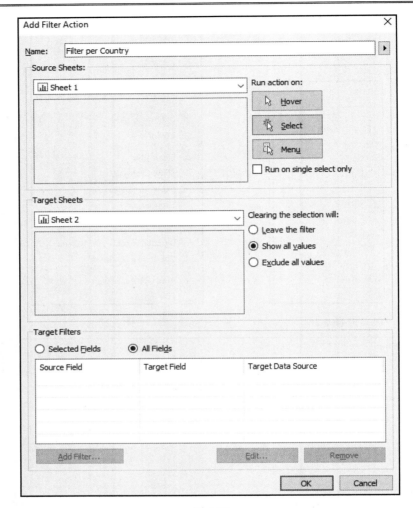

图 5.29

（16）可以看到，当前过滤器 Filter per Country 显示于 Actions 窗口中的列表中。单击 OK 按钮，并退出 Actions 窗口。

（17）至此，动作过滤器设置完毕。单击 Sheet 1 的地图中的某些国家，并查看在 Sheet 2 中的结果。相应地，动作过滤器也显示于 Filters 中，例如，如果单击 Sheet 1 中的澳大利亚，该国家将自动在 Sheet 2 中被过滤掉，如图 5.30 所示。

（18）最终结果如图 5.31 所示。

图 5.30

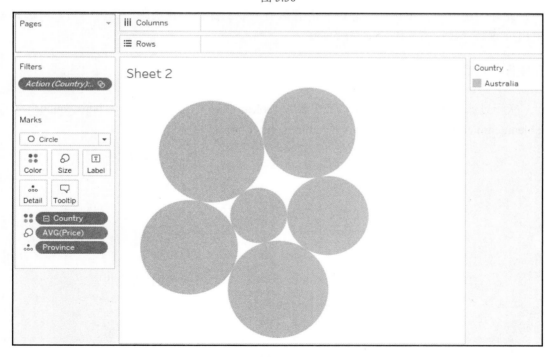

图 5.31

5.9.3　工作方式

当前案例设置了动作过滤器，并在工作表间发送信息。具体来说，当单击 Sheet 1 中的某个标记时，将向 Sheet 2 发送信息，并作为 Sheet 2 中的过滤器自动在 Sheet 1 中设置所选的标记。

需要注意的是，Sheet 1 中的视图按照 Country 和 Province 进行汇总，而 Sheet 2 中的视图则不包含与 Province 相关的信息。无论两个视图中的细节级别如何，Tableau 都会从 Sheet 2 中过滤掉公共元素，即所选的国家。

5.9.4　其他

当实现动作过滤器时，Tableau 还提供了多种选项。

除了在所选内容上设置动作之外（即当前示例所采取的操作），还可以在悬停时运行操作，或者使用菜单。

此外，还可进一步选择清除选择内容后所采取的操作。在清除所选内容后，可选择退出过滤器、显示所有值或排除所有值。

5.9.5　参考资料

关于过滤器动作的更多信息，读者可参考 Tableau 帮助文档，对应网址为 https://onlinehelp. tableau.com/current/pro/desktop/en- us/actions_filter.html。

第6章 创建仪表板

本章主要涉及以下内容：
- ❑ 创建仪表板。
- ❑ 格式化仪表板。
- ❑ 设置过滤器。
- ❑ 在多个数据源之间设置过滤器。
- ❑ 访问各项动作。
- ❑ 添加高亮动作。
- ❑ 设置布局。
- ❑ 构建自服务仪表板。

6.1 技 术 需 求

对于本章案例，需要下载 Internet_usage.csv 文件（对应网址为 https://github.com/PacktPublishing/Tableau-2018-Dot-1-Cookbook/blob/master/Internet_usage.csv）和 Internet_satisfaction.csv 数据集（对应网址为 https://github.com/PacktPublishing/Tableau-2018-Dot-1-Cookbook/blob/master/Internet_satisfaction.csv），并将其保存至本地计算机上。

6.2 简 介

截止到目前，我们已经学习了如何从数据中创建独立表和表格，本章将尝试将其整合至仪表板中。相应地，仪表板是在视图中展示可视化结果的一种功能强大的方法，相关结果可能来自多个工作表，甚至是多个数据源。本章将讨论如何创建仪表板、自定义其样式和布局，并尝试实现一些高级功能，如动作和参数过滤器。

本章将使用两个数据集来描述一项关于塞尔维亚互联网使用情况的消费者调查结果，并查看用户对来自不同互联网供应商的各个方面的服务满意度。其中，Internet_satisfaction.csv 数据集包含了互联网用户、塞尔维亚的地理信息、住址、主要的互联网供应商、互联网类型、整体服务的满意度、连接速度和连接的稳定性。其中，满意度采用 5

星制评级。具体来说，1 星代表完全不满意，而 5 星则表示十分满意。除此之外，其他数据集 Internet_usage.csv 则包含了关于塞尔维亚地区家庭互联网普及率和居住类型（城市或农村）方面的信息。需要注意的是，加载地区信息的字段在两个数据集中包含了相同值，但却定义了不同的名称。

6.3　创建仪表板

本节将对仪表板创建过程中的基本知识加以整体介绍，并尝试创建一个简单的仪表板，其中包含了 3 个工作表。后续案例将在此基础上予以实现。

6.3.1　准备工作

当创建仪表板时，需要使用 Internet_satisfaction.csv 数据集，因此，应确保持有该数据集的本地副本，并连接至该数据集。

6.3.2　实现方式

步骤如下：

（1）在新的工作表中将 Main provider 从 Dimensions 拖曳至 Columns 中。

（2）随后，将 Satisfaction overall 从 Measures 拖曳至 Rows 中。

（3）悬停于 SUM(Satisfaction overall)上，以便其上显示一个箭头并单击该箭头。

（4）访问 Measure (Sum)，并在下拉列表中选择 Average，如图 6.1 所示。

（5）在 Marks 中，将标记类型从 Automatic 修改为 Circle。

（6）双击工作区上方的标题，在 Edit Title 窗口中将其从 Sheet 1 修改为 Overall Satisfaction per Provider，随后单击 Apply 按钮。此时，标题名称将变为 Overall Satisfaction per Provider，接下来单击 OK 按钮，如图 6.2 所示。

（7）在主菜单栏中，单击 Worksheet，并于随后选择 New Worksheet。

（8）将 HH internet type 拖曳至 Columns 中。

（9）将 Satisfaction speed 拖曳至 Rows 中。

（10）悬停于 SUM(Satisfaction speed)上，以便其上显示一个箭头，随后单击该箭头。

（11）访问 Measure (Sum)，并在下拉列表中选择 Average。

（12）双击工作表标题，将其从 Sheet 2 修改为 Satisfaction with speed。单击 Apply 按钮并于随后单击 OK 按钮。

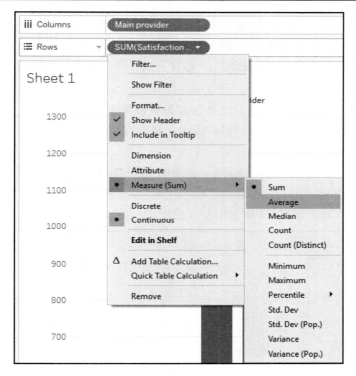

图 6.1

图 6.2

（13）在主菜单栏中，单击 Worksheet，并于随后选择 New Worksheet。

（14）将 HH internet type 拖曳至 Columns 中。

（15）将 Satisfaction stability 拖曳至 Rows 中。

（16）悬停于 Satisfaction stability 上，以便其上出现一个箭头，随后单击该箭头。

（17）访问 Measure (Sum)，并在下拉列表中访问 Average。

（18）双击工作表标题，并将其从 Sheet 3 修改为 Satisfaction with stability。

（19）在主菜单栏中，选择 Dashboard 下的 New Dashboard，如图 6.3 所示。

图 6.3

随后将会显示一个如图 6.4 所示的空仪表板。

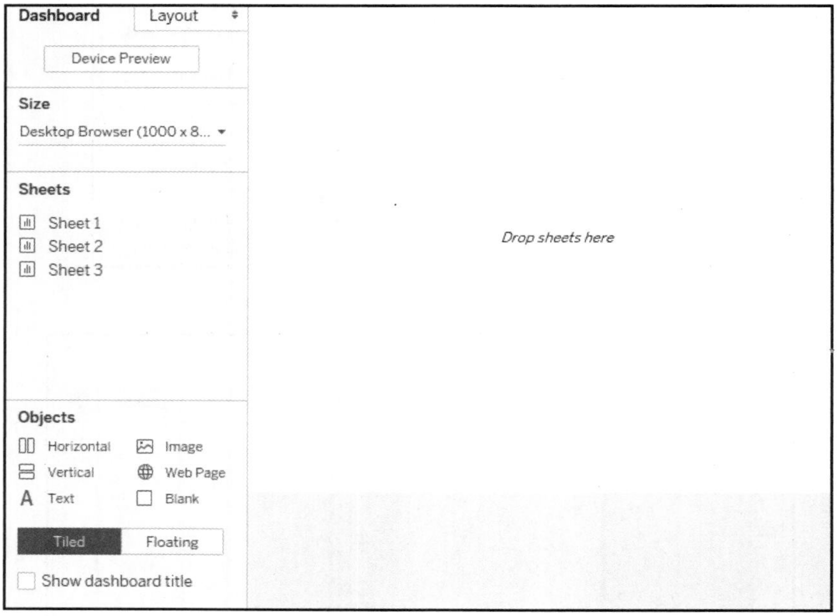

图 6.4

（20）将 Sheet 1 从 Dashboard 模板（位于屏幕的左侧）中拖曳至当前仪表板视图中，如图 6.5 所示。

（21）将 Sheet 2 从 Dashboard 模板中拖曳至当前仪表板视图中（位于 Sheet 1 下方）。

（22）将 Sheet 3 从 Dashboard 模板拖曳至当前仪表板视图中（位于 Sheet 2 右侧）。图 6.6 所示显示了仪表板中所显示的各种元素。

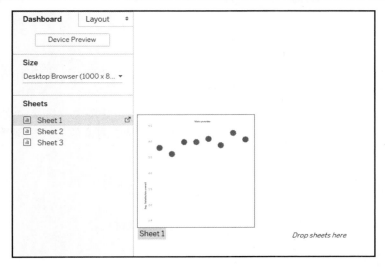

图 6.5

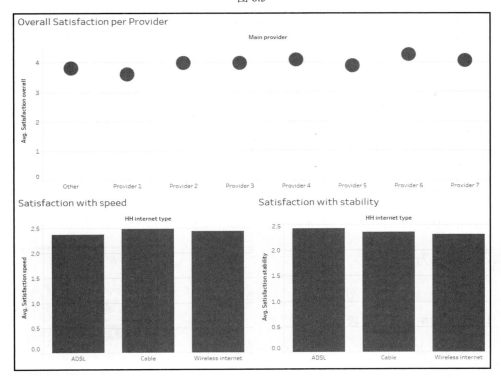

图 6.6

6.3.3　工作方式

当前示例创建了一个基本的仪表板，具体来说，首先创建了一组工作表，随后将其置于一个仪表板中。

仪表板可加载多个工作表。除了工作表之外，还可包含图像、链接、文本框和 Web 页面。虽然仪表板可涵盖众多元素，但一般会以一种易于阅读的方式呈现数据，因而应保持其清晰的外观，并防止仪表板过于拥挤。

6.3.4　其他

仪表板可以相互链接并进行过滤，稍后将对此加以讨论。

6.3.5　参考资料

关于仪表板的构建过程，读者可参考 Tableau 帮助文档，对应网址为 https://onlinehelp. tableau.com/current/pro/desktop/en-us/dashboards_create.html。

6.4　格式化仪表板

除了表格自身的格式化之外，还可对仪表板格式化和自定义。通过使用颜色和字体，可创建一个个人喜欢的视觉标识，并使仪表板更加清晰且易于阅读。

6.4.1　准备工作

当前案例将在 6.3 节中所示案例的基础上加以构建。

6.4.2　实现方式

下面将设置和格式化仪表板标题，步骤如下：

1. 设置和格式化仪表板标题

（1）在 Objects 面板中，选中 Show dashboard title 前的复选框，如图 6.7 所示。

（2）双击标题，在 Edit Title 对话框中将 Dashboard 1

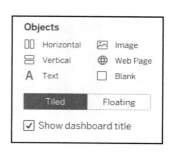

图 6.7

修改为 Satisfaction。选择标题文本，并将其字体大小调整为 24，将颜色改为橘黄色，并使用粗体字，如图 6.8 所示。

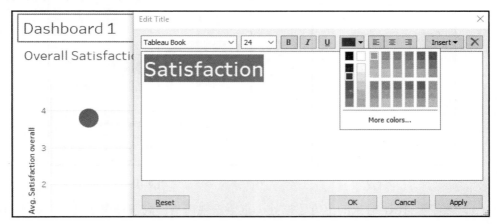

图 6.8

（3）另外，也可访问主菜单工具栏，单击 Dashboard，并选择 Format。

（4）随后，Format Dashboard 面板将显示于左侧。在 Dashboard Title 中，可在 Font 下调整文本、字体、颜色和尺寸；在 Alignment 下调整文本对齐方式；在 Shading 下调整背景颜色；在 Border 下调整标题的边框，如图 6.9 所示。

2．格式化工作表标题

（1）在主菜单栏中，单击 Dashboard，并选择 Format。

（2）在 Worksheet Titles 下方，单击 Font 下拉箭头，将文本颜色修改为橘黄色，并使用粗体字。

（3）单击 Shading，并将背景颜色调整为浅灰色；另外，将调色板下方的滑块移至左侧，以使着色较浅，如图 6.10 所示。

（4）另外，还可分别对标题进行格式化，即双击标题，在 Edit Title 对话框中选择标题文本，并修改字体尺寸、颜色、对齐方式等。

3．格式化文本对象

（1）在 Objects 面板中，将 Text 拖曳至仪表板视图中（位于 Sheet 1 下方）。另外，当显示 Objects 面板时，需要关闭 Format 面板，如图 6.11 所示。

（2）在 Edit Text 对话框中，输入*Brand names have been removed，并于随后单击 OK 按钮。

图 6.9

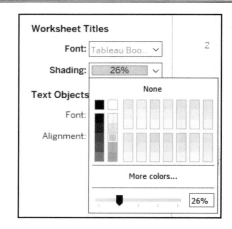

图 6.10

（3）悬停于 Text 对象的上方边框处，直至出现箭头；向下拖曳边框，并减小 Text
对象的高度，同时增加 Sheet 1 的面积。

（4）在主菜单栏中，访问 Dashboard | Format。

（5）在 Text Objects 下，单击 Font，并使用斜体，如图 6.12 所示。

图 6.11

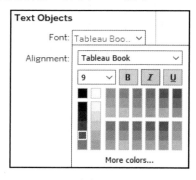

图 6.12

（6）另外，也可双击文本对象，并设置字体大小、着色、对齐方式等，也就是说，
在 Edit Text 窗口中选取文本，并选择期望的设置方式。

4．格式化仪表板背景颜色

（1）在主菜单栏中，依次单击 Dashboard | Format。

（2）在 Dashboard Shading 下，选择期望的背景颜色。当前选取为白色，如图 6.13
所示。

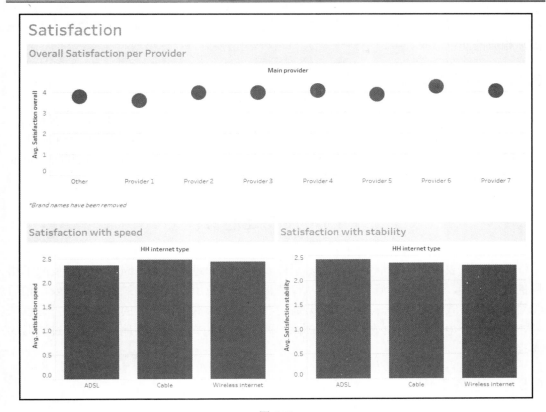

图 6.13

6.4.3 工作方式

Tableau 提供了多种格式化选项。前述内容曾格式化了仪表板标题、各自的工作表标题和背景。除此之外，Tableau 还提供了一个格式化仪表板标题的选项，这次我们将其设置为白色，以避免由于过多的颜色而分散对仪表板内容的注意力。

虽然 Tableau 允许对仪表板中的每个元素应用格式化，但在格式化仪表板时，应该始终牢记"少即是多"！为了达到最佳效果，应保持调色板简单、背景中立、文本颜色和字体简单统一。

6.4.4 其他

当提升仪表板的外观效果时，其间的大部分工作是在创建和设计可视化内容时完成的。因此，应确保可视化内容格式良好，并通过仪表板格式化选项将其整合至一起，并添加相应的润色效果。

6.4.5　参考资料

❑　关于仪表板设计的更多内容，读者可参考 Tableau 帮助文档，对应网址为 https://onlinehelp.tableau.com/current/pro/desktop/en-us/dashboards_best_practices.html。

❑　读者可访问 Tableau 的图库以参考相关设计，对应网址为 https://public.tableau.com/en-us/s/gallery。

6.5　设置过滤器

当创建仪表板时，终端用户可在多个仪表板元素间进行过滤，因此它们都反映了相同的选择内容。其中，过滤器可直接从仪表板中予以应用，或者通过某个工作表，稍后将对这两种方式加以讨论。此外，本节还将在仪表板中探讨工作表的过滤方式，这意味着，在仪表板中，可视化内容将用作过滤器。最后，本节还将简要地介绍动作过滤器的实现方式。

6.5.1　准备工作

当前案例将在 6.3 节所示仪表板的基础上加以讨论。

6.5.2　实现方式

下面首先讨论基于仪表板的过滤器设置操作，步骤如下：

1. 通过仪表板设置过滤器

（1）单击仪表板中的 Sheet 3 条形图。

（2）单击白色箭头（More Options，紧邻表格区域一侧），再依次单击 Filters | HH internet type，如图 6.14 所示。

（3）当 HH internet type 过滤器出现在仪表板的右上角后，单击该过滤器，随后单击过滤器区域旁边的白色箭头（More Options）。

（4）单击 Apply to Worksheets，然后从展开的列表中选择 Selected Worksheets...，如图 6.15 所示。

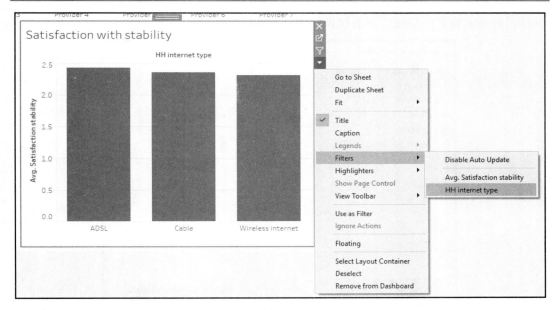

图 6.14

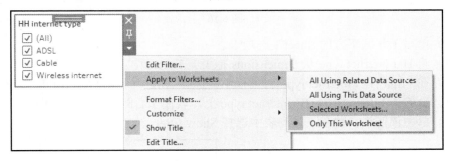

图 6.15

（5）单击 All on dashboard 按钮，并于随后单击 OK 按钮，如图 6.16 所示。

（6）单击 HH internet type 过滤器，并于随后单击过滤器区域一侧的白色箭头（More Options）。

（7）在下拉列表中，选择 Single Value (dropdown)。

（8）尝试选择不同的互联网类型，如图 6.17 所示。

2. 通过工作表设置过滤器

下面尝试另一种过滤器设置方式。在开始之前，取消"通过仪表板设置过滤器"中的全部工作内容，并重新开始设计。当前案例将设置相同的过滤器，但通过工作表方式进行，并从未设置任何过滤器的仪表板中开始操作。

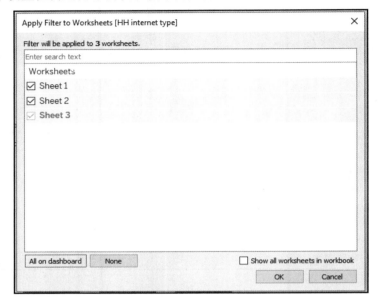

图 6.16

（1）单击工作区下方的 Sheet 1 选项卡。

（2）将 HH internet type 从 Dimensions 拖曳至 Filters 中。

（3）在 Filter [HH internet type]对话框中，选择 All，并于随后单击 OK 按钮。

（4）悬停于 Filters 中的 HH internet type 上，以便于右侧出现白色箭头。

（5）单击该箭头，并在下拉列表中选择 Show filter，如图 6.18 所示。

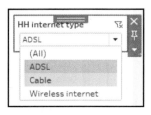

图 6.17

图 6.18

（6）悬停于所显示的 HH internet type 上，单击右上角的箭头。

（7）选择 Single Value (dropdown)。

（8）再次悬停于 Filters 中的 HH internet type 上，以便右侧出现白色箭头，随后单击该箭头。

（9）选择 Apply to Worksheets，并于其中选择 Selected Worksheets...。

（10）单击 All 按钮，并于随后单击 OK 按钮。

（11）单击工作表下方的 Dashboard 1，以访问该仪表板。

（12）如果添加至 Sheet 1 中的过滤器在当前仪表板中不可见，可单击 Sheet 1 图标，并于随后单击过滤器区域外边框一侧的灰白色 X，如图 6.19 所示。

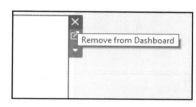

图 6.19

💡 **提示：**

另一种方法是单击仪表板上的表格，并从下拉列表中依次单击 Filter | HH internet type。

（13）在表格从仪表板中消失后，将 Sheet 1 从 Dashboard 模板中再次拖曳至仪表板视图中（位于同一位置），对应过滤器将出现于当前仪表板中。

ℹ️ **注意：**

在工作表被添加到仪表板之前，通过工作表添加过滤器具有较好的效果。如果在工作表被添加至仪表板之前过滤器处于可见状态，则会在工作表添加至其中时自动出现于当前仪表板中。

3. 基于仪表板中工作表的过滤——动作过滤器

下面将利用一个仪表板元素设置过滤器，进而过滤掉其他仪表板元素。除此之外，本节还将引入动作过滤器。首先，我们从仪表板开始并避免使用任何过滤器。

（1）单击仪表板中的 Sheet 1 表格。

（2）单击显示于表格区域一侧的白色箭头（More Options）。

（3）在下拉列表中，选择 Use as Filter，如图 6.20 所示。

（4）单击任意列的头部，或者单击 Sheet 1 表格中的任意圆。

（5）至此，我们创建了一个动作过滤器，在访问主菜单栏中的 Dashboard，并单击 Actions...后即可看到，如图 6.21 所示。

（6）另外，也可从头开始创建一个动作过滤器。访问主菜单栏中的 Dashboard，并单击 Action...。

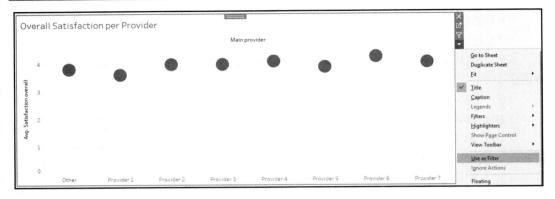

图 6.20

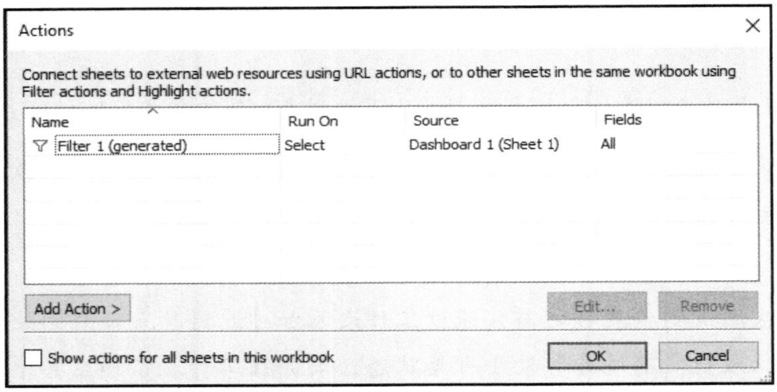

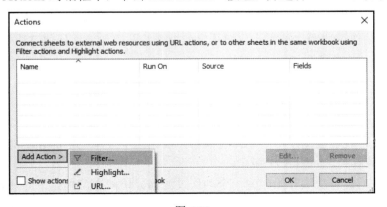

图 6.21

（7）在 Actions 对话框中，单击 Add Action >按钮，并选择 Filter...，如图 6.22 所示。

图 6.22

（8）在 Add Filter Action 对话框中，在 Source Sheets 下方选择 3 个表格前的复选框。

（9）在 Run action on 下方，单击 Select。

（10）在 Target Sheets 下方，选择 3 个表格前的复选框。

（11）在 Clearing the selection will 下方，选择 Show all values 选项，如图 6.23 所示。

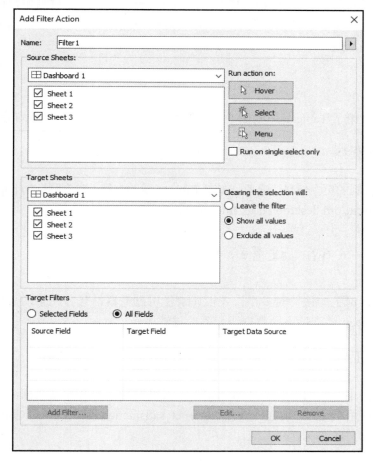

图 6.23

（12）单击 OK 按钮。

（13）在 Actions 对话框中，单击 OK 按钮。

（14）仪表板中的全部 3 个表格均表示为过滤器。在任意表格中尝试单击条形/圆形或列头部。

6.5.3　工作方式

动作可通过在工作表间传递命令来工作，因此，在将某个过滤器动作分配于一个表格并执行触发动作时，这将通过过滤机制影响到其他表格。过滤机制使得仪表板更具交互性，更吸引人，更易于阅读。我们可以在仪表板中包含多个过滤器，以使终端用户细化至所需的数据范围。

6.5.4　其他

第 5 章曾讨论了 Tableau 中视图的多种过滤方式，所有过滤器类型均适用于仪表板。

6.5.5　参考资料

关于过滤机制的更多信息，读者可参考 Tableau 帮助文档，对应网址为 https://onlinehelp.tableau.com/current/pro/desktop/en-us/filtering.html。

6.6　设置跨多个数据源的过滤器

前述内容讨论了如何针对多个仪表板元素使用过滤器，且各元素均来自同一个数据源，然而，Tableau 还支持不同数据源元素的过滤操作。

6.6.1　准备工作

在当前案例中，我们将从头开始创建一张仪表板，因此会涉及数据源连接的各个步骤。该案例将使用 Internet_usage.csv 和 Internet_satisfaction.csv 数据源，因而在开始任务前，应确保两份文件均保存在本地计算机上。

6.6.2　实现方式

步骤如下：
（1）连接 Internet_satisfaction.csv 数据集。
（2）在主菜单栏中，单击 Data，并选择 New Data Source。
（3）访问 Internet_usage.csv 数据集的本地副本，并将其作为数据源予以添加。

（4）单击 Sheet 1 选项卡。

（5）在 Data 模板中，将会出现两个数据集，确保选中 Internet_usage。

（6）将 Area 从 Dimensions 拖曳至 Columns 中。

（7）将 Internet penetration 从 Measures 拖曳至 Rows 中。

（8）悬停于 Internet penetration 上，以便出现白色箭头，并单击该箭头。

（9）单击 Measure (Sum)，并从下拉列表中选择 Average。

（10）右击工作簿下方的 Sheet 1 选项卡，选择 Rename sheet 并将其重命名为 Internet penetration。

（11）单击工作簿下方的 New Worksheet，并创建一张新的工作表。

（12）确保 Internet_satisfaction 数据源在 Data 模板中被选中。

（13）将 Region 从 Dimensions 拖曳至 Columns 中。

（14）将 HH internet type 从 Dimensions 拖曳至 Marks 的 Color 中。

（15）将 Number of Records 从 Measures 拖曳至 Rows 中。

（16）悬停于 Number of Records 上，以便出现白色箭头，如图 6.24 所示。

（17）单击该箭头，再依次单击 Quick Table Calculation | Percent of Total。

（18）再次单击白色箭头，并选择 Edit Table Calculation...。

（19）在 Table Calculation 窗口中，选择 Table (down)，并取消选择 Show calculation assistance 复选框，随后关闭当前窗口，如图 6.25 所示。

图 6.24　　　　　　　　　　　　　　　　图 6.25

（20）将当前表重命名为 HH internet type。

（21）在主菜单栏中，依次单击 Data | Edit Relationships...，如图 6.26 所示。

（22）在 Relationships 对话框中，选择 Custom，并单击 Add...，如图 6.27 所示。

图 6.26   图 6.27

（23）在 Add/Edit Field Mapping 对话框中，单击 Area 和 Region 以高亮显示，随后单击 OK 按钮，如图 6.28 所示。

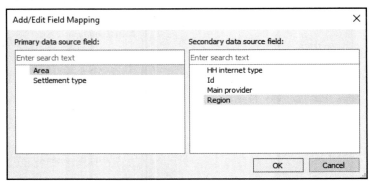

图 6.28

（24）单击 Relationships 对话框中的 OK 按钮。

（25）接下来创建一个过滤器。在 Internet penetration 工作表中，将 Area 从 Dimensions 拖曳至 Filters 中。

（26）打开 Filter [Area]对话框后，单击 OK 按钮。

（27）悬停于 Filters 中的 Area 上，单击出现的白色箭头。

（28）选择 Show Filter。

（29）悬停于 Filters 中的 Area 上，单击出现的白色箭头。

（30）依次单击 Apply to Worksheets | Selected Worksheets...。

（31）在打开的 Apply Filter to Worksheets [Area]对话框中，选择第二个表 HH internet type 前的复选框，并单击 OK 按钮。随后，可以看到 Filters 中 Area 一侧出现了一个小图标。如果悬停于其上，将会被告知当前过滤器已应用于所选工作表上（通过所关联的数据源），如图 6.29 所示。

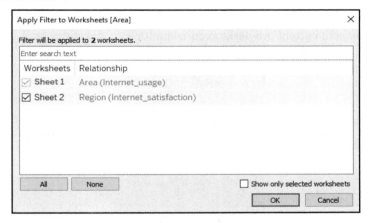

图 6.29

（32）单击工作表下方的 New Dashboard 选项卡创建新的仪表板。

（33）将 Internet penetration 表从 Dashboard 面板拖曳至当前工作区中。

（34）将 HH internet type 表从 Dashboard 面板拖曳至当前工作区中（位于 Internet penetration 表下方）。

（35）Area 过滤器将出现于当前仪表板中。

（36）尝试选取/取消选中不同的区域。

6.6.3　工作方式

当前案例依赖于数据混合机制。通过编辑两个数据源中的 Region 和 Area 维度间的关系，可在二者间生成一个链接，并通知 Tableau 将其视为同一个维度，因而可通过该维度在多个工作表间进行过滤，类似于源自同一个数据源。对此，读者可参考第 2 章以了解更多信息。

6.6.4　其他

多个维度可在 Tableau 中被链接和过滤。另外，多个数据源（大于 2）可用于单一仪表板中；如果满足数据混合的所有条件，它们还可跨工作表（来自其他仪表板）进行过滤。

6.6.5　参考资料

关于混合机制的更多内容，读者可参考 Tableau 帮助文档，对应网址为 https://onlinehelp.tableau.com/current/pro/desktop/en-us/multiple_connections.html。

6.7　添加高亮动作

前述内容讨论了过滤器动作。本节将介绍另一种类型的动作，即高亮动作。高亮动作可在单击或悬停时在仪表板的其他可视化内容中高亮显示相同的类别，这对于提升仪表板的可读性十分有用。

6.7.1　准备工作

当前案例将利用 Internet_satisfaction.csv 数据集从头开始创建一张仪表板，因而在开始任务之前，应确保将该文件下载至计算机上并与其进行连接。

6.7.2　实现方式

步骤如下：

（1）单击工作簿下方的 New Worksheet 选项卡，并创建新的工作表。

（2）将 Region 从 Dimensions 拖曳至 Rows 中。

（3）将 Satisfaction overall 从 Measures 拖曳至 Columns 中。

（4）悬停于 Satisfaction overall 上，以便其上出现白色箭头，并单击该箭头。

（5）单击 Measure (Sum)并在下拉列表中选择 Average，如图 6.30 所示。

（6）单击工作簿下方的 New Worksheet 选项卡，并创建新的工作表。

（7）将 Region 从 Dimensions 拖曳至 Rows。

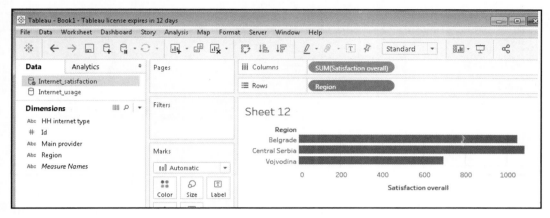

图 6.30

（8）将 Satisfaction speed 从 Measures 拖曳至 Columns 中。

（9）悬停于 Satisfaction speed 上，以便其上出现一个箭头，随后单击该箭头。

（10）单击 Measure (Sum)，并在下拉列表中选择 Average，如图 6.31 所示。

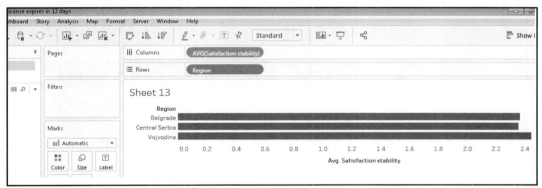

图 6.31

（11）单击工作簿下方的 New Worksheet 选项卡，并创建新的工作表。

（12）将 Region 从 Dimensions 拖曳至 Rows 中。

（13）将 Satisfaction stability 从 Measures 拖曳至 Columns 中。

（14）悬停于 Satisfaction stability 上，以便其上出现一个箭头，随后单击该箭头。

（15）单击 Measure (Sum)，并在下拉列表中选择 Average，如图 6.32 所示。

（16）单击工作簿下方的 New Dashboard 选项，并创建新的仪表板。

（17）将 Sheet 1 从 Dashboard 模板拖曳至当前仪表板视图中。

（18）拖曳 Sheet1 下方的 Sheet2，以及 Sheet2 下方的 Sheet3，如图 6.33 所示。

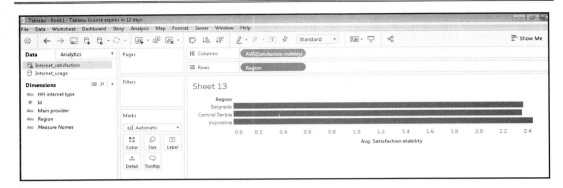

图 6.32

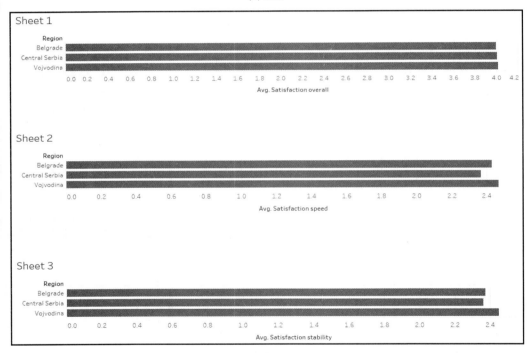

图 6.33

（19）在主菜单栏中，依次单击 Dashboard | Actions...。

（20）在 Actions 对话框中，单击 Add Action >选项，并选择 Highlight...，如图 6.34 所示。

（21）在 Source Sheets 和 Target sheets 选项下，保持所有表格的选项不变。需要注意的是，Dashboard 1 需要 Source Sheets 和 Target Sheets 在同时被选中。

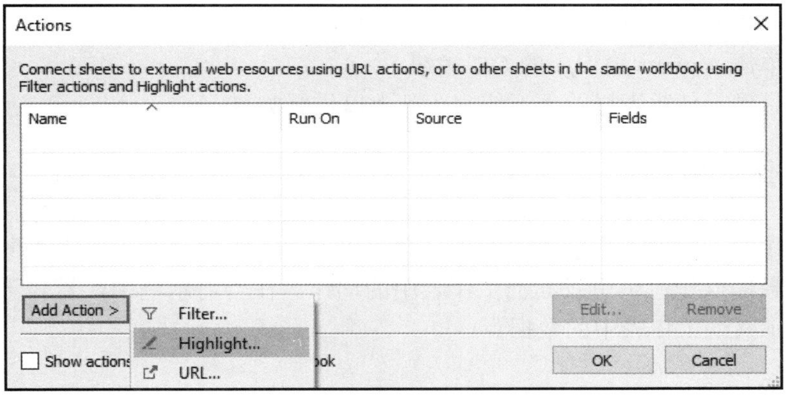

图 6.34

（22）在 Run action on 选项下方，选择 Hover，如图 6.35 所示。

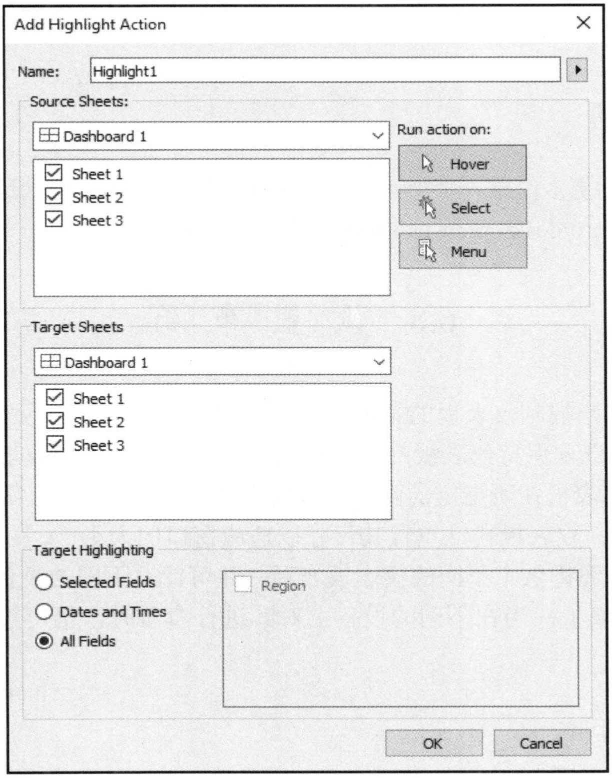

图 6.35

（23）单击 OK 按钮。

（24）单击 Actions 窗口中的 OK 按钮。

（25）悬停于任意表格的条形或列头部上以进行测试。

6.7.3　工作方式

相关动作在不同的工作表之间发送信息，以使仪表板中某个工作表上所执行的操作（如选择和悬停操作）可引发其他工作表中的动作。在当前示例中，悬停于图表上的操作将高亮显示其他工作表中的数据点。

6.7.4　其他

此处选择了悬停高亮显示动作，然而，Tableau 还提供了其他动作，例如，通过选择或菜单激活动作。依据所实现的动作种类，以及希望实现的效果类型，用户可执行相应的动作操作。

6.7.5　参考资料

关于高亮动作的更多信息，读者可参考 Tableau 帮助文档，对应网址为 https://onlinehelp.tableau.com/current/pro/desktop/en-us/actions_highlight.html。

6.8　设置布局

Tableau 允许用户控制仪表板的整体尺寸，并提供了下列 3 种尺寸选项。
- ❑　Fixed：该选项保持仪表板的尺寸不变，且不考虑显示该仪表板的窗口。
- ❑　Range：仪表板在所指定的两个尺寸间缩放。
- ❑　Automatic：仪表板自动重置其尺寸以适应窗口的大小。

另外，Tableau 还提供了不同的仪表板布局，并可针对不同的设备类型进行调整。据此，可创建一张仪表板，当在不同的设备上对其进行查看时，仍可控制面向终端用户的显示方式。

6.8.1　准备工作

本节将在 6.3 节的基础上构建仪表板，并与之协同工作。

6.8.2　实现方式

下面首先设置屏幕尺寸，步骤如下：

1．设置固定尺寸

（1）访问左侧的 Dashboard 面板，单击 Size 下方的下拉列表，且默认选取 Fixed size。

（2）在下拉列表中，选择推荐的屏幕分辨率。此外，还可通过手动方式调整 Width 和 Height，即在输入框中输入相应的数值；或者单击输入框一侧的箭头对其进行调整，如图 6.36 所示。

2．设置自动尺寸

（1）在左侧的 Dashboard 面板中，在 Size 下单击第二个向下的箭头。

（2）在所显示的下拉列表中，将 Fixed size 切换为 Automatic，如图 6.37 所示。

图 6.36

图 6.37

3．设置范围尺寸

（1）在左侧的 Dashboard 面板中，在 Size 下单击第二个向下的箭头。

（2）在所显示的下拉列表中，将 Fixed size 切换至 Range。

（3）在输入框中输入期望的 Width 和 Height，或者通过输入框一侧的箭头设置最小屏幕尺寸。

（4）采用相同方式设置最大屏幕尺寸。

（5）还可取消选择相关复选框，如图 6.38 所示，以禁用最小或最大屏幕尺寸。

4．添加设备布局

（1）在左侧的 Dashboard 面板中，单击 Device Preview，如图 6.39 所示。

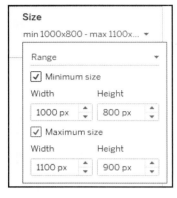

图 6.38　　　　　　　　　　　　　　　图 6.39

（2）Device Preview 工具栏显示于仪表板视图上方，如图 6.40 所示。

图 6.40

（3）利用左、右箭头在 Device type 中选取设备类型。

（4）另外，也可单击 Device type，并在下拉列表中选择设备类型。

（5）当设备类型选择完毕后，Model 输入框将显示于 Device type 输入框的右侧，如图 6.40 所示。

（6）通过 Model 输入框可选择特定的设备模型。如果不确定终端用户查看仪表板所用的设备模型，或者不确定是否支持当前设备模型，可保留默认选项 Generic Desktop Monitor/Tablet/Phone。

（7）利用 Model 输入框右侧的 按钮在 Portrait 和 Landscape 模式间进行切换。

（8）如果 Device type 选为 Phone，则可选择 Tableau Mobile 复选框。当在浏览器中查看其外观时，可取消选中该复选框。

（9）选择 Add Desktop/Tablet/Phone Layout 复选框可向特定设备添加布局。

5. 自定义设备布局

（1）一旦选取了 Add Desktop/Tablet/Phone Layout，所添加的新布局将显示于 Dashboard 面板中（位于默认布局一侧），如图 6.41 所示。

（2）单击添加至 Dashboard 面板中的不同布局以对其进行预览。

（3）当单击某个设备时，如 Tablet 布局，可设置 Dashboard 面板中 Tablet 屏幕上的仪表板尺寸。选择 Fit all 前的单选按钮，以使整体仪表板的尺寸适应于平板电脑屏幕；或者选择 Fit width 复选框，并通过宽度适应仪表板的尺寸，并在 Height 输入框中通过手动方式设置高度。

（4）在 Layout–Tablet 下方，可保留默认选项，同时可选择 Custom 复选框。随后，将会显示一个菜单并可操控仪表板元素，如图 6.42 所示。

图 6.41

图 6.42

6.8.3　工作方式

当自定义设备布局时，可选择在所有设备上持有相同的布局，或者针对不同的设备选择自定义布局。如果选择了后者，则可选择显示于特定设备类型的工作表及其排列方式。

6.8.4　其他

仪表板中的每张工作表包含其自身的平铺位置或浮动位置。其中，平铺布局将元素设置于相关位置处，以便彼此间相互适应；而浮动位置则可自由地移动元素，甚至是彼此间重叠。这里，应尽可能使用平铺布局，并为过滤器、图例、图像和其他可能与工作表重叠的小元素留有浮动空间。

🔵 提示：

　　如果仪表板中设置了浮动元素，则应使用固定显示尺寸。否则，平铺元素将随着屏幕大小调整其尺寸，而浮动元素将保持它们的位置，这将导致混乱的外观。

6.8.5　参考资料

　　关于仪表板布局的设置，读者可参考 Tableau 帮助文档，对应网址为 https://onlinehelp.tableau.com/current/pro/desktop/en-us/dashboards_organize_floatingandtiled.html#Control。

6.9　构建自服务仪表板

　　设置自服务仪表板使得用户可按照自己的节奏查看数据。本节将讨论如何创建包含丰富功能的仪表板，并通过参数和动作过滤器体现交互式体验；此外，还将向仪表板中嵌入一个 Web 页面和活动链接。

6.9.1　准备工作

　　当前案例将使用 Internet_usage.csv 和 Internet_ satisfaction.csv 数据集从头开始创建仪表板。因此，在开始任务前，应确保将这两个文件下载至本地计算机上并予以连接。另外，还需要将本章图像文件保存至本地设备上，以供仪表板使用，对应下载地址为 https://github.com/PacktPublishing/Tableau-2018-Dot-1-Cookbook/blob/master/Chapter%206.PNG。

6.9.2　实现方式

　　下面将利用参数在维度间进行切换，步骤如下：

1．利用参数在维度间切换

　　（1）连接至数据源。

　　（2）单击工作簿下方的 Sheet 1 选项卡。

　　（3）在 Data 面板中，确保 Internet_usage 数据源出于活动状态。

　　（4）单击 Dimensions 右侧的箭头，并选择 Create Parameter...，如图 6.43 所示。

　　（5）在 Create Parameter 对话框中，将参数名从 Parameter 1 修改为 Region or Settlement Type。

（6）在 Data type 下拉列表中选择 String。

（7）在 Allowable values 右侧，将选择内容从默认的 All 修改为 List。

（8）在所显示的 List of values 面板中，单击 Click to add new value 占位符并输入 Region。

（9）在下方一行中输入 Settlement Type，如图 6.44 所示。

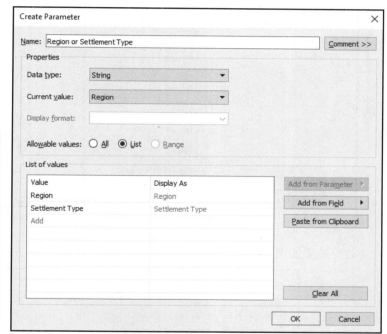

图 6.43　　　　　　　　　　　　　　　　图 6.44

（10）单击 OK 按钮。

（11）随后，Parameters 部分将显示于 Measures 下方，并显示刚刚指定的参数（Region or Settlement Type）。将鼠标指针悬停于 Region or Settlement Type 上方直至出现白色箭头，随后单击该箭头，并选择 Show Parameter Control，如图 6.45 所示。

（12）创建一个用于可视化结果中的计算字段，并在维度间切换。单击 Dimensions 右侧的箭头，并选择 Create Calculated Field...，如图 6.46 所示。

（13）当打开计算字段窗口时，将对应名称从 Calculation1 修改为 Switching，单击 Apply 按钮并输入下列表达式：

```
CASE [Region or Settlement Type]
when "Region" then [Area]
```

```
when "Settlement Type" then [Settlement type]
END
```

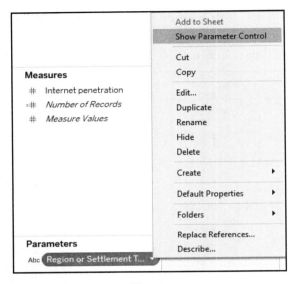

图 6.45　　　　　　　　　　　　　　　　　图 6.46

对应结果如图 6.47 所示。

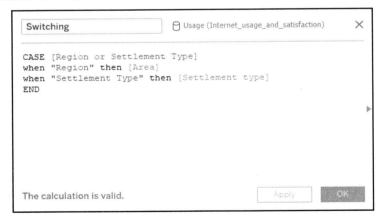

图 6.47

（14）单击 Apply 按钮和 OK 按钮。

（15）接下来生成可视化结果。将所创建的新维度 Switching 拖曳至 Columns 中。

（16）将 Area 从 Dimensions 拖曳至 Columns（位于 Switching 右侧）中。

（17）将 Internet penetration 从 Measures 拖曳至 Rows 中。

（18）将鼠标指针悬停于 Internet penetration 上直至出现箭头，随后单击该箭头。

（19）访问 Measure (Sum)并在下拉列表中选择 Average，如图 6.48 所示。

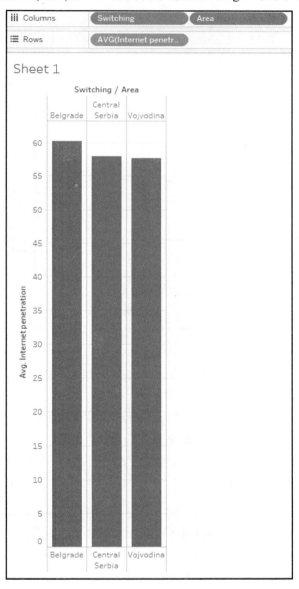

图 6.48

（20）将 Area 从 Dimensions 拖曳至 Marks 的 Color 中。

（21）将 Marks 中下拉列表中的标记类型从 Automatic 修改为 Shape

（22）右击图标中列字段标记 Switching/Area，并选择 Hide Field Labels for Columns，如图 6.49 所示。

（23）将鼠标指针悬停于 Columns 中的 Area 上，直至出现白色箭头，单击该箭头，并取消选择 Show Header，如图 6.50 所示。

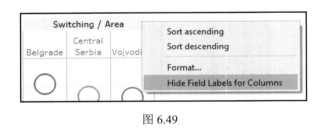

图 6.49　　　　　　　　　　　　　　　　图 6.50

（24）双击 Marks 中的 Tooltip，在 Edit Tooltip 对话框中，移除 Switching: <Switching>，完成后单击 OK 按钮。

（25）尝试从 Region or Settlement Type 进行切换，并返回至"参数控制"下拉列表。

（26）单击工作表下方的 New Dashboard 选项，并创建一个新的仪表板。

（27）将刚刚生成的 Sheet 1 拖曳至当前仪表板视图中，如图 6.51 所示。

2．向图像对象中添加超链接

（1）在 Objects 面板的仪表板中，将 Image 拖曳至 Sheet 1 右侧的仪表板视图中。

（2）选取保存于设备上的 Chapter 6 图像，并单击 Open 按钮。

（3）右击仪表板中 Image 对象，并单击 Fit image。

（4）再次右击图像，并选择 Set URL...，如图 6.52 所示。

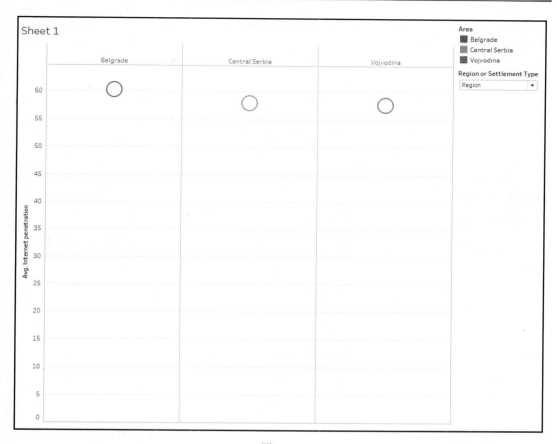

图 6.51

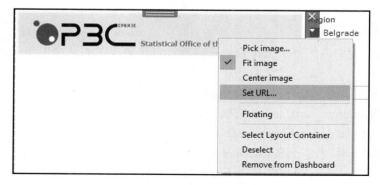

图 6.52

（5）在 Set URL 窗口中，粘贴 http://www.stat.gov.rs/en-US 链接，并单击 OK 按钮，如图 6.53 所示。

图 6.53

（6）单击图像元素进行测试。随后将显示浏览器，并访问 Statistical Office of the Republic of Serbia 的主页。

3．向仪表板中添加 Web 页面

（1）在 Objects 模板中，将 Sheet 1 下方的 Web Page 拖曳至仪表板视图中，如图 6.54 所示。

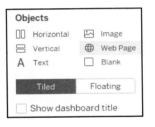

图 6.54

（2）在 Edit URL 窗口中，粘贴维基百科链接地址 https://en.wikipedia.org/wiki/Global_Internet_usage。

4．添加动作过滤器

下面向仪表板中添加一个工作表，随后将针对仪表板中的两个工作表应用动作过滤器，步骤如下：

（1）单击工作簿下方的 New Worksheet 选项卡创建一个新的工作表。

（2）确保 Internet_satisfaction 选取为数据源。

（3）将 Satisfaction stability 从 Measures 拖曳至 Columns 中。

（4）将鼠标指针悬停于 Satisfaction stability 上，直至其上出现箭头，随后单击该箭头。

（5）访问 Measure (Sum)，并在下拉列表中选择 Average。

（6）将 Region 从 Dimensions 拖曳至 Rows 中。

（7）将 Satisfaction speed 从 Measures 拖曳至 Rows 中（位于 Region 右侧）。

（8）将鼠标指针悬停于 Satisfaction speed 上，直至其上出现箭头，随后单击该箭头。

（9）访问 Measure (Sum)，并在下拉列表中选择 Average。

（10）在 Marks 中，通过下拉列表将标记类型修改为 Circle。

（11）将 Main provider 从 Dimensions 拖曳至 Marks 的 Color 中。

（12）单击 Dashboard，将 Sheet 2 拖曳至 Image 对象下的仪表板视图中。

（13）增加 Sheet 2 的高度，同时缩小 Image 对象，即悬停于 Sheet 2 的上边框上，按下鼠标键并向上拖动鼠标。

（14）在仪表板视图中，单击 Sheet 1 并于随后单击图标区域一侧的白色箭头（More Options）。

（15）选择 Use as Filter，如图 6.55 所示。

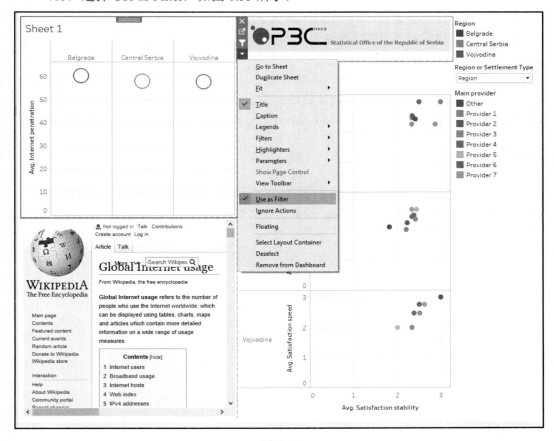

图 6.55

（16）从 Region or Settlement type 下拉列表中选择不同的参数值进行测试，并在 Sheet 1 的可视化结果中选择/取消选择不同的区域。

6.9.3　工作方式

当前案例通过参数使得用户可选择输入值，且表示为所用的维度。接下来创建了一个计算字段，并通过参数在维度间切换，同时还在可视化结果值中使用到该计算字段。当用户修改参数值时，也将会调整该计算字段值，可视化结果也随之发生变化。

6.9.4　其他

根据相同原理，参数也可用于切换视图中的量度。除此之外，也可在可视化内容间进行切换，如条形图和散点图。也就是说，在独立的工作表中创建可视化内容，并于随后使用参数在工作表间进行切换。

自 2018.2 起，Tableau 还提供了最新的功能，即仪表板扩展。通过仪表板的特定区域，扩展可与其他应用程序和新功能集成。关于仪表板扩展的更多信息，读者可访问 https://www.tableau.com/about/blog/2018/6/announcing-dashboard-extensions-20182-beta-89581。

6.9.5　参考资料

关于基于参数的过滤机制，读者可参考 Tableau 帮助文档，对应网址为 https://www.tableau.com/about/blog/2012/7/filtering-parameters-18326。

第 7 章　利用 Tableau 讲述故事

本章主要涉及以下内容：

❑　创建 Tableau Story。

❑　设置 Story 的叙述内容。

❑　选择正确的图表。

❑　编写提要。

❑　推荐和执行摘要。

❑　格式化 Story。

7.1　技 术 需 求

本章案例需要将 Recycling_campaign_effects.csv 数据集下载至本地计算机上，对应网址为 https://github.com/SlavenRB/Storytelling_with_Tableau/blob/master/Recycling_campaign_effects.csv。

7.2　简　　　介

前述内容讨论了如何创建各自的表格以及仪表板，本章将进一步学习如何在 Story 中对其进行连接。Tableau Story 功能可通过简单且富有逻辑的方式对可视化内容进行排序，进而较好地理解可视化结果。Story 中呈现的数据记忆起来更加简单。此外，讲述数据故事可在更加广泛的上下文中展示相关结果。在 Tableau 中编写故事很像在体验一个"连点"游戏，我们只需在点间生成正确的连接，随后即可生成一幅画面。

7.3　编写一个 Tableau 故事

本节中所展示的案例将介绍编写 Tableau 故事所需的技术方面的基础知识，并学习如何描述一个故事、将其按照正确的顺序排列、编写结论性内容，并以一种较好的方式对其进行格式化。

7.3.1 准备工作

当创建一个 Story 时，需要使用 Recycling_campaign_effects.csv 数据集。该数据集源自一项调查，旨在衡量回收牛奶包装盒的有效性。为了促进纸箱包装的回收，一家牛奶生产商在各大城市放置了专门的回收桶，并在牛奶包装上投放了广告。3 个月后，厂商想了解广告的有效性，以及有多少人真的在回收他们的牛奶包装。除此之外，厂家还进行了另一项调查，并咨询牛奶购买者处理包装盒的方式。在当前示例中，将使用到下列变量。

- ❑ 回收意识的可能性：该变量描述了人们是否能够意识到牛奶包装盒可以回收这一情形，对应值为"是"或"否"。
- ❑ 牛奶包装盒的处理：该变量表示牛奶包装盒的处理场所，对应值为"可回收垃圾桶"或"标准垃圾桶"。
- ❑ 阅读产品标识：该变量表示被调查者是否具有阅读产品标识的习惯，对应值为"是"或"否"。

针对于此，首先需要将 Recycling_campaign_effects.csv 保存至本地计算机上，随后打开 Tableau，并将其连接至数据的本地副本上。

7.3.2 实现方式

步骤如下：

（1）打开空的工作表，并将 Milk cartons disposal 从 Dimensions 拖曳至 Columns 中。

（2）将 Number of Records 从 Measures 拖曳至 Rows 中。

（3）将 Number of Records 从 Measures 拖曳至 Marks 的 Label 中。

（4）将鼠标指针悬停于 Marks 的 Milk carton disposal 上，直至出现箭头，随后单击该箭头。

（5）依次单击 Quick Table Calculation | Percent of Total，如图 7.1 所示。

（6）将工作表的标签从 Sheet 1 修改为 Recycling，如图 7.2 所示。

（7）打开空的工作表，并将 Aware of recycling possibility 从 Dimensions 拖曳至 Columns 中。

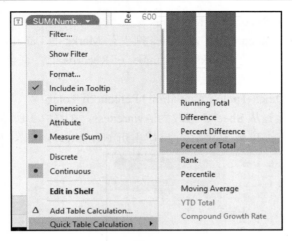

图 7.1

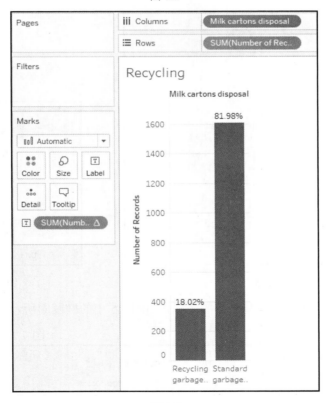

图 7.2

（8）将 Number of Records 从 Measures 拖曳至 Rows 中。

（9）将 Number of Records 从 Measures 拖曳至 Marks 的 Label 中。

（10）将鼠标指针悬停于 Marks 的 Number of Records 上，直至出现箭头，随后单击该箭头。

（11）依次单击 Quick Table Calculation | Percent of Total。

（12）将工作表标签从 Sheet 2 修改为 Awareness，如图 7.3 所示。

（13）在主菜单中，单击 Story，并再次单击 New Story，如图 7.4 所示。

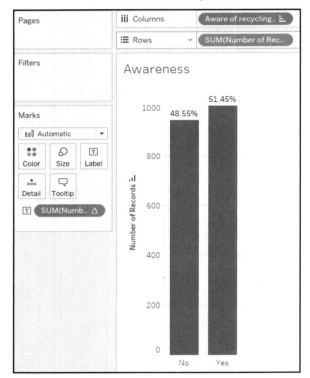

图 7.3　　　　　　　　　　　　　　　　　　图 7.4

（14）另外，还可单击屏幕下方的图标，如图 7.5 中的椭圆圈所示，进而创建一个新故事。

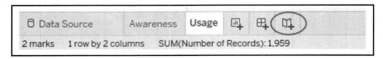

图 7.5

（15）将 Recycling 从左侧的 Story 边栏拖曳至画布（canvas）的 Drag a sheet here 中。

（16）双击画布上方的灰色输入框，使文本处于可编辑状态，并于随后输入 Recycling，如图 7.6 所示。

注意：

输入框中的标题须具有一定的描述性，但为了简单起见，此处仅放置标题内容。在后续案例中，我们将学习如何编写有效的标题内容。

（17）在左侧的 Story 选项卡中，在 New Story 下单击 Blank 按钮，如图 7.7 所示。

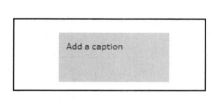

图 7.6

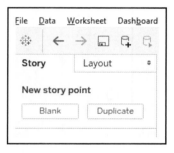

图 7.7

（18）将 Awareness 从 Story 侧栏拖曳至画布的 Drag a sheet here 占位符中。

（19）在画布上方的灰色输入框中，输入 Awareness。

（20）双击 Edit title 输入框中的 Story 1，并输入 Effectiveness of Recycling Promotion，如图 7.8 所示。

图 7.8

7.3.3　工作方式

基本上讲，Tableau Story 表示为多张工作表或仪表板构成的集合，并以有序的方式加以组织，并可引导用户正确地理解数据。Tableau Story 提供了相关路径，并通过数据方式理解其背后的含义。

7.3.4　其他

Tableau 还提供了其他两种格式化样式，即 Numbers 和 Dots。

（1）打开 Story 面板中的 Layout 选项卡。

（2）在 Navigator Style 下方选择 Numbers，如图 7.9 所示。

在 Story 中，相关内容如图 7.10 所示。

　　　　　　　图 7.9　　　　　　　　　　　　　　图 7.10

（3）在同一菜单中，还可只选择要显示的点，即 ‹ • › 。如果希望去除左、右箭头，则可取消选中 Show arrows 复选框。

🔘 提示：

当处理较为"繁忙"的图标或仪表板时，这两个选项可为用户节省一些空间。

7.3.5　参考资料

当编写故事时，读者还可参考下列资料：

❑　https://onlinehelp.tableau.com/current/pro/desktop/en-us/Story_create.html。

❑　https://www.encorebusiness.com/blog/tableau-tips-tricks-tableau-Story-telling/。

❑　https://www.coursera.org/learn/dataviz-dashboards。

7.4　设置 Story 的叙事内容

当展示有效的 Story 时，首先需要在数据中对其进行考查，但这并非必需。当然，在数据分析的过程中，也需要编写 Story。在编写 Story 时，我们并不需要成为一名天才的小说家，但也不妨借鉴其中的某些技巧。对此，首先需要查看每个 Story 所包含的内容。

在各个 Story 中，一般可发现下列要素：

- ❑ 简介。其中需要描述环境的设置并引入主要角色。例如，在商务示例中，环境一般指市场环境，而角色常表述为所关注的品牌。
- ❑ 冲突。冲突阶段一般会体现主要问题。在该阶段内，通常会面临某些困境，且需要在分析过程中指定后续步骤的方向。一旦确定了数据分析的正确方向，冲突即会迎刃而解。
- ❑ 发展。发展阶段将描述解决问题的不同方法，以及寻求解决方案的具体过程。这一阶段的主要目的是告诉用户对数据所采取的处理措施，以及哪些假设条件已经经过相关测试。
- ❑ 高潮。这一阶段将把各种细节问题整合在一起。次数，分析过程中的关键点已浮出水面。
- ❑ 结果。这一阶段将展示最终的结果，并对相关问题提出相应的解决方案，以及所支持的论据。

7.4.1　准备工作

下面返回至前述回收数据示例，并在 7.3 节示例的基础上创建一张 Recycling and Awareness 工作表。到目前为止，我们发现超过 50%的牛奶购买者知道纸箱包装是可以回收的，但是只有 18%的人将他们的包装丢弃在专用的回收箱中。从故事讲述的角度来看，这个阶段可视为一个简介或设置阶段，随后则是冲突阶段。

7.4.2　冲突阶段

在这一阶段中，我们应该确定处理数据的可能方法，并选择最相近的方法。这就好比警察刚刚抵达犯罪现场，并在观察证据，调查即将开始。

1．实现方式

步骤如下：

（1）打开空的工作表，并将 Aware of recycling possibility 从 Dimensions 拖曳至 Column 中。

（2）将 Number of Records 从 Measures 拖曳至 Rows 中。

（3）将 Milk carton disposal 从 Dimensions 拖曳至 Aware of recycling possibility 故事右侧的 Column 中。

（4）将 Milk carton disposal 从 Measures 拖曳至 Marks 的 Color 中。

（5）将 Number of Records 从 Measures 拖曳至 Marks 的 Label 中。

（6）将鼠标指针悬停于 Marks 的 Number of Records 上，直至出现箭头，随后单击该箭头。

（7）依次单击 Quick Table Calculation | Percent of Total。

（8）再单击页面下方的 Sheet 3 选项卡，并输入 Aware but not recycling，如图 7.11 所示。

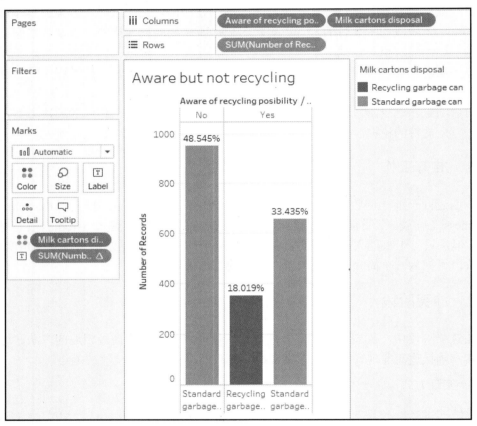

图 7.11

2．工作方式

在 7.3 节的示例中曾讨论到，1/3 的牛奶购买者知晓回收的重要性，但他们仍会将包装盒扔到一般的垃圾桶中。此外，我们还知道几乎一半的牛奶购买者甚至不知道牛奶包装盒可以回收。此刻，我们正处于冲突阶段，并应确定解决问题的方向。我们是应该调查那些对回收行为一无所知的顾客，还是已知晓但不愿付出具体行动的人？

在制定决策的过程中，时刻需要将用户牢记心中，讲述故事时应考虑到听者的感受。在当前示例中，我们的聆听者是牛奶厂商的公共关系（PR）经理，此时，他正面临着这样一个事实：顾客知晓回收行为的益处，但却无力付诸实践。作为一名公关经理，应制订相关方案以对顾客予以激励。例如，可以组织抽奖活动，或者给那些将包装盒放入专用垃圾箱的顾客打折。另一种方案是，关注那些尚不知晓回收行为的顾客。

鉴于当前状况，提升应有的意识似乎比直接改变其行为更容易实现。进一步讲，作为公关经理，有必要了解回收活动失败的原因并制定相关决策。另外，相关人员可能会持有不同的观点、制定不同的策略，并在处理问题时采取不同的操作步骤。接下来将进行数据分析，以向公关经理提供应有的帮助。

7.4.3　发展阶段

在发展阶段，将对假设条件进行测试，并围绕业务问题展开工作。

1. 实现方式

步骤如下：

（1）打开空的工作表，并将 Gender 从 Dimensions 拖曳至 Columns 中。

（2）将 Number of Records 从 Measures 拖曳至 Rows。

（3）将 Aware of recycling possibility 从 Dimensions 拖曳至 Marks 的 Colr 中。

（4）将鼠标指针悬停于 Rows 中的 Number of Records 上，直至出现下拉箭头，随后单击该箭头。

（5）依次单击 Quick Table Calculation | Percent of Total，选择 Edit Table Calculation... 选项，并于随后选择 Table (down)。

（6）按下 Ctrl 键，同时将 Number of Records 从 Rows 拖曳至 Marks 的 Label 中。

（7）单击页面下方的 Sheet 4，并输入 Awareness by Gender，如图 7.12 所示。

可以看到，女性买家会更多地意识到回收行为的重要性。这种差异并不明显，但它为我们提供了一种决策方向；同时，在此基础上，还应继续对数据进行深度挖掘。

（8）打开空的工作表，将 Age 从 Dimensions 拖曳至 Column 中。

（9）将 Number of Records 从 Measures 拖曳至 Rows 中。

（10）将 Aware of recycling possibility 从 Dimensions 拖曳至 Marks 的 Color 中。

（11）将鼠标指针悬停于 Rows 中的 Number of Records 上，直至出现下拉箭头，随后单击该箭头。

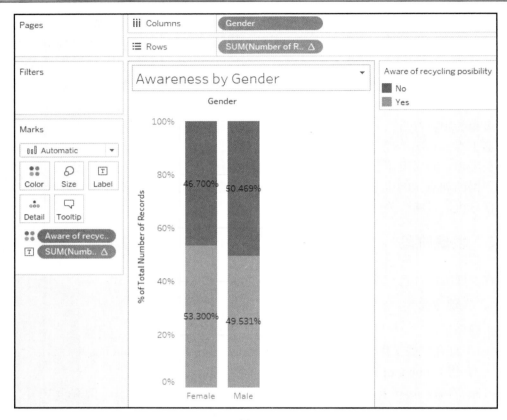

图 7.12

（12）依次单击 Quick Table Calculation | Percent of Total，并于随后选择 Edit Table Calculation...和 Table (down)。

（13）按下 Ctrl 键，并将 Number of Records 从 Rows 拖曳至 Marks 的 Label 中。

（14）单击页面下方的 Sheet 5，并输入 Awareness by Age，如图 7.13 所示。

通过年龄分组分析结果后，将得到一些有趣的差异。其中，在 45 岁以上的人群中，大约 75%的购买者知晓这一回收行为。另一方面，在 15～24 岁年龄段的人群中，超过 60%的购买者对此一无所知。据此可以得出结论，15～24 岁年龄段的人群缺乏回收意识，这是第一条线索，下面继续我们的调查。

（15）打开空的工作表，将 Read labels 从 Dimensions 拖曳至 Column 中。

（16）将 Number of Records 从 Measures 拖曳至 Rows 中。

（17）将 Aware of recycling possibility 从 Dimensions 拖曳至 Marks 的 Color 中。

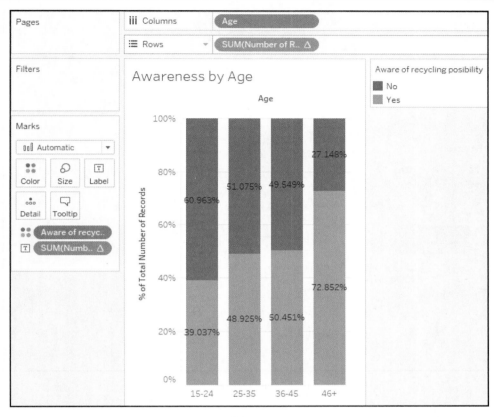

图 7.13

（18）将鼠标指针悬停于 Rows 中的 Number of Records 上，直至出现下拉箭头，随后单击该箭头。

（19）依次单击 Quick Table Calculation | Percent of Total，并于随后选择 Edit Table Calculation...和 Table (down)。

（20）将 Number of Records 从 Measures 拖曳至 Marks 中的 Label 上。

（21）将鼠标指针悬停于 Marks 中的 Number of Records 上，直至出现下拉箭头，随后单击该箭头。

（22）单击 Quick Table Calculation 选项，并选择 Percent of Total，随后选择 Edit Table Calculation...和 Table (down)。

（23）单击页面下方的 Sheet 6，并于随后输入 Awareness by Reading labels，如图 7.14 所示。

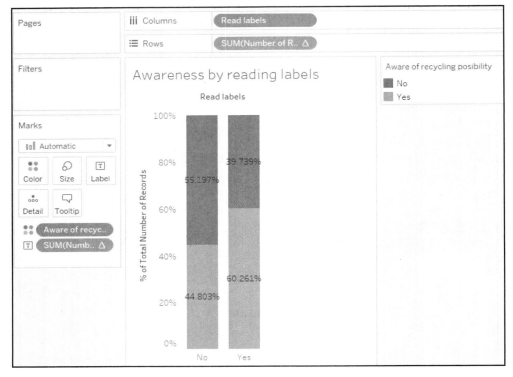

图 7.14

2．工作方式

我们发现，那些经常阅读食品包装标签的购买者一般具有较好的回收意识。除此之外，男性和女性在回收意识方面并不存在明显的差异。其他结论还包括：在 15～24 岁年龄段的人群中，对回收行为尚不了解的比例较高；另外，那些不经常阅读包装标签的购买者，其回收意识也比较差。

7.4.4　高潮阶段

高潮阶段则是找到问题关键答案的转折点。

1．实现方式

步骤如下：

（1）打开空的工作表，将 Age 从 Dimensions 拖曳至 Column 中。

（2）将 Number of Records 从 Measures 拖曳至 Rows 中。

（3）将 Read labels 从 Dimensions 拖曳至 Marks 的 Color 中。

（4）将鼠标指针悬停于 Rows 中的 Number of Records 上，直至出现下拉箭头，并于随后单击该箭头。

（5）依次单击 Quick Table Calculation | Percent of Total，选择 Edit Table Calculation，并于随后单击 Table (down)。

（6）按下 Ctrl 键，并将 Number of Records 从 Rows 拖曳至 Marks 的 Label 中。

（7）单击页面下方的 Sheet 6，并于随后输入 Reading labels by Age，如图 7.15 所示。

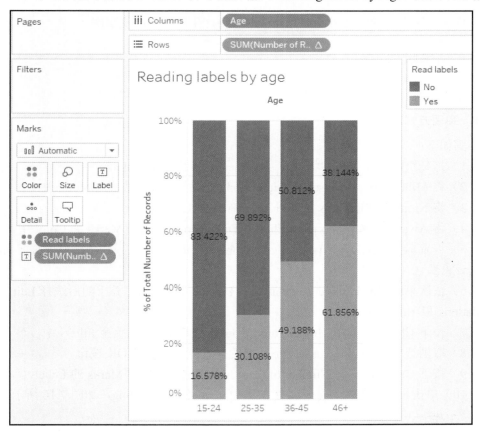

图 7.15

2．工作方式

高潮阶段主要涉及以下问题：

❑　年轻购买者的回收意识相对较差。

❑　　不经常阅读包装标签的购买者的回收意识相对较差。

❑　　年轻购买者（位于 15～24 岁年龄段）一般较少阅读包装标签。

将上述调查结果联系起来，可以得出以下结论：年轻购买者由于较少阅读包装标签，因而回收意识相对较低。

这里，我们可以得到调查结果和洞察力之间的主要区别。简而言之，调查结果只是阐述了一些事实，而洞察力则提供了对这些事实的解释。另外，调查结果一般只提供了"是什么"这一类答案，而洞察力则解释了"为什么"。二者间的不同之处在于，洞察力能够推测一种现象的潜在机制，并能够对形势产生影响并改变事实。

7.4.5　结果阶段

在结果阶段，需要清晰地表达最终的结果，并传达给相关用户。

1．实现方式

步骤如下：

（1）打开空的工作表，并将 Age 从 Dimensions 拖曳至 Column 中。

（2）将 Milk cartons disposal 从 Dimensions 拖曳至 Age 右侧的 Column 中。

（3）将 Number of Records 从 Measures 拖曳至 Rows 中。

（4）将 Aware of recycling possibility 从 Dimensions 拖曳至 Marks 的 Color 中。

（5）将鼠标指针悬停于 Marks 中的 Number of Records 上，直至出现下拉箭头，随后单击该箭头。

（6）依次单击 Quick table calculation | Percent of Total，并于随后选择 Edit Table Calculations 和 Table (down)。

（7）按下 Ctrl 键，并将 Milk cartons disposal 从 Column 拖曳至 Filters 中。

（8）取消选择 Recycling garbage can 前的复选框，并单击 OK 按钮。

（9）按下 Ctrl 键，并将 Number of records 从 Rows 拖曳至 Marks 的 Label 中。

（10）单击页面下方的 Sheet 7，并输入 Potential for recycling，如图 7.16 所示。

2．工作方式

当前示例对年龄等值进行了比较，并于随后重点关注缺乏回收意识的人群。不难发现，在回收意识方面，15～24 岁年龄段的群体具有较低的百分比（28%）。据此，我们可以得出结论，在 15～24 岁的人群中，抵制促销活动的买家所占的比例最小，进而可假设该分组内具有较好的提升潜力。后续章节将讨论如何将其在故事中进行连接。

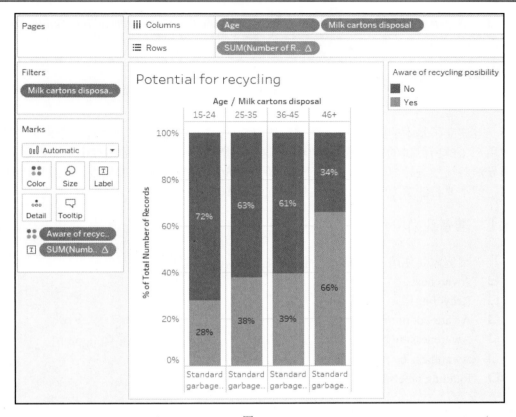

图 7.16

7.4.6 其他

本章所采用的各阶段的名称仅是构思叙事过程中的众多方法之一。在其他资源中，读者可能会遇到一些不同的阶段，或者类似的阶段具有不同的名称。但是，故事的基本结构并不会发生太大的变化，一般包括简介、问题、问题的处理、产生解决方案以及结论。

7.4.7 参考资料

❏ 剖析故事：参考 John Truby 编写的 *22 Steps to Becoming a Master Storyteller* 一书。

❏ 获得共鸣：参考 Nancy Duarte 编写的 *Present Visual Stories that Transform Audiences* 一书。

❑　缩短故事情节：参考 Margot Leitman 编写的 *The Only Storytelling Guide You'll Ever Need* 一书。

7.5　选择正确的图表

一旦建立了基本的叙事内容，还需要选取 Story 中的表述时机，例如，对于发展阶段，应使用户了解所测试的假设条件，但是，这并不意味着必须详尽描述每个步骤，这就像电影导演对场景进行剪辑一样，我们也需要剪裁 Story 中某些重要的元素，面面俱到固然不错，但不要将注意力从 Story 的主要情节上转移开。

7.5.1　准备工作

当前案例需要使用之前所创建的全部工作表，其中包括：

❑　Awareness。
❑　Recycling。
❑　Aware but not recycling。
❑　Awareness by Age。
❑　Awareness by reading labels。
❑　Reading labels by age。

7.5.2　实现方式

步骤如下：

（1）访问屏幕页面的主菜单，随后选择 Story | New Story 选项。

（2）将 Recycling 从左侧栏拖曳至画布的 Drag a sheet here 占位符中，如图 7.17 所示。

（3）在左侧的 Story 选项卡中，单击 Blank 按钮。

（4）将 Awareness 拖曳至当前画布上。

（5）按照建议的顺序对下列图表重复相同的步骤：

❑　Aware but not recycling。
❑　Awareness by Age。
❑　Awareness by reading labels。
❑　Reading labels by age。

图 7.17

（6）双击 Story 1 选项卡，并将其重命名为 Promotion of milk carton recycling among buyers in Serbia。

7.5.3　工作方式

读者可能已经注意到，这里暂时忽略了 Awareness by Gender。在后续分析过程中，我们将主要关注年龄分组间的差异，而不是性别差异。性别差异信息并不是理解故事情节的关键部分，如图 7.18 所示。

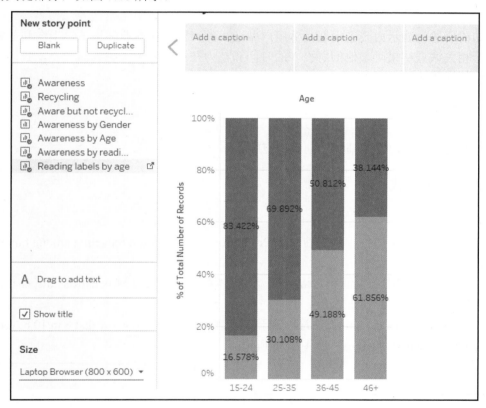

图 7.18

7.5.4　其他

某些时候，很难决定哪些调查结果对于 Story 来说更为重要。在这种情况下，可参照一个简单的经验法则：如果某个调查结果未被再次提及，那么该结果很可能不是至关重要的。

7.5.5 参考资料

关于如何与数据实现高效的通信，读者可参考 Cole Nussbaumer Knaflic 编写的 *Storytelling with data: a data visualization guide for business professionals* 一书。

7.6 编写有效的标题

如前所述，展示内容应根据具体用户做适当的调整。在商业环境下，当向利益相关者展示相关调查结果时，他们所投入的时间和精力往往有限。考虑到这一点，我们应尽可能地使标题简短、准确。

7.6.1 准备工作

本节将在前述内容的基础上创建相应的工作表。

7.6.2 实现方式

步骤如下：

（1）打开 7.6 节案例中创建的故事 Promotion of milk carton recycling among buyers in Serbia。

（2）单击导航中的左箭头并访问第一个文本框，此处应为 Milk cartons disposal 工作表，如图 7.19 所示。

（3）双击 Add a caption 占位符，并于随后输入 We come to know that 8 in 10 buyers do not use recycling garbage bins，如图 7.20 所示。

图 7.19

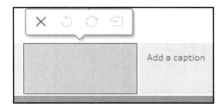

图 7.20

（4）双击右侧第一个文本框（应为 Awareness 工作表），并于随后输入 Almost 1/2 do

not even know about the recycling possibility.

（5）双击 Aware but not recycling 文本框工作表，并输入 1/3 are aware, but not use recycling garbage bins。

（6）在 Awareness by Age 文本框中，输入 Buyers in the 15-24 age group are the ones least aware of recycling possibility。

（7）在 Awareness by reading labels 文本框工作表中，输入 Those who do not read labels on packaging's are less aware of the recycling possibility。

（8）在 Reading labels by age 文本框工作表中，输入 Buyers in the 15-24 age group least likely to read labels，如图 7.21 所示。

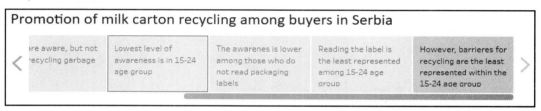

图 7.21

7.6.3　工作方式

编写有效的标题往往需要使用到一些技巧，对此，应满足下列需求条件：

- 与最重要的调查结果间保持有效的通信。
- 不应是数据图标标题。
- 不应重复图标中的数字。
- 应使用动词。
- 应使用过渡词（如"但是"、"而且"、"此外"）。
- 不应超过 5 行。

7.7　推荐和执行摘要

编写执行摘要可能是整个分析过程中最令人生畏的阶段。当需要为某项活动提供具体建议时，气氛往往会变得严肃起来——这涉及对未来事件的预测。根据当前数据，我们需要提供有效、可实行的商务建议。

7.7.1　准备工作

截止到目前，我们已经持有如下工作表：

- ❑　Awareness。
- ❑　Recycling。
- ❑　Aware but not recycling。
- ❑　Awareness by Age。
- ❑　Awareness by reading labels。
- ❑　Reading labels by age。

7.7.2　实现方式

步骤如下：

（1）打开新的仪表板。

（2）从工作表列表（位于 Drag a sheet here 占位符的左侧）中将 Potential for recycling 拖曳至画布中。

（3）将 Awareness by Age 从工作表列表拖曳至当前画布（位于 Potential for recycling 右侧）中。

（4）将 Reading labels by age 从工作表列表中拖曳至 Potential for recycling 下的画布上。

（5）将 Text 从左侧的 Objects 中拖曳至画布底部，如图 7.22 所示。

图 7.22

随后输入以下段落：

```
Based on the results of our study, we can expect that promotional
activities focused on the 15-24 age group can have a significant
effect on their recycling habits. Because of that, our
```

recommendation is to launch a promotional campaign that would be
specifically designed in accordance with the media consumption
habits of younger buyers. In this age group, we found that those
who know about the possibility of recycling use it to a greater
extent than the other groups. However, the awareness of the
possibility of recycling milk cartons is lowest in this group. The
current campaign was unsuccessful in raising awareness about
recycling because it used a channel of communication that doesn't
reach young people. We can conclude that milk buyers within the
15-24 age group are responsive to the appeal to recycle, but we
have to find a way to get the message across.

（6）双击屏幕底部的 Dashboard 1 选项卡，并将其重命名为 Executive summary，如
图 7.23 所示。

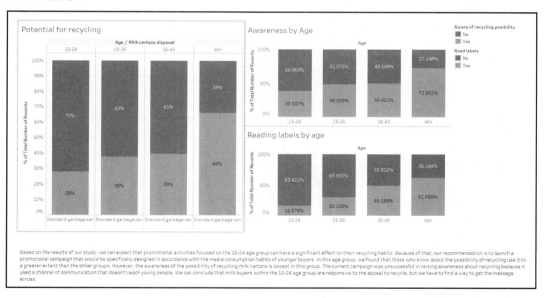

图 7.23

（7）打开故事 Promotion of milk carton recycling among buyers in Serbia。

（8）在左侧的 Story 选项卡中，单击 Blank 按钮。

（9）将 Executive summary 从左侧列表中拖曳至画布的 Drag a sheet here 占位符中。

（10）双击显示于上方的、输入框中的 Add a caption 占位符。

（11）输入 Launch a campaign focused on young buyers，如图 7.24 所示。

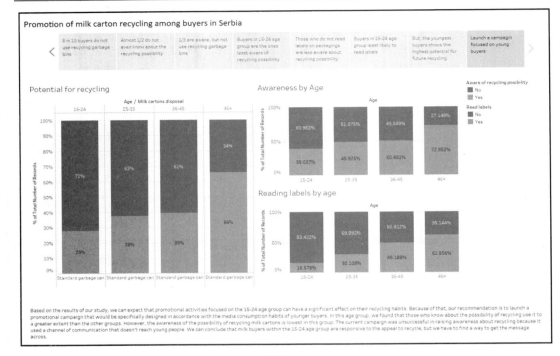

图 7.24

7.7.3　工作方式

这种沟通建议的方式称作金字塔原则，并提倡自上而下的方法。由 Barbara Minto 提出的金字塔原则是现代沟通技巧中最著名的概念之一。这一原则背后的主要思想是，当人们指定决策时，他们会发现更容易把注意力集中在一个具体的行动或建议上，然后再考虑其所有利弊。

7.7.4　参考资料

关于金字塔原则，读者可参考 Barbara Minto 的个人网站，对应网址为 http://www.barbaraminto.com/。

7.8　格式化 Story

虽然 Story 内容是不可或缺的，但绝不能低估故事呈现的视觉方面的重要性。如果视觉布局难以令人满意，则会给用户留下不好的印象，也会降低 Story 内容的可信度。我们当然不希望努力成果因糟糕的格式而被忽略，因此，下面将学习一些技巧以提升演示内容的视觉识别能力。

7.8.1　准备工作

当前案例将尝试格式化之前的表格，进而创建协调工作的 Story。

7.8.2　实现方式

步骤如下：

（1）打开 Awareness by Age 图表。

（2）悬停于 Marks 中的 Number of records 上，直至出现下拉箭头，并于随后单击该箭头。

（3）在当前菜单中选择 Format...。

（4）在 Default 下方的 Pane 选项卡中，单击 Numbers 下拉列表。

（5）选择 Percentage，并将 Decimal places 的数值设置为 0，如图 7.25 所示。

（6）在 Default 下方的 Pane 选项卡中，访问 Font。

（7）将字体尺寸从 9 增至 12，如图 7.26 所示。

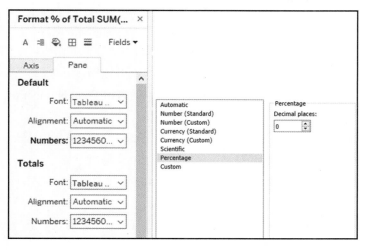

图 7.25

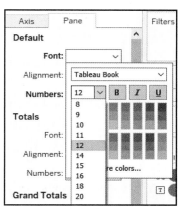

图 7.26

（8）选取白色。

（9）在 Marks 中，单击 Color，并单击 Edit Colors 按钮。

（10）在 Select Color Palette 下拉列表中，选择 Traffic Light。

（11）在 Select Data Item 下方，单击 No，并从 Select Color Palette 下拉列表中选择 Red。

（12）在 Select Data Item 下拉列表中，单击 Yes，并从 Select Color Palette 下拉列表中选择 Green，随后单击 OK 按钮，如图 7.27 所示。

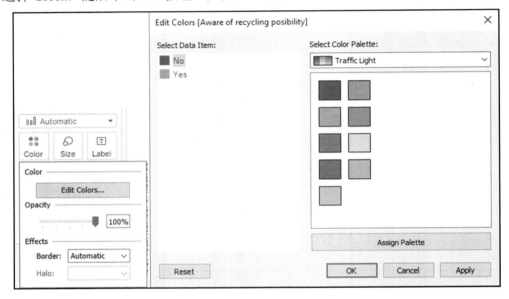

图 7.27

（13）悬停于% of Total Number of Records 图表的纵轴上，并单击该轴。

（14）选择 Edit Axis，在 General 选项卡中，删除 Titles 选项中的% of Total Number of Records。

（15）在同一对话框中的 Tick Marks 选项卡中，在 Major tick marks 和 Minor tick marks 中选择 None，随后单击 OK 按钮，如图 7.28 所示。

（16）悬停于当前图表的水平轴上（15-24、25-35、36-45、46+年龄分类），右击该轴并选择 Format。

（17）在左侧的 Header 选项卡（位于 Default 下方）中，单击 Font 下拉列表。

（18）将字体尺寸从 9 增至 12，如图 7.29 所示。

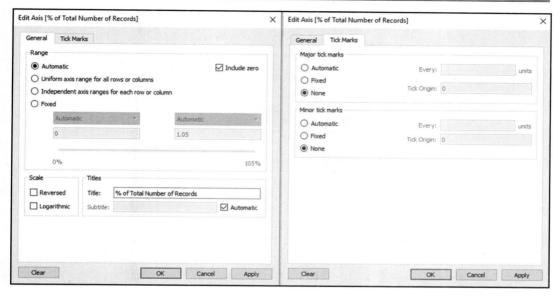

图 7.28

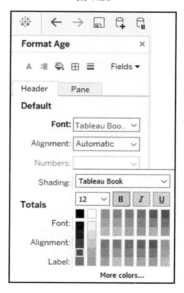

图 7.29

（19）右击图表上方的 Age。

（20）针对 Columns 选择 Hide Field Labels，如图 7.30 所示。

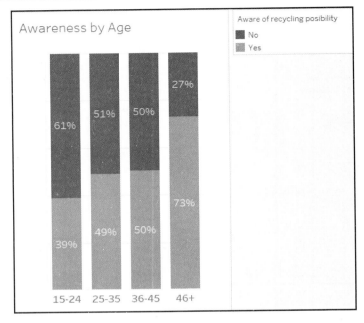

图 7.30

7.8.3　工作方式

首先，我们减少了小数点后的位数，参见 7.8.2 节中的步骤（1）～（5）。虽然在某些情况下小数位是必要的，但在大多数情况下，整数已然足够。

随后，我们适当地增加了字体的大小。此处，建议调整显示结果的屏幕布局。但是，我们不能总是知道相关结果显示于何处，所以为了安全起见，需要使用更大的字体。

之后，我们对颜色也进行了修改。其中，某些颜色涵盖了特定的含义，必要时可方便地对其加以使用。当前示例采用红色表示"无意识"，采用绿色表示"有意识"，这一点与交通灯十分类似。

在格式化阶段，其目标数是消除工作表中所有不必要的元素。在当前示例中，相关标记包括条形图上的百分数、刻度以及垂直轴上的标题。鉴于 Awareness by Age 已能够表达应有的含义，因而 Age 列是多余的。

💡 提示：

当不确定是否需要某个元素时，可询问自己"它是否包含唯一的信息，或者是否可以通过另一项内容得到相同的结论"？

7.8.4 其他

当生成可视化效果时，所遵守的通用规则通常是一致的。随机使用不同的格式化样式会使展示内容十分凌乱，对此，需要选择一种格式化准则并贯穿于整个 Story。

在当前案例中，我们仅调整了生成 Story 的某一张工作表的格式，并按照既定指令调整其他工作表。当再次打开该 Story 时，将会发现它已经随着更改而发生变化。

7.8.5 参考资料

关于外观样式的表达方式，读者可参考 https://www.tableau.com/about/blog/2017/10/7-tips-and-tricks-dashboard-experts-76821。

第 8 章　Tableau 可视化

本章主要涉及以下内容：
- ❑　双轴瀑布图。
- ❑　Pareto 图。
- ❑　Bump 图。
- ❑　Sparkline 图。
- ❑　Donut 图。
- ❑　Motion 图。

8.1　技术需求

本章将使用 Tableau 2019.x 以及与壶穴、煤炭排放、足球排名、外星人目击事件、鳄梨价格和降雪相关的数据集。

8.2　简　　介

本章将进一步讨论 Tableau 可视化技术，进而丰富仪表板的显示内容。其中涉及显示百分比可视化内容的详细步骤（相对于整体的比例变化方式，或者数值的变化方式）。另外，相关用例也有所不同，包括确定数据中产生最大影响的元素、一段时间内不同分类的评级，以及跟踪机构目标。

8.3　双轴瀑布图

瀑布图展示了正、负变化对最终结果的影响方式。另外，瀑布图还可显示包含分类值的度量组成，从而得到累积量。

8.3.1　准备工作

当前案例将在折线图的基础上创建双轴瀑布图。

8.3.2　实现方式

下面将使用来自芝加哥的数据，并查看该城市中壶穴的状况。

（1）创建包含一个维度和一个度量（即 Activity Date 和 Potholes）的折线图或条形图，如图 8.1 所示。

（2）针对 Potholes 应用 Quick Table Calculation 下的 Running Total 度量，如图 8.2 所示。

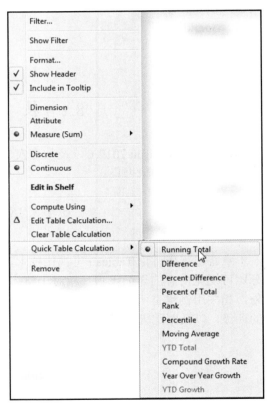

图 8.1　　　　　　　　　　　　　　　　图 8.2

（3）将 Marks 类型修改为 Gantt Bar，如图 8.3 所示。

（4）通过相同度量的负版本调整标记的大小来创建条形图。通过负版本调整大小使得每幅条形图的开始处与上一幅条形图的结尾处对齐。图 8.4 所示显示了一种方法，也就是说，将负 Potholes 应用于 Size 上。

图 8.3

图 8.4

（5）此处将生成单轴瀑布图，如图 8.5 所示。

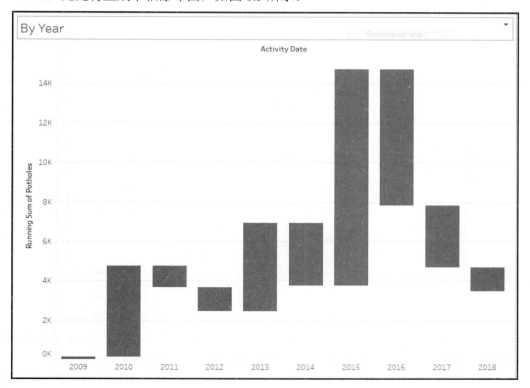

图 8.5

🔆 提示：

　　瀑布图可与时间和分类协同使用。其中，分类的顺序可以影响到 Story。另外，颜色可用于显示正、负值。当使用双轴瀑布图时，形状部分还包含了更多的选项。

　　（6）按下 Ctrl 键，同时选择 SUM(Potholes)进行复制，并将其置于右侧，如图 8.6 所示。

图 8.6

　　（7）针对第二个度量，清除 Marks 的尺寸数据，如图 8.7 所示。

　　（8）右击第二个选项，并选择 Dual Axis，如图 8.8 所示。

图 8.7

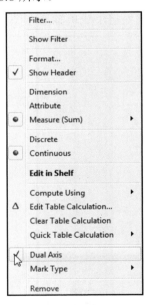

图 8.8

　　（9）单击第二根轴，选择 Synchronize Axis 并隐藏标题，如图 8.9 所示。

　　（10）添加 Analysis 菜单中的 Totals。依次单击 Totals | Show Row Grand Totals，如图 8.10 所示。

　　（11）在 Marks 中，修改默认的标记，或者根据正、负值调整标记的颜色。这里使用了 Gantt Bar 在每个条形图底部生成一条直线，如图 8.11 所示。

图 8.9

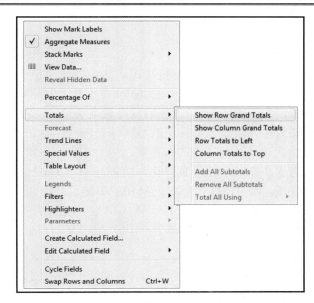

图 8.10

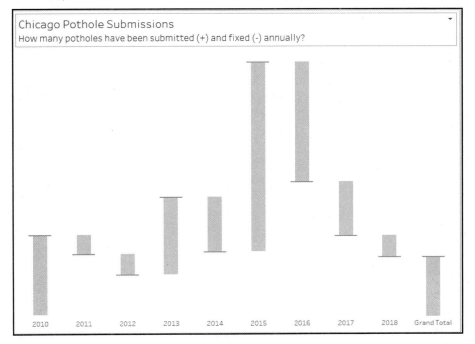

图 8.11

8.3.3　工作方式

步骤（1）生成了一幅折线图，其中包含了一个维度和一个量度，随后应用步骤（2）中的 Running Total Table Calculation。步骤（3）将标记类型修改为 Gantt Bar。为了生成条形图，在步骤（4）中，我们将度量取负值，这样每一列均可增至上一个标记，这将生成阶梯效果，因此一个标记的结束即是前一个标记的开始。在步骤（5）中可以看到，我们已经创建了一幅基本的瀑布图。

为了高亮显示正、负变化，可创建一幅 Dual Axis 图。步骤（6）将复制 Rows 上的同一度量，步骤（7）清除了 Marks 中的尺寸值。当在步骤（8）中生成双轴时，它将强调结束值，以使标记覆盖。步骤（10）中添加了一个汇总值，进而显示所有值的累计效果。最后，步骤（11）将默认标记类型调整为 Gantt Bar，以强调正、负变化。

8.3.4　其他

除此之外，还可使用形状显示正、负变化，步骤如下：

（1）构建正、负值计算过程，如图 8.12 所示。

图 8.12

（2）向 Shape 应用 Arrow Direction（也可针对 SUM(Potholes)和 SUM(Potholes) (2)的 Color），如图 8.13 所示。

（3）单击 Shape，选择 Filled，并选择上、下三角形，如图 8.14 所示。

图 8.13

图 8.14

最终的可视化结果如图 8.15 所示。

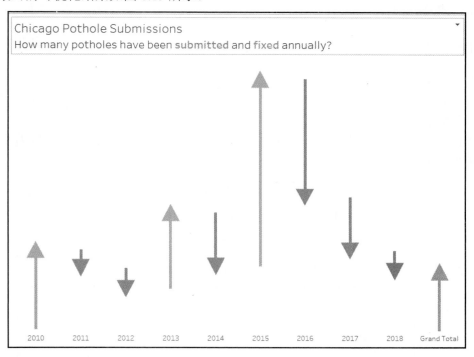

图 8.15

8.3.5 参考资料

关于 Tableau 中瀑布图的构建过程，读者可参考 VizWiz 的个人博客，对应网址为 http:// www.vizwiz.com/2015/05/waterfall.html。

8.4 Pareto 图

针对某个度量结果，当需要确定最大影响因素时，可使用 Pareto 图。该图有助于确定优先级，且常用于风险管理。Pareto 图这一名称源自 Vilfredo Pareto，他是 80/20 法则的创始人，即 Pareto 原则。该原则大致规定，80%的价值来自某个因素的 20%，例如，80%的销售额来自 20%的客户。

8.4.1　准备工作

本节将使用包含参考线的条形图，进而创建 Pareto 图。

8.4.2　实现方式

步骤如下：

（1）创建条形图。其中，Columns 中设置为 Emission Type，Rows 中设置为 Value，如图 8.16 所示。

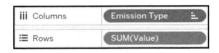

图 8.16

（2）根据量度降序排序当前图表，如图 8.17 所示。

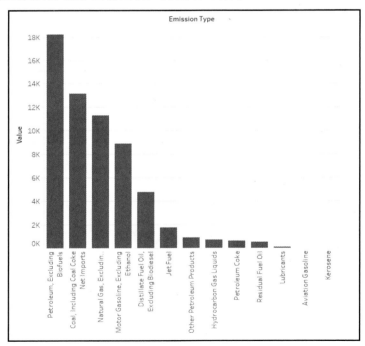

图 8.17

（3）针对 Running Total 和 Percent of Total，添加主、次级表计算，随后将 Compute Using 调整为 Specific Dimensions，如图 8.18 所示。

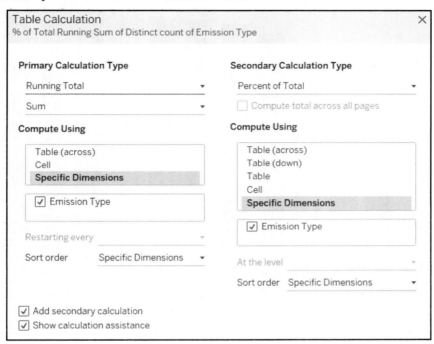

图 8.18

（4）在 80%处添加 Reference Line，如图 8.19 所示。

图 8.19

图 8.20 所示显示了基本的 Pareto 图。

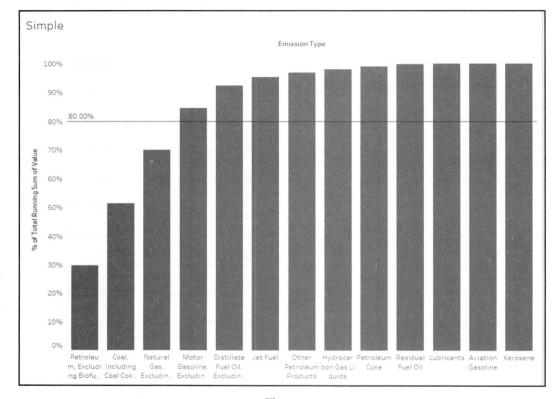

图 8.20

8.4.3　工作方式

步骤（1）和（2）利用降序排序的一个维度和一个量度创建了一幅条形图；步骤（3）应用了 Running Total 和 Percent of Total Table Calculation；步骤（4）在 80%处使用了参考线和一幅简单的条形图，进而查看包含最大影响因素的分类。

8.4.4　其他

除此之外，还可创建高级版本的 Pareto 图，进而真实反映 80/20 法则。对此，可在前述步骤的基础上生成一个简单版本，并采用高级工作表查看最终版本，具体步骤如下：

（1）向 Marks 的 Detail 部分添加 Emission Type，其原因在于，针对 Sum(Value)的表计算引用了一个特定的维度 Emission Type，如图 8.21 所示。

（2）在 Columns 中，将 Emission Type 调整为 Count (Distinct)，如图 8.22 所示。

（3）向其应用 Running Total 和 Percent of Total 表计算，如图 8.23 所示。

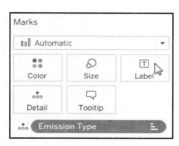

图 8.21

图 8.22

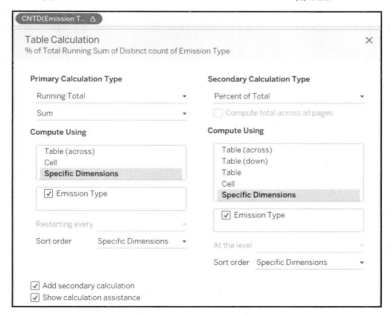

图 8.23

（4）将 Mark 类型调整为 Line，如图 8.24 所示。

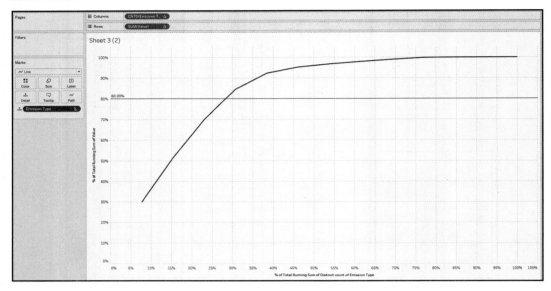

图 8.24

（5）向 Rows 中添加值，开始生成 Dual Axis 图，并将标记类型修改为 Bar，如图 8.25 所示。

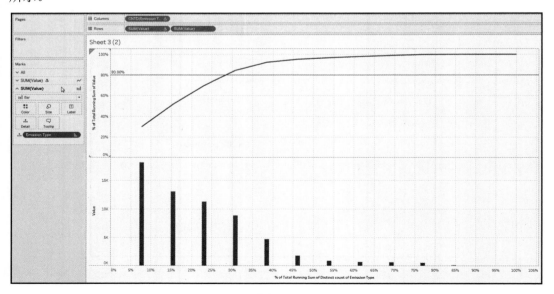

图 8.25

（6）当切换至双轴时，由于列和行中都包含了一个度量，因而这将把折线图变为散点图，如图 8.26 所示。

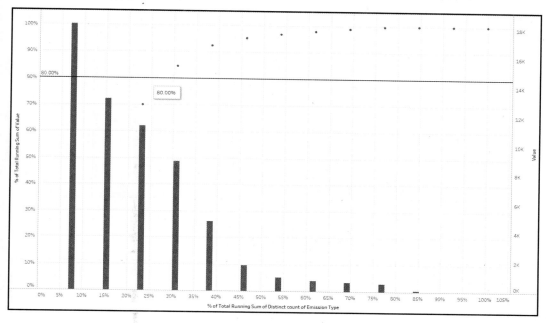

图 8.26

（7）将点变为连续直线，并将 Emission Type 移至 Path，同时确保对 Measure Names 执行此项操作，如图 8.27 所示。

图 8.27

（8）在 20%处添加参考线，如图 8.28 所示。

（9）右击轴向并选择 Move marks to back，以使参考线位于考生号内容的上方，如图 8.29 所示。

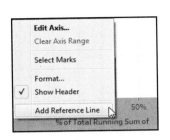

图 8.28

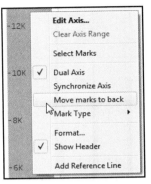

图 8.29

在执行某些清除操作后，最终结果如图 8.30 所示。

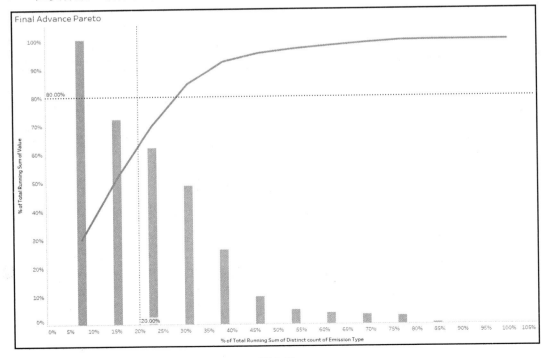

图 8.30

8.4.5   参考资料

关于创建 Pareto 图的其他资源，读者可参考 Tableau 的参考文档，对应网址为 https://onlinehelp.tableau.com/current/pro/desktop/en-us/pareto.html。

8.5   Bump 图

本节将使用 Bump 图并通过单一度量值在两个维度间进行比较，这对于查看排名变化十分有用。

8.5.1   准备工作

当前案例将使用一个基于排名表计算的折线图。

8.5.2   实现方式

在当前示例中，将对南美足球联盟中的各个球队进行排名。对此，需要使用 Bump Chart.twbx 工作簿，并执行下列操作步骤：

（1）考虑到将按照国家对可视化内容中的线条着色，因而可将 Country Full 置于 Color 上，如图 8.31 所示。

图 8.31

（2）分别将 Rank Date 和 Rank 添加至 Columns 和 Rows 中；将 Rank Date 设置为 Year，并将 Rank 设置为 Sum，如图 8.32 所示。

（3）当前数据集中的排名结果表示为每个球队的全球排名。考虑到最终结果显示为 1～10，而非国家名称，因而需要在 Rank 字段上应用 Rank Table Calculation，如图 8.33

所示。

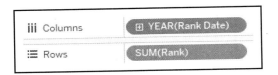

图 8.32

（4）按照升序将 Table Calculation 编辑为 Rank，在 Compute Using 下选择 Country Full，如图 8.34 所示。

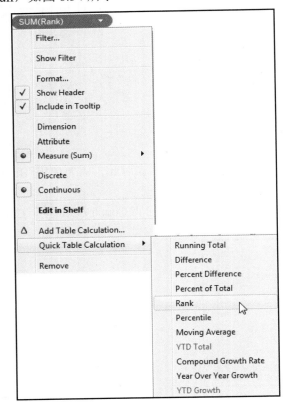

图 8.33

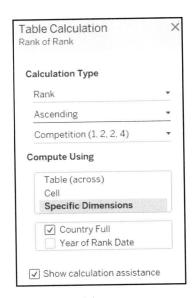

图 8.34

（5）反转排名轴，使表现优秀者排在第一位，如图 8.35 所示。

（6）复制 Rows 上的 Rank，并在可视化内容中生成散点图，右击并选择相关选项以创建双轴，如图 8.36 所示。

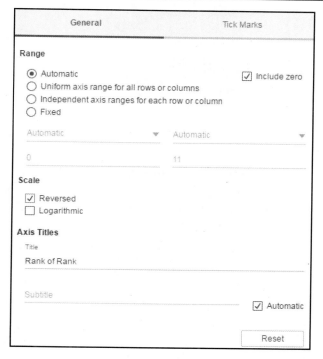

图 8.35

（7）针对第二个排名，将默认标记修改为 Circle，如图 8.37 所示。

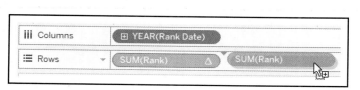

图 8.36

图 8.37

（8）反转当前轴。

（9）图 8.38 所示显示了基本的 Bump 图。

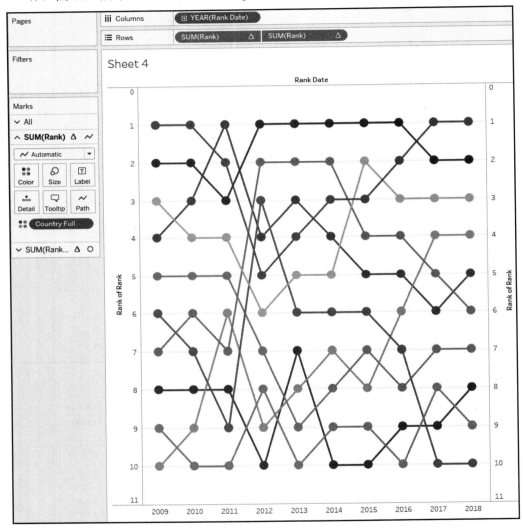

图 8.38

8.5.3　工作方式

步骤（1）将 Country Full 置于 Marks 的 Color 上，这将通过 Country 对数值进行分组

和着色。步骤（2）针对 Rank Date 和 Rank 使用了基本的直线图，即将其置于 Columns 和 Rows 上。在步骤（3）和（4）中，需要对排名进行适当调整，以便呈现先后顺序，而非数据集中的排名。为了使第一名显示于图表的顶部，步骤（5）反转了轴向。步骤（6）和（7）复制了 Columns 中的排名，并将 Mark 类型修改为 Circle，进而强调年度排名结果。步骤（8）像步骤（5）那样反转了轴向。步骤（9）通过双轴合并了直线（Automatic）和 Circle 标记。在执行了格式化和尺寸调整后，我们得到了一幅较为基础的 Bump 图。

8.5.4　其他

通过下列步骤，可对直线的开始和结束部分进行标记：

（1）通过标记相关直线，可方便地查看国家在排名中的起始位置和结束位置。对此，在 SUM(Rank) Marks 中，将 Country Full 移至 Label 中，如图 8.39 所示。

（2）选择 Line Ends，这可能需要调整对齐方式或字体大小，如图 8.40 所示。

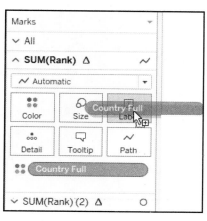

图 8.39

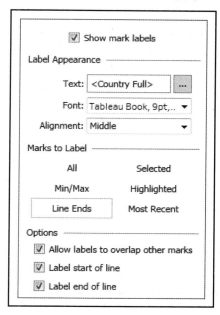

图 8.40

（3）将文本颜色与直线颜色进行匹配，如图 8.41 所示。

（4）在使用了标记并执行额外的清除操作后，最终图表如图 8.42 所示。

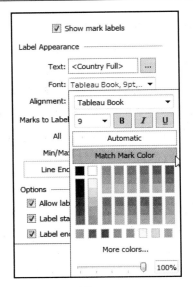

图 8.41

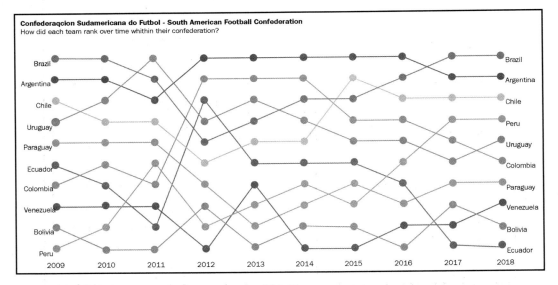

图 8.42

8.5.5　参考资料

关于 Bump 图上的曲线制作过程，读者可访问 http://www.datatableauandme.com/2016/12/

how-to-sigmoid-bump-chart-spline.html 以了解更多内容。

8.6　Sparklines 图

Sparklines 体现了一类紧凑的可视化结果，并显示随时间变化的模式，本质上是一类没有轴的折线图。爱德华·图夫特（Edward Tufte）对此解释道：

"Sparklines 是一类数据字（dataword），即数据密集、设计简单和字大小的图形。"

换句话说，我们可以像识别页面上的单词一样方便地识别它们的形式和所传递的信息，即类似于一行单词的图形。

8.6.1　准备工作

在 Sparkline 图案例中，需要理解折线图的基本含义。在该案例中，我们将严重依赖格式化直线，并对轴向进行编辑。

8.6.2　实现方式

本节将使用 UFO 观察数据生成 Sparklines 图，对此，打开 Sparkline 打包工作簿，并使用 nuforc_events.csv 和 Sparklines.twbx。

（1）开始时，将事件日期移至 Columns，并将 Shape 移至 Rows 中。考虑到当前案例将使用到多年的数据，因而需要将数据集过滤至 2010～2016，并显示季度值，如图 8.43 所示。

图 8.43

ⓘ 注意：

在当前示例中，日期为连续值，而非离散值。换而言之，日期将显示为轴向上的某个值，而非分组值。

（2）将当前度量移至 Rows 中。针对当前数据集，我们使用记录数量，如图 8.44 所示。

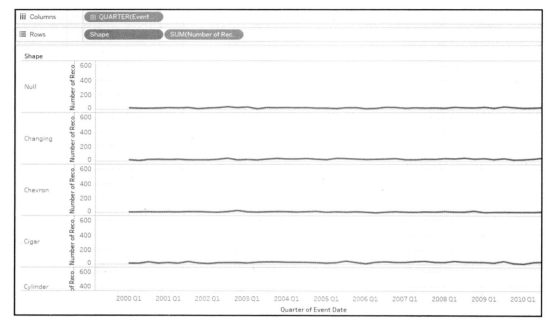

图 8.44

（3）创建一个名为 Last Value 的量度，以指示 Sparkline 中的最终值，如图 8.45 所示。

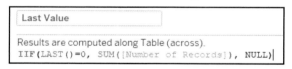

图 8.45

（4）将 Last Value 移至 Rows 中，如图 8.46 所示。

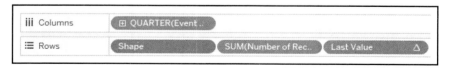

图 8.46

（5）右击 Last Value，并选择 Dual Axis，如图 8.47 所示。

（6）右击可视化内容中的当前轴，并选择 Synchronize Axis，如图 8.48 所示。

（7）编辑当前轴向，即取消选择 Include Zero 复选框，并选择 Independent axis ranges for each row or column 单选按钮，如图 8.49 所示。

图 8.47

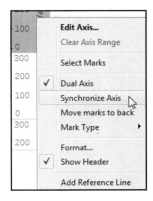

图 8.48

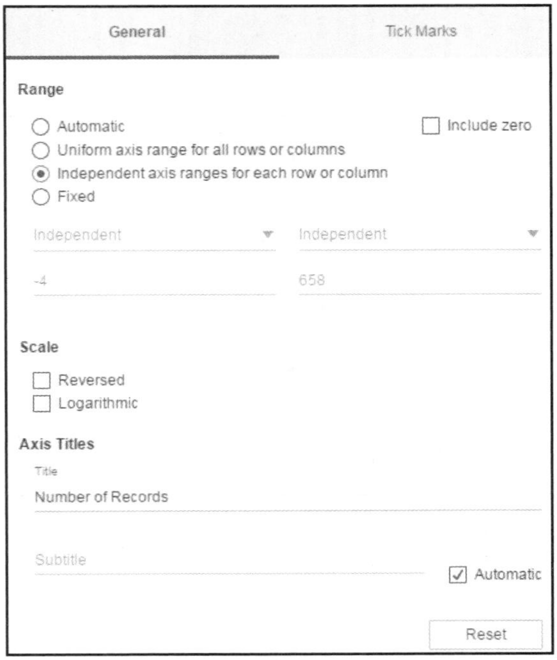

General	Tick Marks

Range

○ Automatic　　　　　　　　　　　　　　☐ Include zero
○ Uniform axis range for all rows or columns
◉ Independent axis ranges for each row or column
○ Fixed

Independent ▾	Independent ▾
-4	658

Scale

☐ Reversed
☐ Logarithmic

Axis Titles

Title
Number of Records

Subtitle　　　　　　　　　　　　　　　　☑ Automatic

Reset

图 8.49

（8）移除全部标题，即右击每个 X 所处位置，并取消选择 Show Header，如图 8.50

所示。

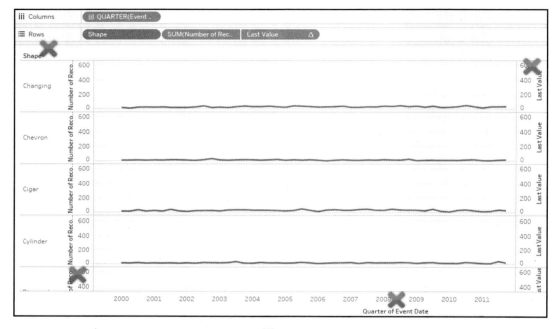

图 8.50

（9）调整高度值，如图 8.51 所示。

图 8.51

（10）手动调整宽度，即向内拖曳列边框，如图 8.52 所示。

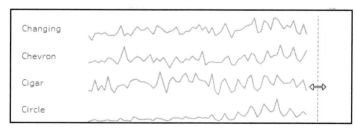

图 8.52

（11）移除所有的网格线。在 Format Borders 中，选择 Sheet，并将 Column Divider 和 Row Divider Pane 设置为 None，如图 8.53 所示。

（12）在 Format Lines 中，选择 Rows，并将 Grid Lines 和 Zero Lines 设置为 None，如图 8.54 所示。

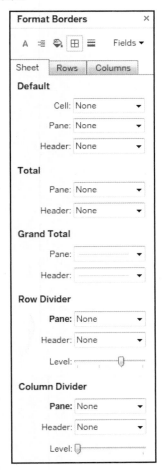

图 8.53

图 8.54

（13）排除空形状（null shape），即将 Shape 拖曳至 Filters 中，并选择 Null 和 Exclude，如图 8.55 所示。

（14）图 8.56 所示显示了对应的 Sparkline 图。

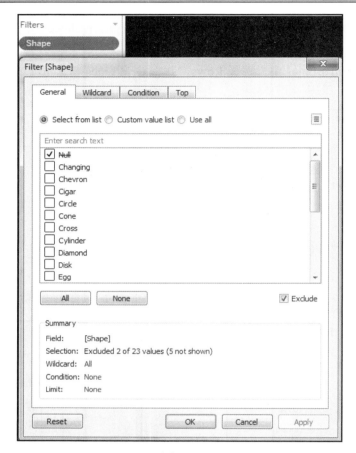

图 8.55

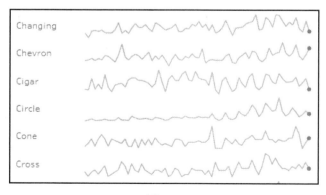

图 8.56

8.6.3　工作方式

步骤（1）将事件日期置于 Columns 中，并将 Shape 置于 Rows 中，进而生成一张折线图列表。步骤（2）将记录数置于 Rows 中。为了高亮显示 Sparkline 图中的结果值，步骤（3）针对最终值执行相关计算，并在步骤（4）中将其置于 Rows 中。据此，步骤（5）生成了一个双轴图。每个折线图应独立显示，因而可看到每个分类相对于自身的变化，而非彼此间的变化，步骤（6）通过编辑轴向完成了这一任务——排除 0 并使当前轴向独立于每行或每列。在步骤（7）～（10）中，移除并隐藏了所有的标题和网格线，同时缩小了宽度和高度值。作为格式化结果，步骤（11）显示了最终的 Sparklines 图。

8.6.4　其他

这里并不打算在 Sparkline 结尾处添加某种颜色，相应地，我们将生成某种颜色以显示最后一个值是否大于（或小于）前一个值，甚至是显示最大值，相关步骤如下：

（1）为了使指向尾部的显示图标改变颜色，需要执行如图 8.57 所示的计算步骤。

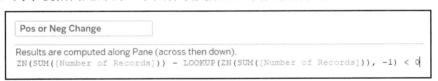

图 8.57

（2）将上述计算移至 Marks 中，如图 8.58 所示。

图 8.58

（3）编辑 Color 选项，如图 8.59 所示。

（4）格式化标题，即右击，并选择 Edit Title，如图 8.60 所示。

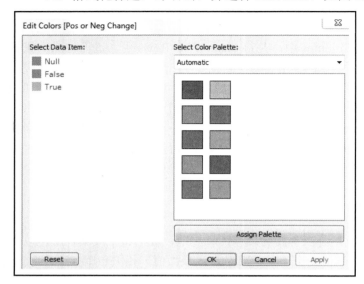

图 8.59

图 8.60

（5）输入如图 8.61 所示的文本内容，并在文本编辑器中调整尺寸和颜色。

图 8.61

（6）进一步修改尺寸、颜色和透明度，以完成格式化操作，如图 8.62 所示。
除此之外，还可高亮显示最大值，而非最终值。

（7）构建如图 8.63 所示的计算过程。

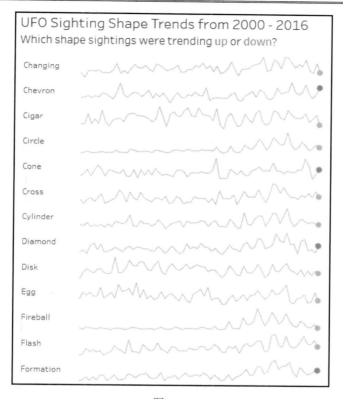

图 8.62

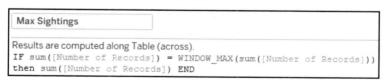

图 8.63

（8）利用 Max Sightings 替换最终值，如图 8.64 所示。

图 8.64

（9）格式化颜色以使其与当前样式相符，如图 8.65 所示。

（10）最终的 Sparkline 图如图 8.66 所示。

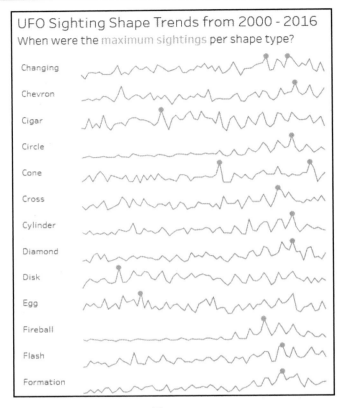

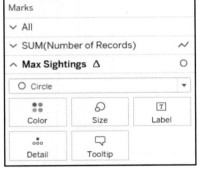

图 8.65　　　　　　　　　　　　　　　　　　图 8.66

8.6.5　参考资料

读者可参考 Edward Tufte 编写的相关书籍，据说，他是 Sparkline 图的发明者。

8.7　Donut 图

Donut 图是一类空心饼图，适用于显示百分比数据，且有助于区分多个分类。

💡 提示：

　　Donut 图适用于显示多个分类，除此之外，还存在其他可视化类型图可显示多个分类，如水平条形图等。

8.7.1　准备工作

本节案例将利用双轴对饼图进行扩展，进而创建 Donut 图。

8.7.2　实现方式

当前案例将利用鳄梨数据，展示哪些城市食用有机食品的比例高于传统食品。

（1）利用 0 编码值创建一个名为 Donut 的计算过程，如图 8.67 所示。

（2）将 Donut 置于 Rows 上（两次），如图 8.68 所示。

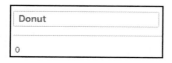

图 8.67

图 8.68

（3）在全部值的 Marks 中，将默认标记从 Automatic 修改为 Pie，如图 8.69 所示。当前图表的外观如图 8.70 所示。

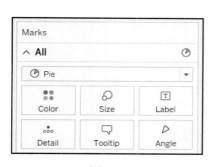

图 8.69

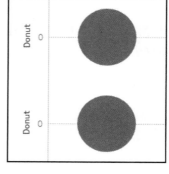

图 8.70

（4）接下来将执行基本的格式化操作。首先放大 Donut 图，如图 8.71 所示。

（5）将第二幅 Donut 图调整为当前背景色，如图 8.72 所示。

（6）创建双轴图，即右击当前轴并选择 Dual Axis，如图 8.73 所示。

🔆 提示：

另一种方法是右击第二幅 Donut 图，并选择 Dual Axis。

此时将显示一个圆环，如图 8.74 所示。

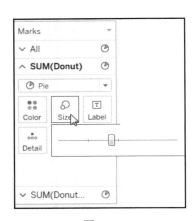

图 8.71

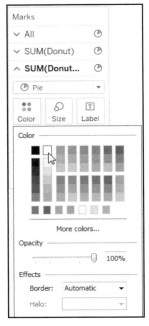

图 8.72

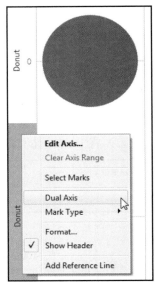

图 8.73

（7）在第一幅 Donut 图的 Marks 中，将要显示为饼图切片的分类移至 Color 中，在当前示例中这表示为有机食品或传统食品。鉴于目前尚未设置角度值，因而只能看到偶数个切片。

（8）下面定义每个切片，并将当前度量移至 Angle 中，在当前示例中为 Total Volume，如图 8.75 所示。

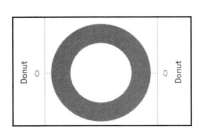

图 8.74

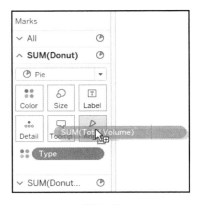

图 8.75

（9）当创建水平序列时，可将某个维度置于 Rows 中，在当前示例中，这表示为 Region，如图 8.76 所示。

图 8.76

鉴于 Region 数量较多，因而这里添加了一个排名过滤器，进而降低显示数量，如图 8.77 所示。

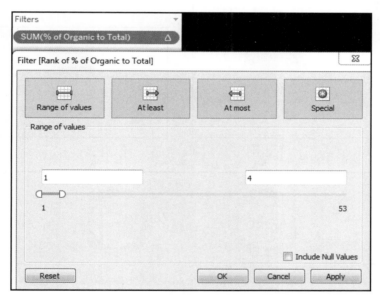

图 8.77

（10）在第一幅 Donut 图的 Marks 中，将 Region 移至 Label，并将对齐方式调整为 Top Center，如图 8.78 所示。

（11）移除轴标记，即右击每个 Donut，并取消选择 Show Header，如图 8.79 所示。

当前 Donut 图的外观如图 8.80 所示。

💡 提示：

当比较两个或 3 个分类时，Donut 图十分有效，但当比较更多分类时，建议避免使用这种类型的图。

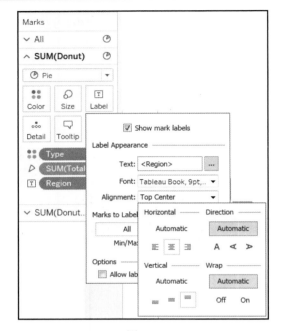

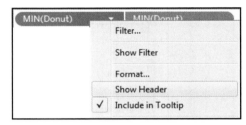

图 8.78

图 8.79

图 8.80

8.7.3　工作方式

步骤（1）创建了一个名 Donut 的计算过程，并将其置入 Rows 中（两次）。步骤（2）和（3）将 Marks 从 Automatic 调整为 Pie。在步骤（4）中，可以看到当前包含两个饼图。步骤（5）调整饼图的大小，即一个饼图大于另一个饼图。步骤（6）生成了环形图，并设置了较小饼图的颜色，以匹配于背景颜色。步骤（7）创建了一个双轴图，同时将较小的圆覆盖到较大的圆上。步骤（8）显示了相应的 Donut 图。

接下来，步骤（9）将分类维度移至 Marks 的 Color 中（针对第一幅 Donut 图的量度），进而生成 Donut 图的切片。其中，角度值显示了每个切片所占有的整体比例。在步骤（10）

中，将 Total Volume 置于 Angle 上。步骤（11）将 Region 置于 Columns 上，进而生成了一系列的 Donut 图。步骤（12）将 Region 移至 Marks 中的 Label 上，并对每幅 Donut 图创建了相应的标题。随后，我们对文本进行格式化，以使其对齐方式为 Top Center。在步骤（12）中，我们得到了最终的 Donut 图。

8.7.4　其他

Donut 图的中心孔可用于显示某个值，如整体百分比。

（1）生成全部度量值的%，如图 8.81 所示。

图 8.81

（2）将 Organic to Total 的%置于第二幅 Donut 图的 Marks 的 Label 上；将 Alignment 格式化为 Middle Center，并调整字体大小和颜色。其中，小数点的格式化方式如图 8.82 所示。

图 8.82

最终结果如图 8.83 所示。

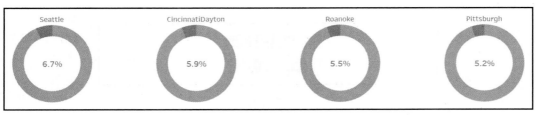

图 8.83

8.7.5　参考资料

关于整体百分比的替代方案，读者可参考 stacked bar charts、regular bar charts 或 Advanced Visualizations 一章中 Waffle 图这一部分内容。

8.8　Motion 图

本节重点介绍如何使用 Tableau 逐帧将数据进行分页（类似于电影）。动画图表在以一种身临其境的方式显示单个元素和较大画面时非常有用。

8.8.1　准备工作

在介绍 Motion 图时，我们将学习如何使用 Pages。

8.8.2　实现方式

本节案例将考查犹他州滑雪胜地 Snowbird 的降雪数据。对此，打开打包工作簿 ski fall animation.twbx 和 Snowbird - Utah.csv，并执行下列操作步骤：

（1）将包含多个值的某个维度拖曳至 Pages 中。在当前示例中，我们使用 YEAR (Date)，如图 8.84 所示，当包含多个值时，这将十分有用。

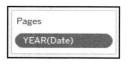

图 8.84

（2）将对应日期作为DAY(Date)移至 Columns 中，同时将24 hour Snow 和 Base Depth 移至 Rows 中，如图 8.85 所示。

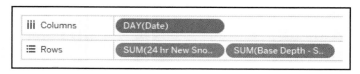

图 8.85

（3）在 24 hr New Snow- Split 1 Marks 中，分别选择 Shape（而非 Automatic）和*，如图 8.86 所示。

（4）在 Base Depth - Split 1 Marks 中，选择 Area，如图 8.87 所示。

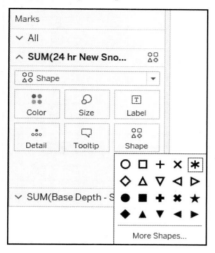

图 8.86

图 8.87

（5）将 Fit 修改为 Entire View，如图 8.88 所示。

图 8.88

（6）移除全部轴标题和网格线。

（7）将背景颜色调整为浅蓝色，如图 8.89 所示。

（8）选择 All 和 Marks 以显示全部数据点。此外，将颜色选为灰色和 Fade 以创建视觉层，如图 8.90 所示。

注意：

确保使用划分轴而非双轴，此类直线负责控制速度。此外，使用播放和停止按钮将更加直观，而历史记录则使可视化内容变得更加有趣。

（9）在单击播放按钮后，图 8.91 所示显示了第一张页面的内容。

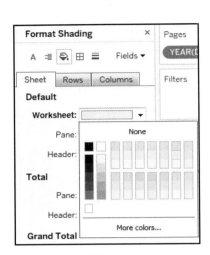

图 8.89

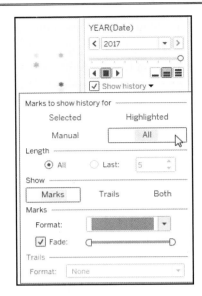

图 8.90

图 8.91

（10）在单击播放按钮后，图 8.92 所示显示了最后一张页面的内容。

图 8.92

8.8.3　工作方式

步骤（1）在 Pages 中使用了时间元素，以实现动画翻转效果。步骤（3）显示了相对于上一个数据点的时间或位置变化。鉴于我们选择了查看所有的褪色标记，因而可看到分层的幽灵效果。

8.8.4　其他

为了在发布至服务器后自动呈现动画效果，需要制作一幅动画 GIF。读者可以选择阅读与照片编辑工具相关的教程，下面是使用 GIMP 的一个例子：https://www.digitalcitizen.

life/how-create-animated-gif-using-your-own-pictures-gimp。除此之外，还可尝试使用尾迹标记以生成不同的视觉效果。

8.8.5　参考资料

读者可观看 Hans Rosling 发布的 Ted Talks 视频，或者阅读 Gapminder 的博客，这些视频非常著名，同时也十分有趣。另外，Hans Rosling 被认为是 Motion 图的发明者。

第 9 章　Tableau 高级可视化

本章主要涉及以下内容：

❑　Lollipop 图。

❑　Sankey 图。

❑　Marimekko 图。

❑　Hex-Tile 图。

❑　Waffle 图。

9.1　技 术 需 求

本章将使用 Tableau 2019.x，以及所有与公共交通投诉、啤酒、教育、通勤时间以及电影《指环王》相关的数据。

9.2　简　　介

本章将学习更多的图表类型，并采用外部数据源提供一个绘图框架，同时在许多情况下使用高级计算来绘制可视化内容，其间将考查数据元素之间的关系，以及数据与整体间的关联方式。

9.3　Lollipop 图

Lollipop 图的名字源自其形状，这一类图表可以提供视觉上的多样性。我们会使用 Lollipop 图替代条形图或点状图，而条形图和点状图恰好也是 Lollipop 图的构建组件。

9.3.1　准备工作

下面将考查如何对条形图和点状图进行整合，进而创建 Lollipop 图。

9.3.2　实现方式

　　本节将按照投诉主题调查纽约市公共交通客户的投诉内容，并使用 MTA_Customer_Feedback_Data_Beginning_2014.csv 和 MTA complaints.twbx。

　　（1）分别将 Subject Matter 和 Number of Records 置于 Columns 和 Rows 上，如图 9.1 所示。

　　（2）复制 Rows 上的 Number of Records，如图 9.2 所示。

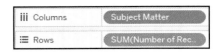

　　　　　　　图 9.1　　　　　　　　　　　　　　　　　　图 9.2

　　（3）将当前图表调整为 Dual Axis，如图 9.3 所示。

　　（4）将 Sum(Number of Records)的标记类型修改为 Bar，如图 9.4 所示。

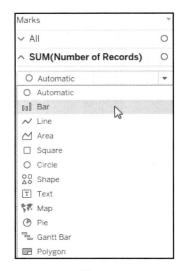

　　　　　　　图 9.3　　　　　　　　　　　　　　　　　　图 9.4

　　（5）减小柱状图的 Size 值，如图 9.5 所示。

　　（6）增加圆形的 Size 值，如图 9.6 所示。

（7）通过 Number of Records 降序排序 Subject Matter，如图 9.7 所示。

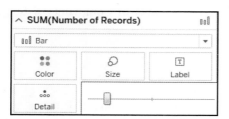

图 9.5

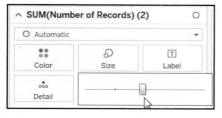

图 9.6

图 9.7

图 9.8 所示显示了当前示例的对应结果。

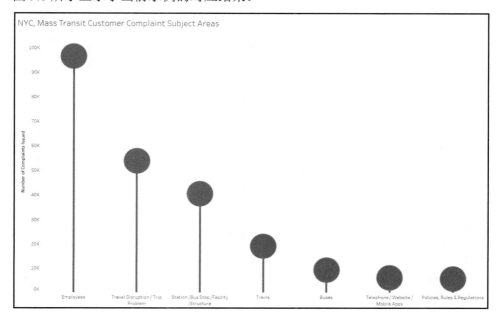

图 9.8

ℹ️ **注意：**

鉴于存在多种不同的 Subject Matter，可根据投诉的 Number of Complaints 将 Subject Matter 过滤至前 7 个主题。

9.3.3 工作方式

我们将 Subject Matter 置于 Columns 上，同时将 Number of Records 置于 Rows 上（两次），并于随后生成 Dual Axis 图。此外，前述内容还将标记类型调整为 Bar，并减小了第一个 Number of Records 的尺寸；第二个 Number of Records 的标记类型记为 Circle，并增加了其尺寸。最后一步则是整合了细条形图和点状图。

9.3.4 其他

相应地，还可将某个值置于点图的中心位置处。

（1）将 Number of Records 置于 Marks 上，进而创建 Number of Records 2，如图 9.9 所示。

（2）右击 SUM(Number of Records)，并选择 Add Table Calculation 和 Percent of Total，如图 9.10 所示。

图 9.9

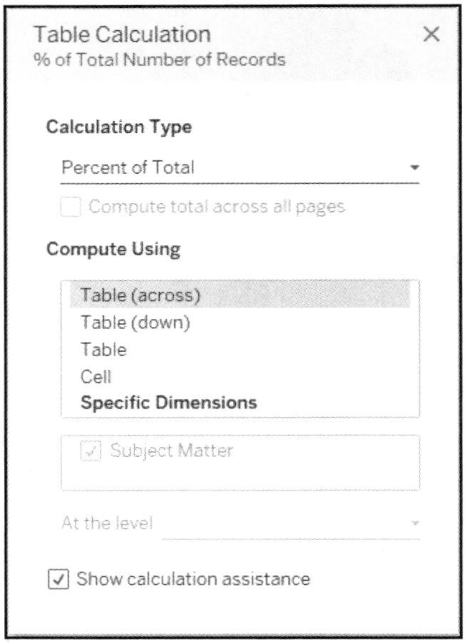

图 9.10

（3）格式化文本尺寸、对齐方式和颜色，进而创建类似的图表，如图 9.11 所示。

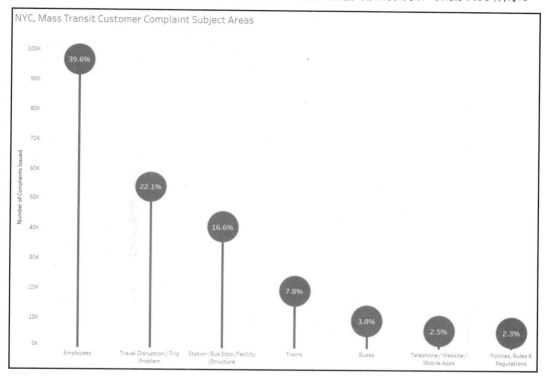

图 9.11

9.3.5　参考资料

关于点状图的更多内容，读者可参考下列链接：

❑　https://uc-r.github.io/cleveland-dot-plots。

❑　https://en.wikipedia.org/wiki/Dot_plot_(statistics)。

❑　http://www.storytellingwithdata.com/blog/2018/8/1/swdchallenge-letsplot-with-a-dot。

9.4　Sankey 图

Sankey 图可用于显示维度间的工作流。

9.4.1　准备工作

当前案例将利用 Infotopics 提供的 Web 扩展构建 Sankey 图。其中，Web 扩展则是 Tableau 2018.2 中的新特性。

9.4.2　实现方式

在 Tableau 2018.2 中，可通过 Web 扩展构建 Sankey 图。下面将使用 Beer 2018.2.twbx、beers.csv 和 breweries.csv，并执行下列操作步骤：

（1）创建 Select Dimension Left 参数，如图 9.12 所示。

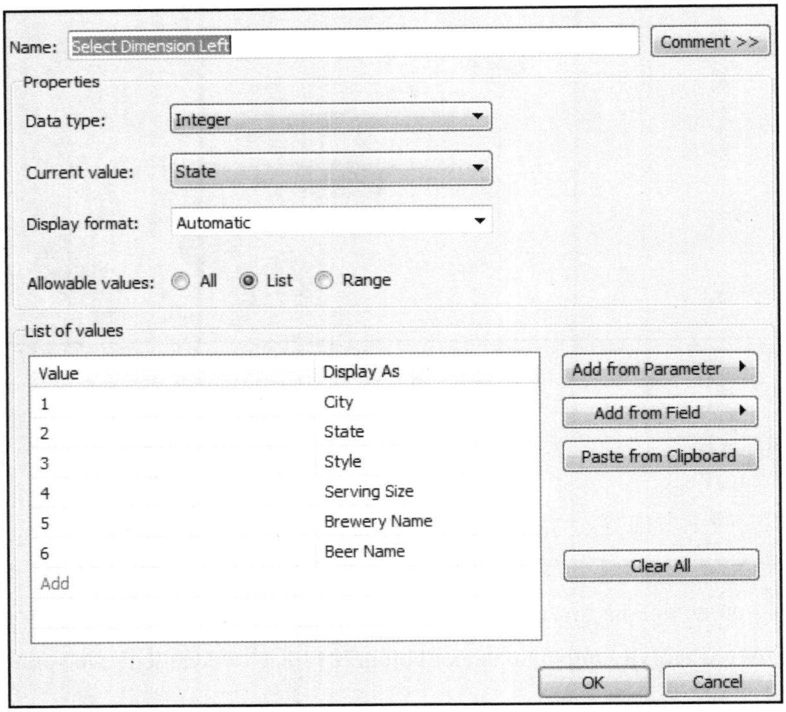

图 9.12

（2）创建 Select Dimension Right 参数，如图 9.13 所示。

（3）创建 Dimension Left 参数，如图 9.14 所示。

Name: Select Dimension Right
Comment >>
Properties
Data type: Integer
Current value: Style
Display format: Automatic
Allowable values: All List Range
List of values
Value | Display As
1 City
2 State
3 Style
4 Serving Size
5 Brewery Name
6 Beer Name
Add
Add from Parameter
Add from Field
Paste from Clipboard
Clear All
OK
Cancel

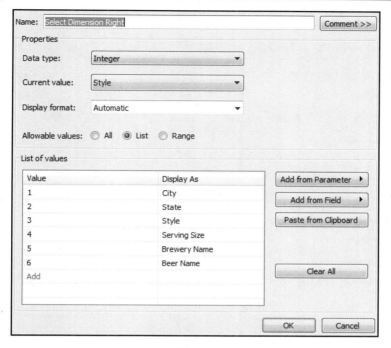

图 9.13

（4）创建 Dimension Right 参数，如图 9.15 所示。

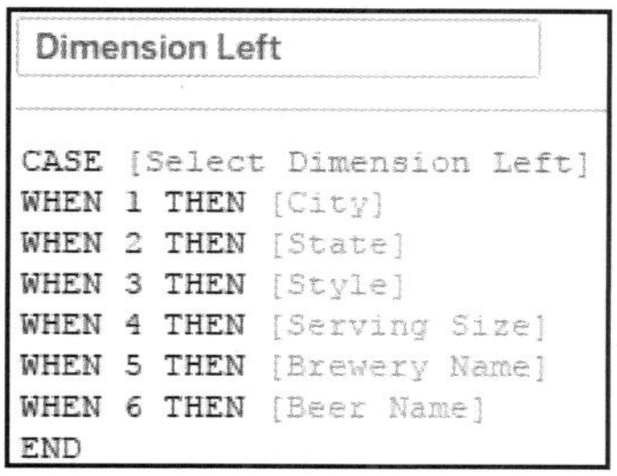

Dimension Left
CASE [Select Dimension Left]
WHEN 1 THEN [City]
WHEN 2 THEN [State]
WHEN 3 THEN [Style]
WHEN 4 THEN [Serving Size]
WHEN 5 THEN [Brewery Name]
WHEN 6 THEN [Beer Name]
END

图 9.14

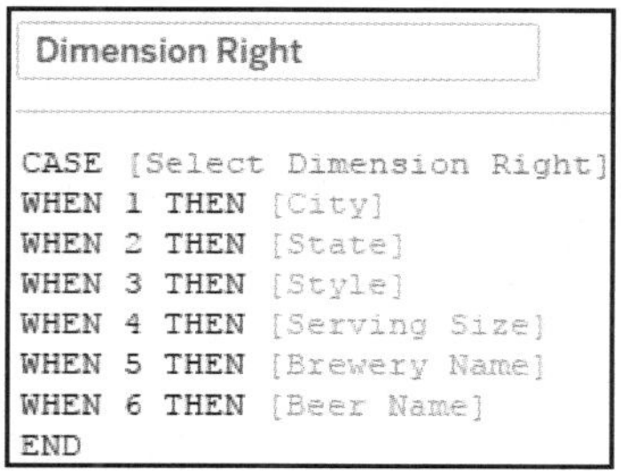

Dimension Right
CASE [Select Dimension Right]
WHEN 1 THEN [City]
WHEN 2 THEN [State]
WHEN 3 THEN [Style]
WHEN 4 THEN [Serving Size]
WHEN 5 THEN [Brewery Name]
WHEN 6 THEN [Beer Name]
END

图 9.15

（5）创建 Chosen Measure 参数，如图 9.16 所示。

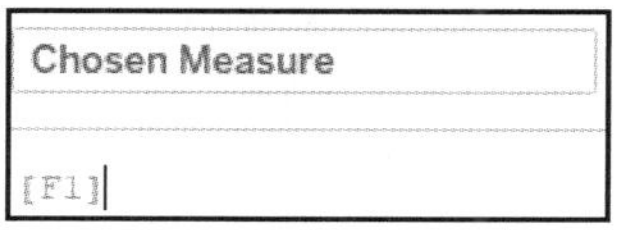

Chosen Measure
[F1]

图 9.16

（6）创建 Top Dimension Values 参数，如图 9.17 所示。

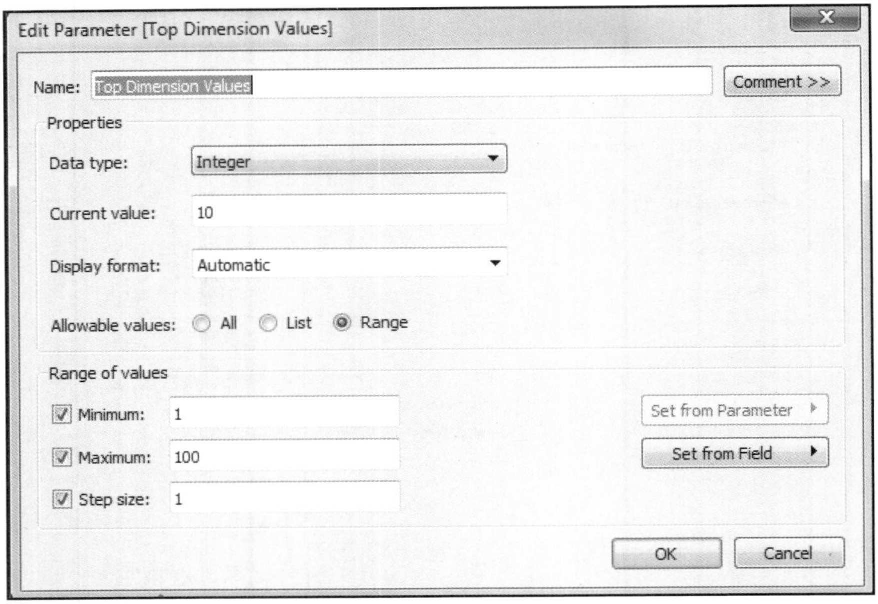

图 9.17

ℹ️ **注意：**

需要说明的是，前 6 项步骤并非必需，仅是使得可视化内容更具灵活性。用户可选择图表左右两侧所显示的分类。另外，考虑到数值较多，这也会使得 Sankey 图的外观较为烦琐，因而我们创建了一个 Top Dimension Values 以过滤维度值。对于当前 Sankey 图示例，此处仅需创建一个包含两个维度和一个量度的工作表。

（7）向 Columns 和 Filters 中添加 Dimension Right。

（8）向 Rows 和 Filters 中添加 Dimension Left。

（9）右击 Filters 中的 Dimension Right 和 Dimension Left，并选择 Edit Filter，显示结果如图 9.18 所示。

（10）向 Marks 中的 Text 添加 Chosen Measure。

（11）向 Table Calculation 中添加 Percent of Total 选项，如图 9.19 所示。

图 9.20 所示显示了当前的交叉表（cross-tab）。

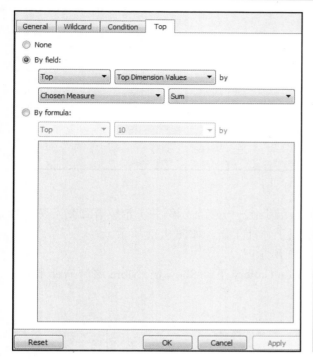

图 9.18

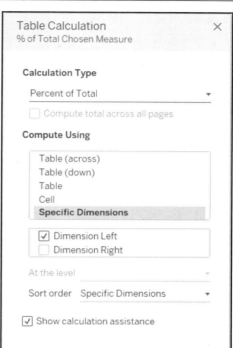

图 9.19

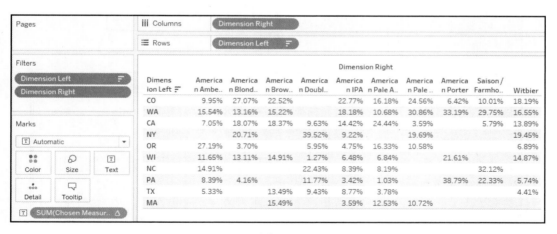

图 9.20

（12）向仪表板中添加当前工作表，如图 9.21 所示。

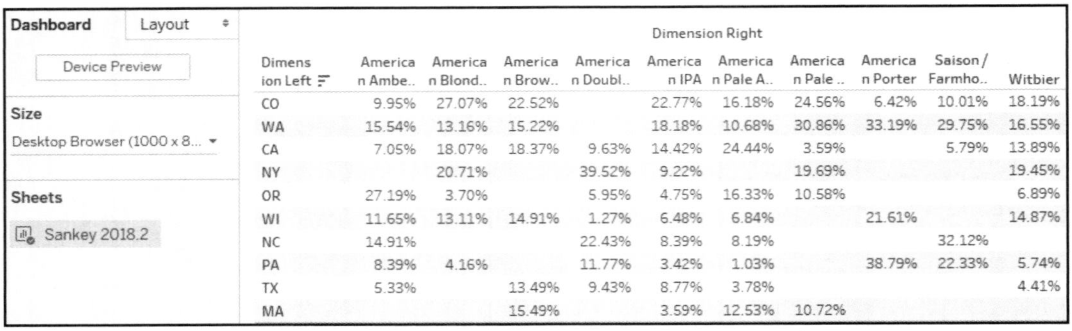

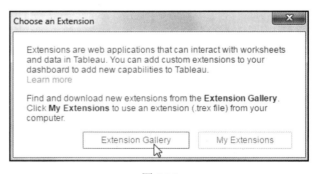

Dimension Left	America n Amber	America n Blond..	America n Brow..	America n Doubl..	Dimension Right				
					America n IPA	America n Pale A..	America n Pale ..	America n Porter	Saison/ Farmho..	Witbier
CO	9.95%	27.07%	22.52%		22.77%	16.18%	24.56%	6.42%	10.01%	18.19%
WA	15.54%	13.16%	15.22%		18.18%	10.68%	30.86%	33.19%	29.75%	16.55%
CA	7.05%	18.07%	18.37%	9.63%	14.42%	24.44%	3.59%		5.79%	13.89%
NY		20.71%		39.52%	9.22%		19.69%			19.45%
OR	27.19%	3.70%		5.95%	4.75%	16.33%	10.58%			6.89%
WI	11.65%	13.11%	14.91%	1.27%	6.48%	6.84%		21.61%		14.87%
NC	14.91%			22.43%	8.39%	8.19%			32.12%	
PA	8.39%	4.16%		11.77%	3.42%	1.03%		38.79%	22.33%	5.74%
TX	5.33%		13.49%	9.43%	8.77%	3.78%				4.41%
MA			15.49%		3.59%	12.53%	10.72%			

图 9.21

（13）创建表 Floating，并于随后将其最小化——当前示例并不希望看到交叉表。然而，Show Me More 扩展需要它位于仪表盘上才能工作，如图 9.22 所示。

（14）使用 Extension 对象，如图 9.23 所示。

（15）当首次提示时，可访问 Extension Gallery 下载 Show Me More 这一 Web 扩展，如图 9.24 所示。

图 9.22

图 9.23

图 9.24

（16）访问 My Extensions，导航至扩展库，并选择 Show Me More，如图 9.25 所示。

（17）单击 Use configure to get started，并开始配置，如图 9.26 所示。

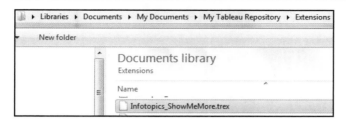

图 9.25

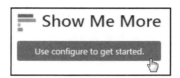

图 9.26

（18）选择 Sankey Diagram，如图 9.27 所示。

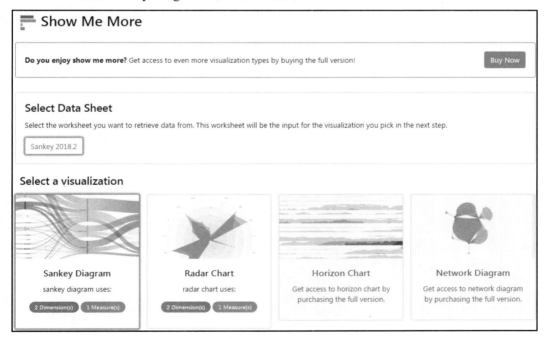

图 9.27

（19）选择维度和量度，如图 9.28 所示。

图 9.29 所示显示了最终的可视化结果。

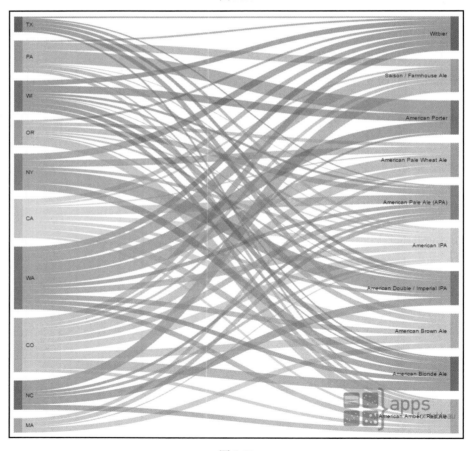

图 9.28

图 9.29

9.4.3　工作方式

前述内容创建了一个包含两个维度和一个量度的交叉表，并于随后将其添加至仪表板中。鉴于我们仅查看 Sankey 图，而扩展要求交叉表需位于仪表板上，因而可减少其尺寸，并通过浮动方式对其加以"隐藏"。当采用扩展对象时，可选择 Show Me More，并针对 Sankey Diagram 对其进行配置。

9.4.4　其他

Sankey 图的创建方式多种多样。读者可阅读 Ian Balwin 在 Information Lab 上发表的文章，其操作非常灵活，且不需要使用到外部数据。但其中涉及大量的计算，这也使得操作难度有所增加。一旦设置完毕，基于其维度和量度的构建方式，该方案将具有较大的灵活性。以下内容摘自于 Ian Balwin 的个人博客：https://www.theinformationlab.co.uk/2018/03/09/build-sankey-diagram-tableauwithout-data-prep-beforehand/。

下面通过 Beer.twbx、beers.csv 和 breweries.csv 处理当前示例，步骤如下：

（1）创建 Select Dimension Left 参数（或者使用之前设置完毕的同一参数），如图 9.30 所示。

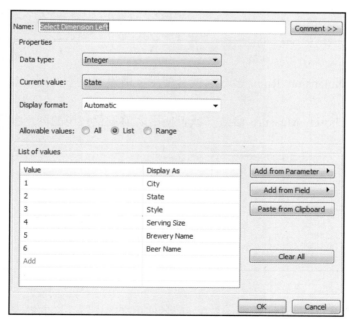

图 9.30

（2）创建 Select Dimension Right 参数（或者使用之前设置完毕的同一参数），如图 9.31 所示。

（3）创建 Dimension Left 参数（或者使用之前设置完毕的同一参数），如图 9.32 所示。

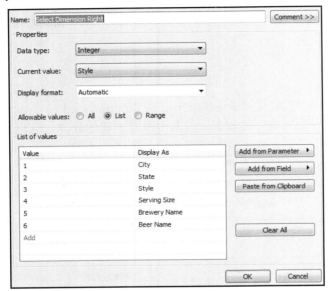

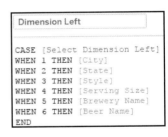

图 9.31　　　　　　　　　　　　　　　　图 9.32

（4）创建 Dimension Right 参数（或者使用之前设置完毕的同一参数），如图 9.33 所示。

（5）创建 Chosen Measure 参数（或者使用之前设置完毕的同一参数），如图 9.34 所示。

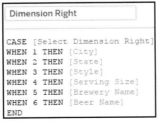

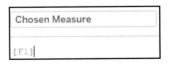

图 9.33　　　　　　　　　　　　　　　　图 9.34

（6）创建 Top Dimension Values 参数（或者使用之前设置完毕的同一参数），如图 9.35 所示。

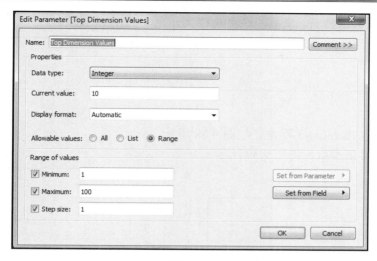

图 9.35

（7）向 Filters 中添加 Dimension Right 和 Dimension Left。

（8）右击 Filters 中的 Dimension Right 和 Dimension Left，并选择 Edit Filter，显示结果如图 9.36 所示。

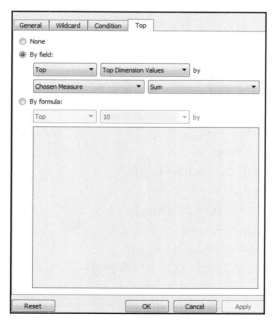

图 9.36

（9）创建 Path Frame 参数，如图 9.37 所示。

```
Path Frame

IF [Chosen Measure] = {FIXED [Dimension Left]: MIN([Chosen Measure])} THEN 0 ELSE 97 END
```

图 9.37

（10）创建 Path Index 参数，如图 9.38 所示。

（11）创建 T 参数，如图 9.39 所示。

```
Path Index

Results are computed along Path Frame (bin).
Index()
```

图 9.38

```
T

IF [Path Index] < 50
THEN (([Path Index]-1)%49)/4-6
ELSE 12 - (([Path Index]-1)%49)/4-6
END
```

图 9.39

（12）创建 Sigmoid 参数，如图 9.40 所示。

（13）创建 Sankey Arm Size 参数，如图 9.41 所示。

```
Sigmoid

1/(1+EXP(1)^-[T])
```

图 9.40

```
Sankey Arm Size

Totals summarize values from Dimension Left, Dimension Right.
SUM([Chosen Measure])/TOTAL(SUM([Chosen Measure]))
```

图 9.41

（14）为 Sankey Arm 的顶部创建以下所有计算：

❑　Max Position Left。

❑　RUNNING_SUM([Sankey Arm Size])。

❑　Max Position Left Wrap。

❑　WINDOW_SUM([Max Position Left])。

❑　Max Position Right。

❑　RUNNING_SUM([Sankey Arm Size])。

❑　Max Position Right Wrap。

❑　WINDOW_SUM([Max Position Right])。

（15）为 Sankey Arm 的底部创建以下所有计算：

❑　Max for Min Position Left。

❑　RUNNING_SUM([Sankey Arm Size])。

❑　Min Position Left。

- ❑ RUNNING_SUM([Max for Min Position Left])- [Sankey Arm Size]。
- ❑ Min Position Left Wrap。
- ❑ WINDOW_SUM([Min Position Left])。
- ❑ Max for Min Position Right。
- ❑ RUNNING_SUM([Sankey Arm Size])。
- ❑ Min Position Right。
- ❑ RUNNING_SUM([Max for Min Position Right])- [Sankey Arm Size]。
- ❑ Min Position Right Wrap。
- ❑ WINDOW_SUM([Min Position 2])。

（16）创建 Sankey Polygons 计算，如图 9.42 所示。

```
Sankey Polygons

IF [Path Index] > 49
THEN [Max Position Left Wrap]+([Max Position Right Wrap]-[Max Position Left Wrap])*[Sigmoid]
ELSE [Min Position Left Wrap]+([Min Position Right Wrap]-[Min Position Left Wrap])*[Sigmoid]
END
```

图 9.42

（17）创建 Left Side 工作表，如图 9.43 所示。

（18）向 Chosen Measure 应用 Table Calculation 中的 Percent of Total 选项，如图 9.44 所示。

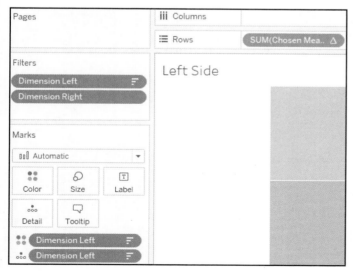

图 9.43

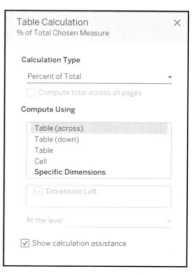

图 9.44

（19）创建 Right Side 工作表，如图 9.45 所示。

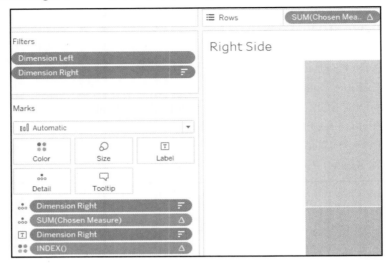

图 9.45

（20）向 Chosen Measure 应用 Table Calculation 下方的 Percent of Total 选项，如图 9.46 所示。

图 9.46

（21）双击 Marks，并输入 INDEX()，进而创建 INDEX()，如图 9.47 所示。

（22）向 Color 应用 INDEX()，如图 9.48 所示。

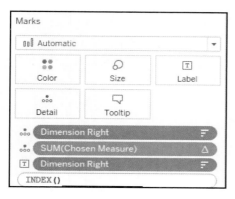

图 9.47

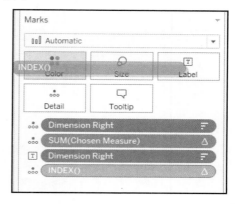

图 9.48

（23）向 INDEX()应用表计算，如图 9.49 所示。

图 9.49

（24）创建 Sankey 工作表，如图 9.50 所示。

（25）针对 Sankey Polygons 的 Table Calculation：

❑　下面这些都是需要为 Sankey Polygons 配置的所有表计算，如图 9.51 所示。

❑　Path Index，如图 9.52 所示。

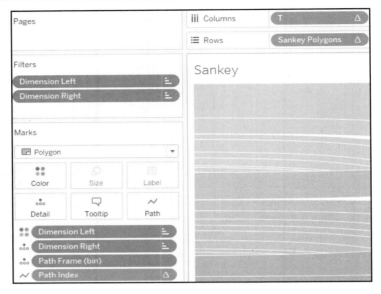

图 9.50

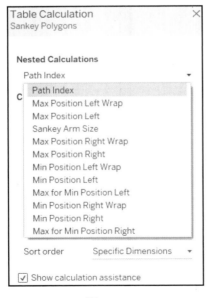

图 9.51

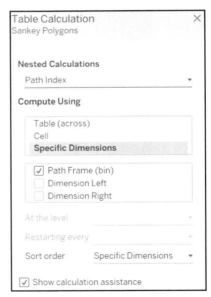

图 9.52

❑　Max Position Left Wrap，如图 9.53 所示。

❑　Max Position Left，如图 9.54 所示。

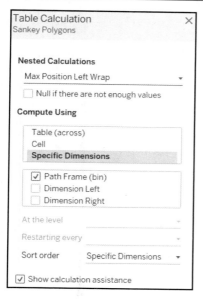

图 9.53

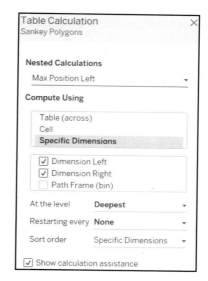

图 9.54

❑　Sankey Arm Size，如图 9.55 所示。

❑　Max Position Right Wrap，如图 9.56 所示。

图 9.55

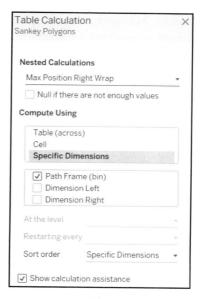

图 9.56

❑　Max Position Right，如图 9.57 所示。

❑　Min Position Left Wrap，如图 9.58 所示。

图 9.57

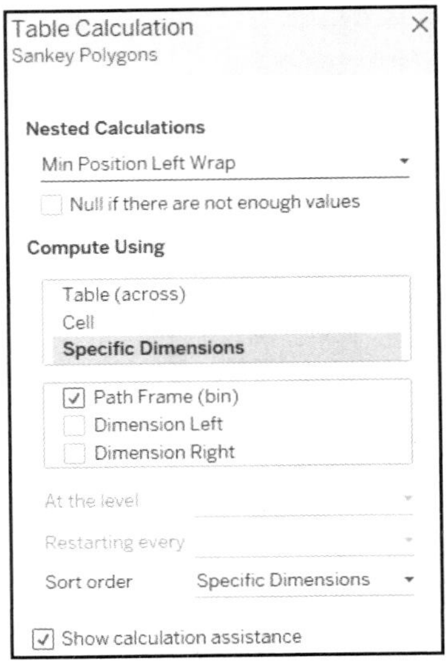

图 9.58

❑　Min Position Left，如图 9.59 所示。

❑　Max for Min Position Left，如图 9.60 所示。

图 9.59

图 9.60

❑　Min Position Right Wrap，如图 9.61 所示。

❑　Min Position Right，如图 9.62 所示。

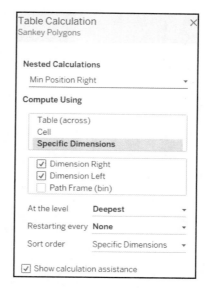

图 9.61　　　　　　　　　　　　　　　图 9.62

❑　Max for Min Position Right，如图 9.63 所示。

图 9.63

最终的仪表板如图 9.64 所示。

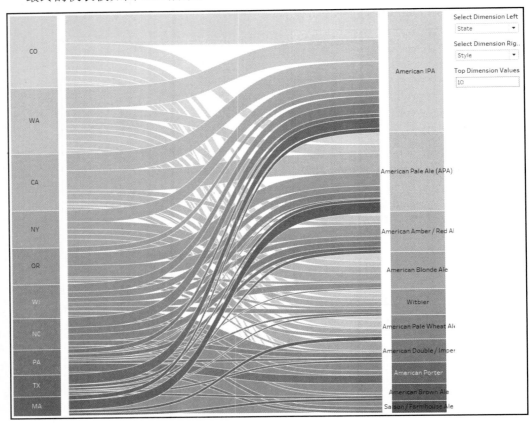

图 9.64

9.5　Marimekko 图

Marimekko 图包含许多其他名称，如 mekko、mosaic 或 matrix 等。Marimekko 图是一幅二维堆叠图，用于分析两个变量之间的数据组合和分布，其中，每个轴代表 100%。

9.5.1　准备工作

当前案例将通过复杂计算构建 Marimekko 图。

9.5.2　实现方式

打开 Marimekko 打包工作簿 Mekko.twbx 和 xAPI-Edu-Data.csv，我们将比较性别、家长对学校的满意度以及学生的参与度，操作步骤如下：

提示：

建议开始时使用一个文本表，以保证计算结果的准确性。

（1）向 Rows 中添加关注度维度，其中包括 Grade ID、Gender 和 Parentschool Satisfaction。

（2）向 Marks 中的 Text 添加 Raised Hands，如图 9.65 所示。

（3）添加 Table Calculation 中的 Percent of Total 选项，并在 Compute Using 下选择 Parentschool Satisfaction，如图 9.66 所示。

图 9.65

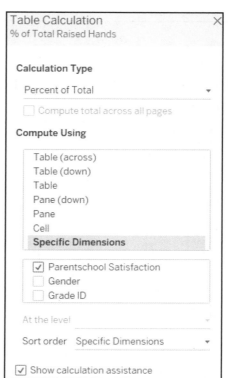

图 9.66

（4）双击 Measure Values，如图 9.67 所示。

（5）向 Measure Values 添加 Raised Hands，如图 9.68 所示。

图 9.67

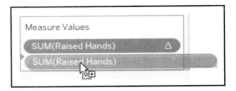

图 9.68

（6）创建计算 Raised Hands per Column，如图 9.69 所示。

（7）向 Measure Values 添加 Raised Hands per Column，如图 9.70 所示。

图 9.69

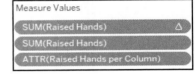

图 9.70

（8）创建 Calculation # of Raised Hands、Grade、Gender ID 和 Parentschool Satisfaction，并将其添加至 Measures Value 中。该计算针对年纪和性别生成了一个汇总，对应值表示为 x 轴，如图 9.71 所示。

```
Results are computed along Table (across).
//If it's the first row in parition
IF FIRST()==0 THEN
    //return this value
    MIN([Raised Hands per Column])

//check if this grade is NOT the same as the previous one
ELSEIF MIN([Grade ID]) != LOOKUP(MIN([Grade ID]),-1) THEN
    //Add the previous value of raised hands per column to this one
    PREVIOUS_VALUE(0) + MIN([Raised Hands per Column])

//check if gender is NOT the same as the previous one
ELSEIF MIN([Gender]) != LOOKUP(MIN([Gender]),-1) THEN
    //add the previous value of raised hands per column to this one
    PREVIOUS_VALUE(0) + MIN([Raised Hands per Column])

ELSE
    //it's the same grade and gender, show the same raised hands value
    PREVIOUS_VALUE(0)

END
```

图 9.71

（9）至此，计算工作暂告一段落，进而可生成可视化内容，如图 9.72 所示。

Grade ID	Gender	Parentschool Satisfaction	Raised Hands	% of Total Raised Hands along Parents..	Raised Hands per Column	# of Raised Hands, Grade, Gender ID, Pa..
G-02	F	Bad	499	20.18%	2,473	2,473
		Good	1,974	79.82%	2,473	2,473
	M	Bad	1,072	37.00%	2,897	5,370
		Good	1,825	63.00%	2,897	5,370
G-04	F	Bad	272	24.46%	1,112	6,482
		Good	840	75.54%	1,112	6,482
	M	Bad	345	30.50%	1,131	7,613
		Good	786	69.50%	1,131	7,613

图 9.72

（10）将 Measure Values 从 Text 移至 Detail 中，如图 9.73 所示。

（11）将 Grade ID、Gender 和 Parentschool Satisfaction 移至 Detail 中，如图 9.74 所示。

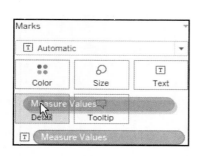

图 9.73

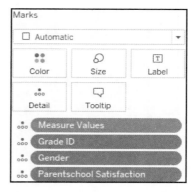

图 9.74

（12）将包含 Percent of Total 计算的 Sum(Raised Hands)移至 Rows 中，如图 9.75 所示。

（13）将 Measure Names 从 Columns 中移除，如图 9.76 所示。

图 9.75

图 9.76

（14）这一步将得到堆叠条形图，如图 9.77 所示。

（15）将# of Raised Hands、Grade、Gender ID、Parentschool Satisfaction 移至 Columns 中，如图 9.78 所示。

（16）将 Scatter Plot 标记类型调整为 Bar，如图 9.79 所示。

（17）将 Raised Hands per Column 从 Measure Values 移至 Size，如图 9.80 所示。

（18）将 Size 设置为 Fixed，并将 Alignment 设置为 Right，如图 9.81 所示。

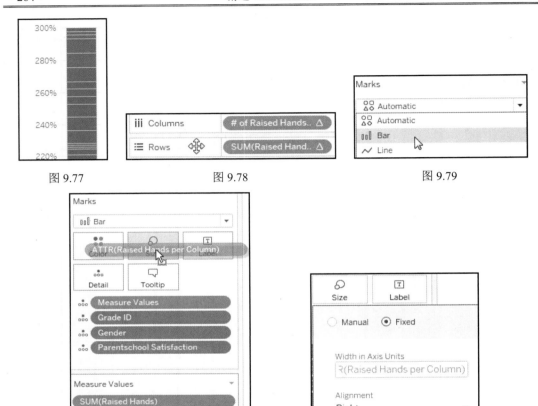

图 9.77　　　　　　　　　图 9.78　　　　　　　　　图 9.79

图 9.80　　　　　　　　　　　　　图 9.81

（19）创建一个 Gender 和 Parentschool satisfaction 组合字段，如图 9.82 所示。

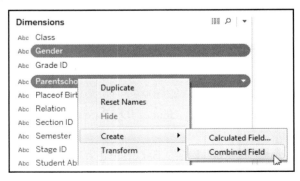

图 9.82

（20）将组合字段添加至 Color 中，如图 9.83 所示。

（21）通过 Gender & Parentschool Satisfaction 手工排序。

❑　右击 Marks 中的该维度，并选择 Sort，如图 9.84 所示。

图 9.83

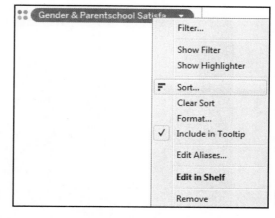

图 9.84

❑　选择 Manual Sort，如图 9.85 所示。

图 9.85

（22）这将生成如图 9.86 所示的图表，其中，二年级、七年级和八年级学生在课堂上举手的次数比其他年级多。经常在课堂上举手的学生其家长通常对学校也较为满意。另外，图 9.86 所示还显示了不经常举手的高中生数据。

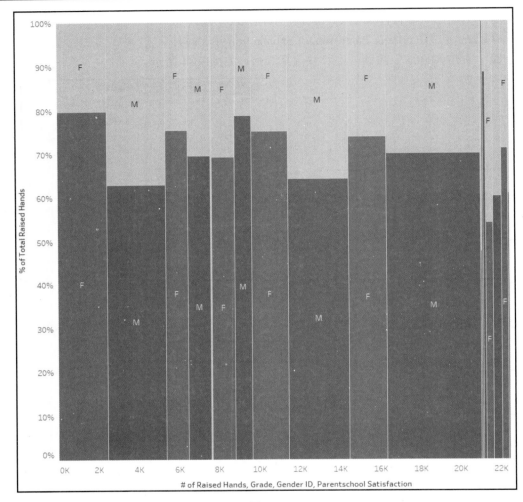

图 9.86

9.5.3　工作方式

　　首先，我们生成了一张文本表以执行计算。随后，将所关注的维度添加至 Rows，并将所关注的量度添加至 Text 中。

　　对于列高度，我们创建了 Percent of Total for Raised Hands，并通过 Parentschool Satisfaction 进行计算。对于 Gender 和 Grade 组合，将可看到列高度，即 100%。随后，我们将该计算添加至 Measure Values 中。

为了获得列宽度，此处构建了 Raised Hands per Column 计算，并针对各个 Gender 和 Grade 组合计算全部举手次数之和，随后将该计算添加至 Measure Values 中。

接下来，创建了# of Raised Hands、Grade、Gender ID、Parentschool Satisfaction，并沿 x 轴对每个年级和性别列进行正确的排序。该计算根据每列中的举手次数构建汇总值。

对应的数学计算过程通过下列检测操作完成：

- ❑　是否为分区的第一行，并于随后返回对应值？
- ❑　年级是否发生变化，并于随后将对应值与前一个值相加？
- ❑　年级学生是否发生变化？若是，则将对应值与前一个值相加，否则返回前一个值。

接下来，将生成可视化内容。对此，将 Measure Values 从 Text 移至 Detail 中，并将 Grade ID、Gender 和 Parentschool Satisfaction 移至 Detail 中。随后，将包含全部计算百分比的 Sum(RaisedHands)移至 Rows 中，并从 Columns 移除 Measure Names。此时，我们得到了一幅堆叠条形图。

接下来，将# of Raised Hands、Grade、Gender ID、Parentschool Satisfaction 移至 Columns。随后，将 Scatter Plot 标记类型修改为 Bar。当获取列宽度时，可将 Raised Hands per Column 从 Measure Values 移至 Size 中，并将其设置为 Fixed，同时将 Alignment 设置为 Right。

当对可视化内容进行着色时，可创建一个 Gender 和 Parentschool Satisfaction 组合字段，并将其添加至 Color 中。最后，使 Gender 可见，并将其添加至 Label 中。

9.5.4　其他

我们可以创建一份标题（表头）可视化内容，以便在仪表板中加以使用，进而更好地标记年级数据，相关操作步骤如下：

（1）将 Raised Hands 添加至 Column 中，如图 9.87 所示。

（2）将 Grade ID 添加至 Label 中，如图 9.88 所示。

图 9.87

图 9.88

（3）将 Marimekko 图添加至仪表板中，如图 9.89 所示。

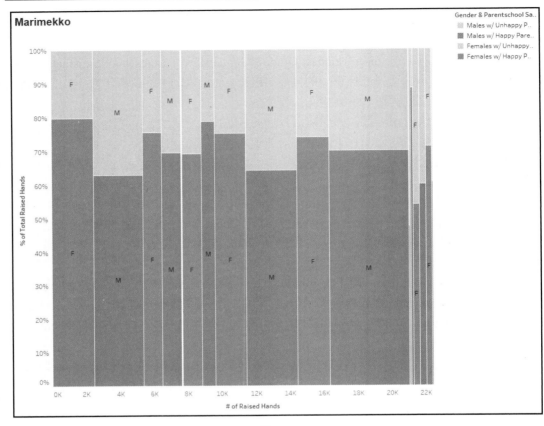

图 9.89

（4）将 Header 可视化内容作为浮动对象添加至仪表板中，并调整其尺寸，如图 9.90 所示。

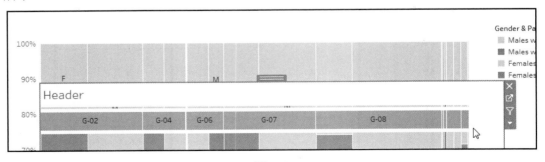

图 9.90

（5）经过适当的格式化和尺寸重置后，图 9.91 所示显示了最终的可视化结果。

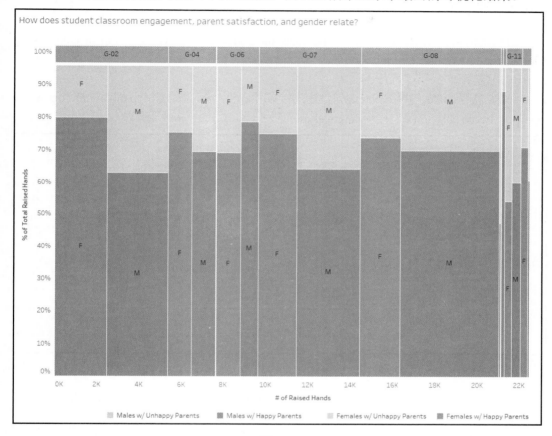

图 9.91

9.6　Hex-Tile 图

本节将讨论如何消除某些视觉感知内容（不同的州或国家的不同尺寸所导致），并专注于显示某些趋势性内容。

9.6.1　准备工作

当前案例将在散点图的基础上创建 Hex-Tile 图。

9.6.2　实现方式

当前案例将使用 Hexmap.twbx、hexmap_plots.xlsx 和 Data USA - Map of Commuting Alone over 30 Minutes by State.csv 数据集，相关操作步骤如下：

（1）选用 hexmap_plot.xlsx 文件。

（2）利用 State 和 Geo Name 列作为连接条件，将 Data USA - Map of Commuting Alone over 30 Minutes by State 连接至 hexmap_plot 数据上，如图 9.92 所示。

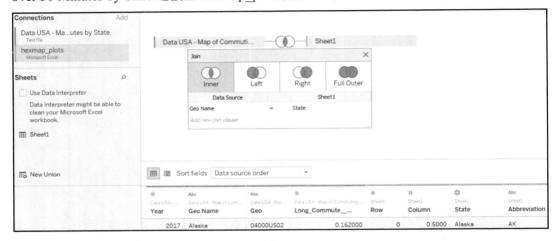

图 9.92

（3）将 Column 添加至 Columns 中，并将 Row 添加至 Rows 中，同时将 Avg 用于汇总计算，如图 9.93 所示。

（4）将 Abbreviation 用作 Label，如图 9.94 所示。

图 9.93

图 9.94

（5）编辑行轴，并选择 Scale 下的 Reversed 复选框，如图 9.95 所示。

（6）将 inverted_hex.png 图像用作自定义形状，如图 9.96 所示。

图 9.95

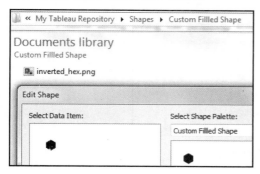
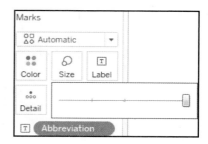

注意：

需要将 inverted_hex.png 图像保存至 Tableau Repository | Shapes | Custom Filled Shape 目录中。

（7）调整 Size，如图 9.97 所示。

图 9.96　　　　　　　　　　　　　　　　图 9.97

（8）通过数据文件中的某个度量对贴图单元进行着色。当前可视化内容采用了Longest_Commute_Driving_Alone，如图 9.98 所示。

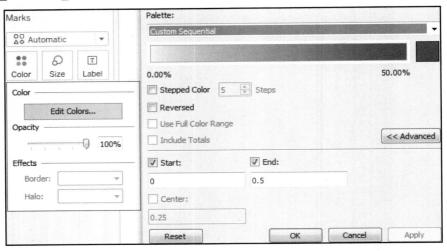

图 9.98

（9）将 Abbreviation 置于 Label 上，进而添加州标记，如图 9.99 所示。

图 9.99

在经过适当的格式化操作后，图 9.100 所示显示了最终的可视化结果。

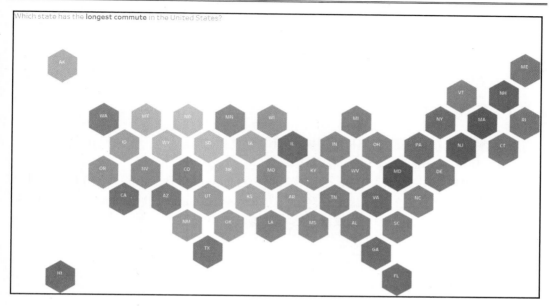

图 9.100

9.6.3　工作方式

Hex-Tile 图的关键步骤是使用 hexmap_plot 数据和贴图单元图像。其中，列和行值负责定位贴图单元，以使其作为各个州置于类似的相对位置处。另外，自定义的形状可通过一种紧凑的方式将可视化内容连接在一起。

9.6.4　参考资料

下面是一些其他国家用户社区提供的 Hex-Tile 图示例：

❑　https://revizited.com/how-to-create-hex-tile-map-for-india-in-tableau/。
❑　https://www.sportschord.com/single-post/2018/02/12/Maps-in-Tableau-Part-1---UK-Hex-Tile-Map。

9.7　Waffle 图

Waffle 图与 Donut 图较为类似，常用于展示相关条目与整体间的贡献程度，当对某些分类进行比较时十分有用。

9.7.1 准备工作

当前案例将在文本表的基础上创建 Waffle 图。

9.7.2 实现方式

当前案例将考查电影《指环王》中每个种族角色的单词计数，相关操作步骤如下：

（1）使用 Waffle frame Excel 工作表。

该工作表包含了 100 行数据，分别代表每个百分点。鉴于在一张 10×10 的表中生成一张由 100 个方格构成的表，因而列名分别为 Rows、Columns 和 Percentage。其中，每个行和列均重复地包含 1～10 的数值，这将生成一个 10 行×10 列的正方形。图 9.101 所示显示了前 20 项内容。

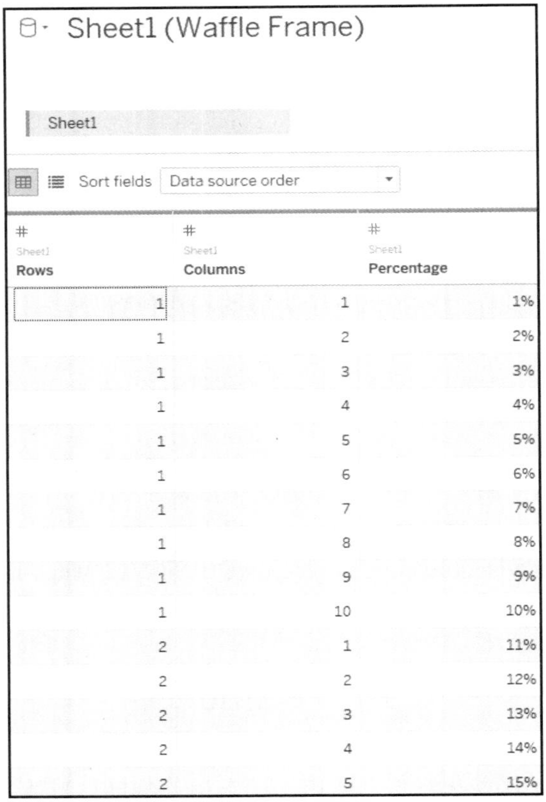

Rows	Columns	Percentage
1	1	1%
1	2	2%
1	3	3%
1	4	4%
1	5	5%
1	6	6%
1	7	7%
1	8	8%
1	9	9%
1	10	10%
2	1	11%
2	2	12%
2	3	13%
2	4	14%
2	5	15%

图 9.101

（2）将 Columns 添加至 Columns 中，并将 Rows 添加至 Rows 中。考虑到相关数值将以离散桶方式进行分组，因而将其设置为离散状态。对此，可执行右击操作，并选择离散状态（而非连续状态），如图 9.102 所示。

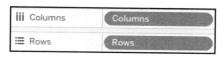

图 9.102

（3）将百分比添加至 Label 中，并查看布局状态，如图 9.103 所示。

Rows		1	2	3	4	Columns 5	6	7	8	9	10
10		91%	92%	93%	94%	95%	96%	97%	98%	99%	100%
9		81%	82%	83%	84%	85%	86%	87%	88%	89%	90%
8		71%	72%	73%	74%	75%	76%	77%	78%	79%	80%
7		61%	62%	63%	64%	65%	66%	67%	68%	69%	70%
6		51%	52%	53%	54%	55%	56%	57%	58%	59%	60%
5		41%	42%	43%	44%	45%	46%	47%	48%	49%	50%
4		31%	32%	33%	34%	35%	36%	37%	38%	39%	40%
3		21%	22%	23%	24%	25%	26%	27%	28%	29%	30%
2		11%	12%	13%	14%	15%	16%	17%	18%	19%	20%
1		1%	2%	3%	4%	5%	6%	7%	8%	9%	10%

图 9.103

（4）对 Rows 进行降序排序，如图 9.104 所示。

（5）从 Label 中移除百分比，并将标记类型修改为 Square，如图 9.105 所示。

Rows		1	2	3	4	Columns 5	6	7
10		91%	92%	93%	94%	95%	96%	97%
9		81%	82%	83%	84%	85%	86%	87%

图 9.104

图 9.105

（6）生成霍比特人的所说单词的数量（份额）。对此，访问 WordsByCharacter 数据

集，并根据 Race = Hobbit 执行 Hobbit 计算，进而得到全部单词的百分比，如图 9.106 所示。

（7）构建 True/False 计算，以确定 Hobbit 是否大于或等于 Waffle 图中的每个正方形。Hobbit Percentage 计算将对每个正方形进行着色，如图 9.107 所示。

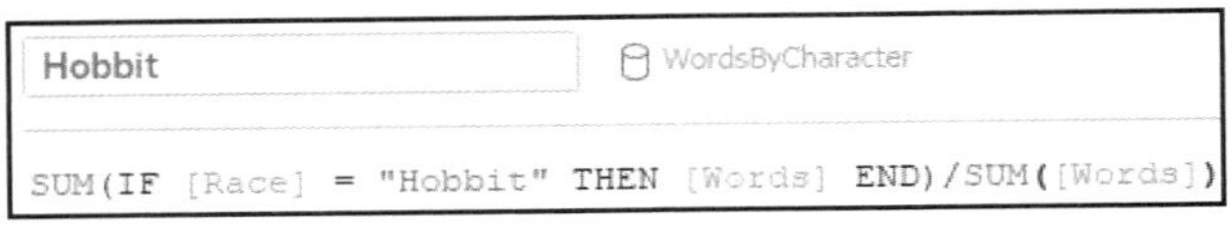

图 9.106

（8）将 Hobbit Percentage 应用于 Color 上，如图 9.108 所示。

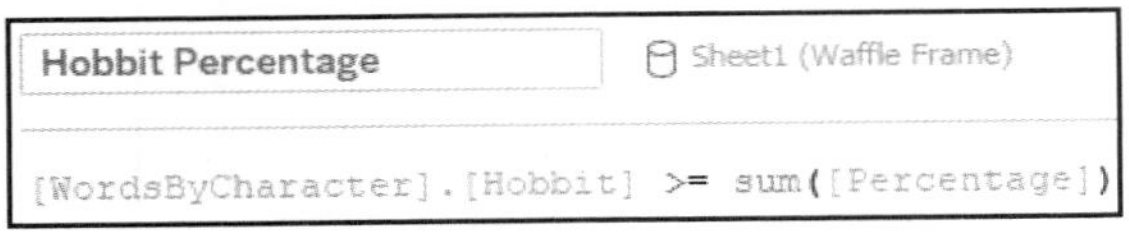

图 9.107

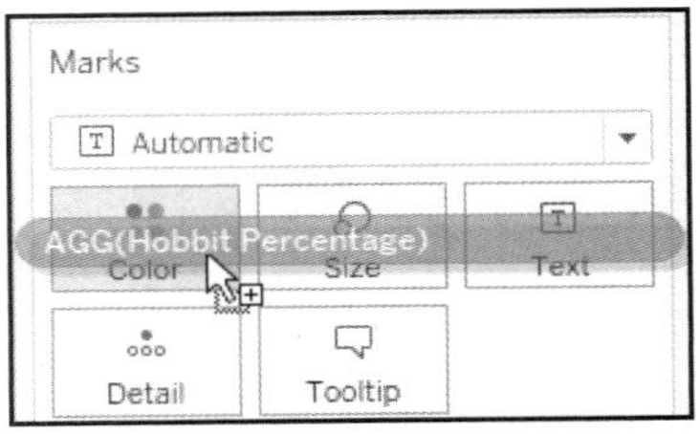

图 9.108

（9）调整颜色值，以使 False 值呈现为浅灰色，如图 9.109 所示。

（10）调整标记尺寸，如图 9.110 所示。

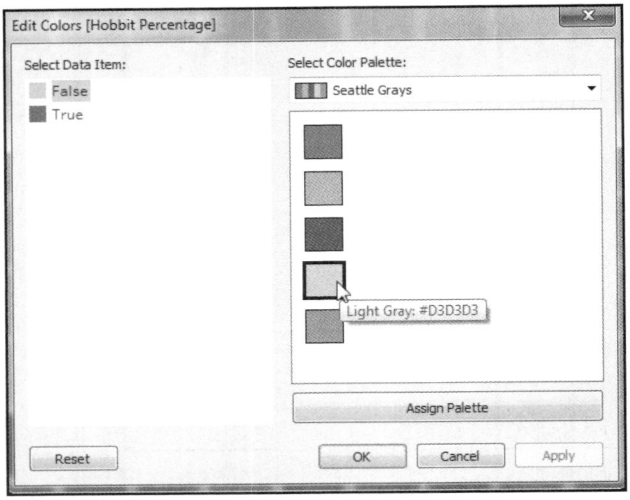

图 9.109

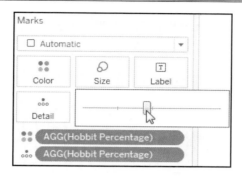

图 9.110

（11）通过手动方式调整列和行，进而修改图表的尺寸，如图 9.111 所示。

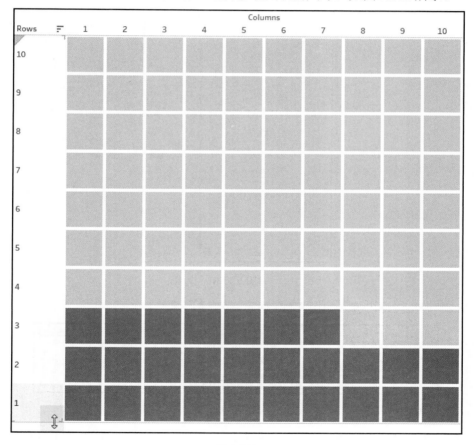

图 9.111

（12）将 Hobbit 添加至 Detail 中，以便对当前图表进行注释，如图 9.112 所示。

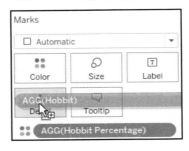

图 9.112

（13）Waffle 图的注释方式如图 9.113 所示。

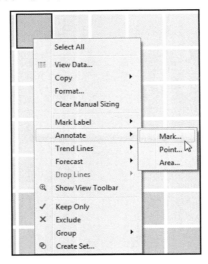

图 9.113

（14）调整注释内容，如图 9.114 所示。

图 9.114

（15）在经过适当的格式化并隐藏标题后，最终的 Waffle 图如图 9.115 所示。

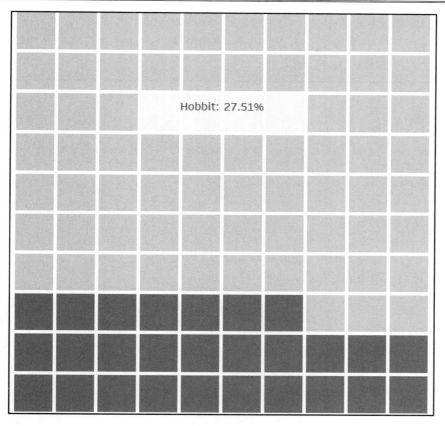

图 9.115

9.7.3　工作方式

我们使用了一张 10 行×10 列的网格表示一张 100%网格，并将列和行置于各自位置处，随后将标记类型调整为 Square。接下来针对每种分类（当前示例中为种族）创建百分比，进而对贴图单元进行着色。为了进一步强调每种分类，我们检查了对应值是否小于 Waffle 图中的百分比值。此外，还调整了每个正方形的尺寸，以获得较好的 Waffle 图形状。最后，我们对 Waffle 图添加了注释内容，以便易于阅读。

9.7.4　其他

相应地，还可构建其他复杂计算过程，以展示 Waffle 图中的多项分类。对此，在新的工作表中执行以下操作步骤：

（1）构建一个计算过程，并对 Waffle 图中的每个正方形进行着色（根据电影中单词的百分比），如图 9.116 所示。

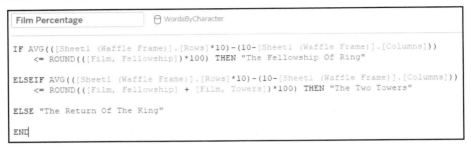

```
Film Percentage                    WordsByCharacter

IF AVG(([Sheet1 (Waffle Frame)].[Rows]*10)-(10-[Sheet1 (Waffle Frame)].[Columns]))
    <= ROUND(([Film, Fellowship])*100) THEN "The Fellowship Of Ring"

ELSEIF AVG(([Sheet1 (Waffle Frame)].[Rows]*10)-(10-[Sheet1 (Waffle Frame)].[Columns]))
    <= ROUND(([Film, Fellowship] + [Film, Towers])*100) THEN "The Two Towers"

ELSE "The Return Of The King"

END
```

图 9.116

（2）将当前计算添加至 Color 中，如图 9.117 所示。

（3）对当前图表进行注释，如图 9.118 所示。

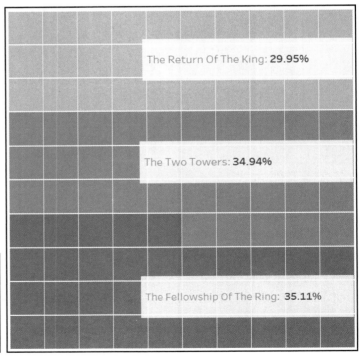

图 9.117

图 9.118

在经过适当的清除和可视化操作后，最终的仪表板如图 9.119 所示。

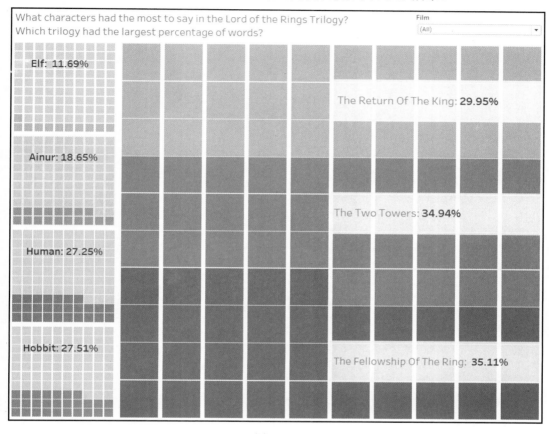

图 9.119

9.7.5　参考资料

读者可访问 https://onlinehelp.tableau.com/current/pro/desktop/en-us/buildexamples_pie.htm 以查看更为丰富的饼图示例；另外，还可访问 https://onlinehelp.tableau.com/current/pro/desktop/en-us/buildexamples_bar.htm，以了解与条形图相关的更多信息；关于 Donut 图，读者可参考 8.7 节，它们的应用方式与 Waffle 图较为类似。

第 10 章　Tableau 大数据应用

当今，市场上涌现出了许多数据平台，如 Google BigQuery、Azure Data Warehouse、Hadoop 和 Snowflake。本章尝试将 Tableau Desktop 与此类平台进行集成。

本章主要涉及以下内容：

- ❑　连接 Amazon Redshift。
- ❑　发布 Amazon Redshift 集群。
- ❑　连接 Redshift 集群。
- ❑　将样本数据加载至 Redshift 集群中。
- ❑　将 Redshift 与 Tableau 连接。
- ❑　生成 Tableau 报告。
- ❑　调试 Redshift 以提升 Tableau 性能。
- ❑　连接至 Amazon Redshift Spectrum。
- ❑　连接至 Snowflake。
- ❑　使用 SnowSQL CLI。
- ❑　将 Tableau 连接至 Snowflake。
- ❑　连接大数据。
- ❑　访问半结构化数据。
- ❑　通过 Apache Hive 连接 Amazon Elastic MapReduce。
- ❑　创建样本数据。
- ❑　通过 Apache Hive 连接 Tableau。

10.1　技术需求

本章案例需要安装 Tableau Desktop 2019.x。此外，用户还需要访问互联网来注册和下载所需产品的试用版。相应地，还需要创建一个 AWS 账户并发布 AWS EMR、Redshift 和 Spectrum。最后一步则是发布一个 Snowflake 实例。

10.2　简　　介

当今，几乎所有的机构都在尝试转向数据驱动型企业，并组织搜集关于销售、客户行为、用户体验、库存、点击流、营销活动等方面的数据。因此，数据量成快速增长之势。此外，大数据还包括速度、多样性和价值等属性。BI 和数据工程师应该使用不同的分析平台处理大量的数据。大数据通常是非结构化的数据或实时流。

业界中另一个重要的趋势是转向云计算，如 AWS、谷歌和 Azure，它们提供了云基础设施、高可用性和数据安全性。云计算包含了诸多优点，也让我们有更多的时间专注于数据处理和分析。

Tableau 至少支持 40 种不同的数据源；同时，大数据系统的数据源也非常丰富，具体如下：

- ❑　云数据平台：Snowflake、Amazon Redshift、AWS Spectrum、Amazon Athena、Google BigQuery 等。
- ❑　Hadoop：Cloudera、Hortonworks、Hive、Presto 等。
- ❑　MPP 数据库：Teradata、Oracle Exadata、HP Vertica、Exasol、SAP HANA 等。

本章将学习如何将较为流行的大数据平台连接至 Tableau 上，如 Amazon Redshift、Snowflake 和 Hadoop。另外，本章还将讨论数据湖这一概念，并利用 Amazon Spectrum 将原始数据连接至 Tableau。

理解 Tableau 中处理海量数据集的关键元素是，良好的数据工程机制，同时确保所有繁重的工作都由大数据系统来完成，这一点十分重要，而 Tableau 仅用于显示查询结果。

10.3　连接至 Amazon Redshift

亚马逊 Web 服务（AWS）完全改变了 IT 基础设施的部署方式，并实现了按需提供且兼具成本效益。Amazon Redshift 是数百个 AWS 服务之一，也是最受欢迎的云数据仓库之一。Redshift 具有快速、安全等特性，同时可处理 PB 级别的数据，并结合了以下两项重要技术：

- ❑　列数据存储或面向列的数据库。
- ❑　大规模并行处理（MPP）。

关于 MPP 和列数据库，读者可参考与 Redshift 相关的 AWS 文档，对应网址为

https://docs. aws.amazon.com/redshift/index.html。

10.3.1　准备工作

在开始阶段，需要创建一个 AWS 账户，或者使用现有的账户。AWS 提供了两个月的免费试用期，随后可启动最小的 Redshift 集群，并进行重要的网络设置，以便从本地机器开放对 Amazon Redshift 的访问。最后，还需要将某些样本数据从 S3 桶加载至 Redshift 中，并于随后查询和连接 Tableau Desktop。

本节将深入探讨数据工程设计方面的内容，并展示处理大数据的主要原则，同时尽可能地发挥相关工具自身的优势。

10.3.2　实现方式

当发布 Amazon Redshift 集群时，需要持有一个 AWS 账户。随后需要利用 AWS Identity and Access Management（IAM）设置安全项。

1．创建一个 AWS 账户

访问 https://aws.amazon.com/account/，并登录现有账户，或者创建一个新账户。

2．创建一个 IAM 角色

相应地，我们应创建一个 IAM 角色，以访问针对另一个 AWS 资源的数据，如 Amazon S3 存储桶，因为集群需要获得授权以访问资源和数据。关于 IAM 和授权的更多信息（进而访问其他 AWS 资源），读者可参考 https://docs.aws.amazon.com/redshift/latest/dg/copy-usage_ notes-accesspermissions.html。

IAM 的创建过程包括以下步骤：

（1）访问 IAM，并选择 Roles。

（2）单击 Create Role。

（3）在 AWS services 下方选择 Redshift。

（4）在 Select your use case 下方选择 Redshift Customizable，随后单击 Next 按钮。

（5）绑定 AmazonS3ReadOnlyAccess，并单击 Next 按钮。

（6）输入角色名称 RedshiftS3Access，并单击 Create 按钮。

（7）打开刚刚创建的角色，并复制 Amazon Resource Name (ARN)。

在上述各项步骤执行完毕后，对应结果如图 10.1 所示。

本章后续内容将对此加以利用。

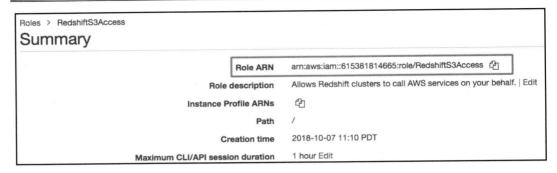

图 10.1

10.3.3　工作方式

AWS 为我们提供了一个免费账户，并可于其中查看所有可用的服务和特性。除此之外，AWS 提供了一个 AWS Free Tier，读者可访问 https://aws.amazon.com/free/，以了解更多内容。至此，我们创建了一个 IAM 角色，并可使 Redshift 集群使用数据访问 S3 存储桶。

10.4　发布 Amazon Redshift 集群

仅需几次单击操作，AWS 接口即可生成功能强大的分析数据仓库。当前案例将利用 AWS Free Tier 创建一个 Amazon Redshift 集群。对此，AWS 提供了两个月免费使用基本集群的时间，这已能够满足日常的基本需求。

10.4.1　实现方式

此处将发布一个 Amazon Redshift 集群，具体操作步骤如下：

（1）在 AWS services 中找到 Amazon Redshift，如图 10.2 所示。

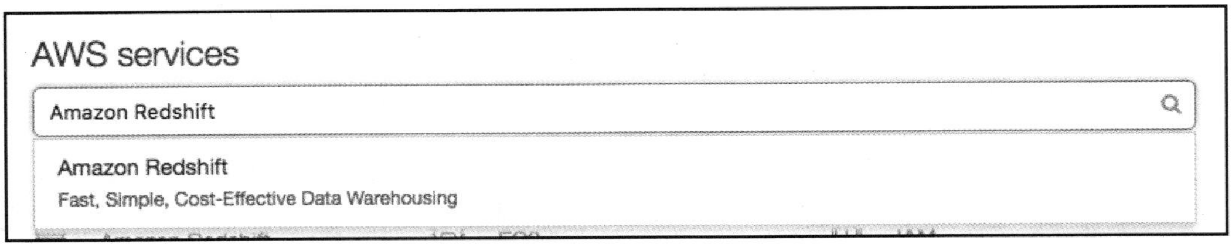

图 10.2

（2）单击 Quick Launch Cluster。

（3）针对当前集群填写相关选项，如图 10.3 所示。

图 10.3

（4）如果使用 AWS 的试用版本，应选择最小的集群。这里将输入 IAM 角色并输入密码。

（5）相应地，密码应置于安全处，以供后续 Tableau 连接使用。在当前示例中，将使用更加强大的 ds2.xlarge 集群，但也可与最小的集群协同工作。

（6）单击 Launch cluster 按钮。

10.4.2　工作方式

读者可能已经注意到，Redshift 的发布过程较为简单和直观，但确定集群的大小，并使用 IAM 向 AWS 资源授予写权限则是十分重要的。

10.4.3　其他

关于集群的大小，读者可访问 https://aws.amazon.com/redshift/pricing/，以了解更多信息。

10.5　连接 Redshift 集群

当前，集群应已创建完毕，接下来应该测试是否可从本地计算机上连接到集群。针对于此，一种较好的方法是下载 SQL 客户端，并利用 JDBC 驱动程序对其进行连接。对于数据库或分析工具连接来说，这也是一种较为常见的模式。

10.5.1　实现方式

连接 Redshift 集群的操作步骤如下：

（1）下载 Redshift SQL 客户端。相应地，存在多种可用的客户端，一些客户端可供用户免费试用，而另一些客户端则需要付给一定的费用。这里将使用 DBeaver SQL 客户端。对此，可访问 https://dbeaver.io/download/进行下载；另外，还可访问 https://www.sql-workbench.eu/ downloads.html，下载最新的 OS 安装包。当前示例使用了 macOS X（pkg installer + JRE）。

（2）接下来，将安装 DBeaver，该客户端提供了相关选项生成新的数据库连接。此处将使用 AWS Redshift。连接窗口将询问与 Host、DataBase、User 和 Passwords 相关的信息。对此，可从集群属性下的 AWS 控制台中对其进行复制。

（3）默认状态下，AWS 中的任何资源均处于关闭状态。我们需要调整安全设置以从本地机器上访问 Redshift 集群。在 AWS Services 中，单击 EC2。

（4）在左侧工具栏中，单击 Security Groups。

（5）编辑 VPC group。在当前示例中，仅包含一个默认分组。若包含多个分组，可检查与集群关联的 VPC 分组。

（6）单击 Edit inbound rules，并添加新的规则。在 Source 中，可选择 My IP。图 10.4 所示显示了当前结果。

图 10.4

（7）接下来，返回至 DBeaver，并针对新的 Redshift 数据库连接输入对应的证书。对此，可在 Redshift 属性下从 AWS 控制台复制这些证书，如图 10.5 所示。

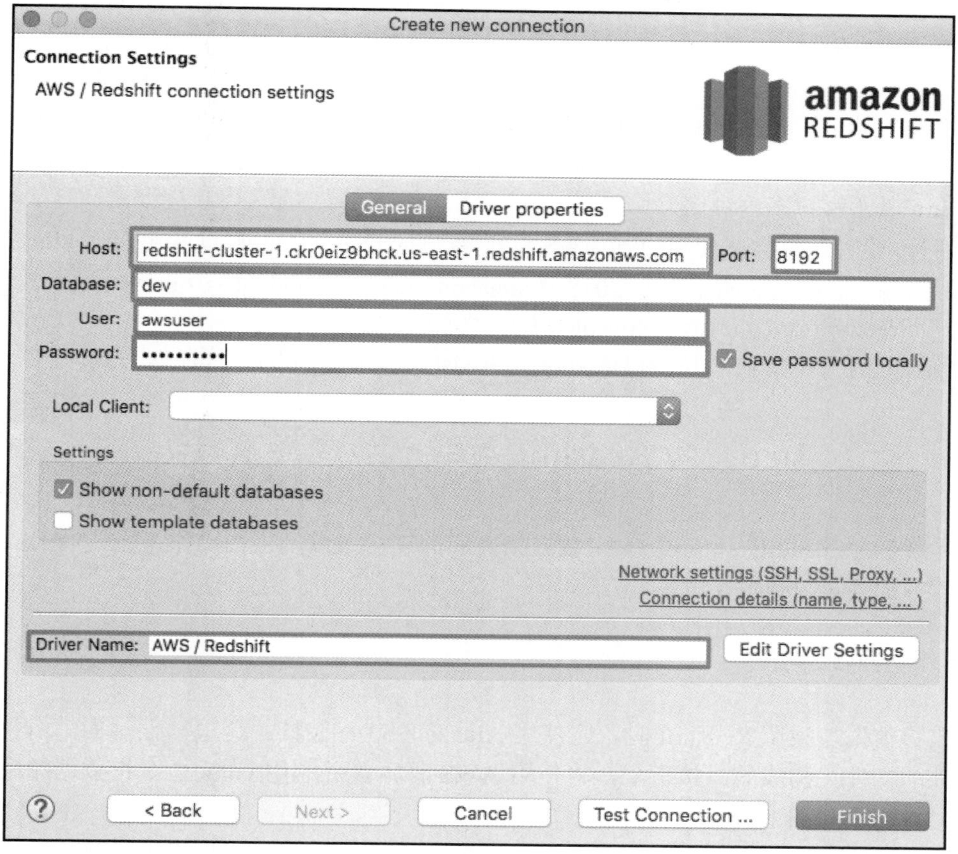

图 10.5

DBeaver 提供了相关功能以下载 Redshift JDBC 驱动程序，此处将通过这一方式安装驱动程序。

至此，我们已连接至 Amazon Redshift 集群，接下来将获取样本数据。

10.5.2　工作方式

当连接数据平台时，首先应下载驱动程序并调整防火墙。在当前示例中，我们采用了 Amazon Redshift 本地 JDBC 驱动程序。此外，还需要使用到 SQL 客户端连接 Redshift，并执行查询操作。此处使用了开源的 DBeaver，它可满足当前需求，且在实际操作过程中工作良好。

10.5.3 其他

鉴于 Amazon Redshift 最初基于 PostgreSQL，因而可能还需要使用本地 PostgreSQL 驱动程序。对此，读者可访问 https://docs.aws.amazon.com/redshift/latest/dg/c_redshift-postgres-jdbc.html 以了解更多内容。

而且，读者还可尝试使用内部 AWS SQL 客户端 Query Editor，读者可访问 https://aws.amazon.com/about-aws/whats-new/2018/10/amazon_redshift_announces_query_editor_to_run_queries_directly_from_the_aws_console/以了解更多信息。

当前示例主要展示 Tableau Desktop 与 Redshift 集群之间的远程通信方式。

10.6 向 Redshift 集群中加载样本数据

当展示 Tableau Desktop 与大型数据集之间的连接（以及查询操作）方式时，需要将样本数据加载至 Redshift 中。

10.6.1 实现方式

在将数据加载至 Redshift 时，应使用 Amazon S3 存储桶。这里，存储桶是由包含多个文件的文件夹构成的。接下来，将使用 AWS 样本，并利用 copy 命令将数据加载至集群中，操作步骤如下：

（1）从本章的 Create_Statement_Redshift.sql 文件中复制、粘贴 SQL 代码。

（2）运行上述语句后，将生成如图 10.6 所示的表。

图 10.6

（3）随后利用 copy 命令加载数据。接下来将把命令从 copy 数据复制至 Redshift.txt file 文件中，并针对每条语句插入 ARN。考查以下示例，对应代码如下：

```
copy dwdate from's3://awssampledbuswest2/ssbgz/dwdate'
credentials
'aws_iam_role=arn:aws:iam::615381814665:role/RedshiftS3Access'
gzip compupdate off region 'us-west-2';
```

（4）运行一些示例查询操作，并查看具体的行数，如图 10.7 所示。

```
select count(*) from customer; --3000000 rows
select count(*) from dwdate; --2556 rows
select count(*) from lineorder; --600037902 rows
select count(*) from part; --1400000 rows
select count(*) from supplier; --1000000 rows
```

图 10.7

最大的表可包含高达 600 万行数据行，这是一个较大的数字。

10.6.2　工作方式

当使用 copy 命令时，需要在几秒内加载 600 万行数据。

10.6.3　其他

对于数据摄取过程来说，copy 命令是一个改变游戏规则的工具，因为它可以使用批量方法立即将大量数据加载到 Redshift 中。关于 copy 命令，读者可访问 https://docs.aws.amazon.com/redshift/latest/dg/r_COPY.html 以了解更多内容。

10.7　利用 Tableau 连接 Redshift

本节将利用 Tableau Desktop 连接大型样本数据集，此外还将调试 Redshift 以从 Tableau 中获取最佳性能。

10.7.1　实现方式

本节将根据以下内容考量性能问题：
❑　加载时间。

❑　存储应用。

❑　查询性能。

具体实现过程如下：

（1）打开 Tableau Desktop，并单击 Connect to Amazon Redshift。填写证书，并单击 Sign In 按钮，如图 10.8 所示。

图 10.8

至此，我们基本上已经连接至 Amazon Redshift 上。如果其间出现错误，则可查看服务器设置，并确保可将 SQL 客户端连接至集群。

接下来，将选择相关表，并创建一个 Tableau 数据源，但前提是应确保获得最佳性能。因此，我们需要更多地了解数据使用情况，即 SQL 查询、模式、表和连接。

（2）关闭 Amazon Redshift 缓存以实现性能间的准确比较，对应代码如下：

```
set enable_result_cache_for_session to off;
```

（3）完成 Tableau Data Source 将使用以下各表：

❑　customer 表。

❑　lineorder 表。

❑　supplier 表。

❑　dwdate 表。

对应各表项如图 10.9 所示。

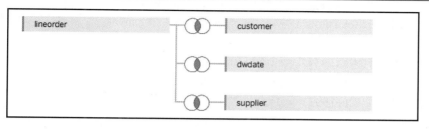

图 10.9

相关连接如下：

- ❑　lineorder.lo_custkey = customer.c_custkey。
- ❑　lineorder.lo_suppkey = supplier.s_suppkey。
- ❑　lineorder.lo_orderdate = dwdate.d_datekey。

（4）最后，返回至 Sheet 1 中，可以看到，当前数据源已被创建，以供后续操作使用。

10.7.2　工作方式

一旦 Tableau Desktop 建立了有效连接，其行为方式与 SQL 客户端相同。唯一的差别在于，Tableau Desktop 将根据 Tableau Data Source 生成一个 SQL 查询，每次通过拖曳新对象或更改过滤器更新 Tableau View 时，将查询 Redshift。

10.8　生成 Tableau 报告

下面让我们用 Tableau 进行提问。例如，我们想知道 1997 年 12 月某个特定城市的收入（UNITED KI5，UNITED KI1）。此外，我们打算按收入额降序排列结果。

10.8.1　实现方式

步骤如下：

（1）使用有效连接意味着，每次与报告的交互将生成一个 SQL 查询，且需要进行等待。为了避免这一问题，我们将暂停 Tableau Auto Updates，如图 10.10 所示。

图 10.10

（2）通过将 Dimensions 和 Measures 拖曳至画布（canvas）中"起草"报告。

（3）添加下列过滤器。

❑　C City：UNITED KI1 或 UNITED KI5。

❑　S City：UNITED KI1 或 UNITED KI5。

❑　D YEAR：Dec1997。

　　　此外，还需要将 D Year 转换为离散值，并按照 Revenue 进行排序。

（4）恢复自动更新并运行查询。针对笔者所采用的集群，这将等待大约 18 秒。如果错过了这一时间段，可登录 AWS Console，访问 Redshift cluster | Queries Tab，并查看全部执行的查询操作、时间和计划。不难发现，在 Tableau 的例子中，实际上并不存在真实的查询操作；相反，其中包含了 fetch 10000 in SQL_CUR7 这一类操作。Tableau 使用了游标，我们可以运行下列代码查看当前游标的查询行为：

```
SELECT
  usr.usename AS username
 , min(cur.starttime) AS start_time
 , DATEDIFF(second, min(cur.starttime), getdate()) AS run_time
 , min(cur.row_count) AS row_count
 , min(cur.fetched_rows) AS fetched_rows
 , listagg(util_text.text)
   WITHIN GROUP (ORDER BY sequence) AS query
FROM STV_ACTIVE_CURSORS cur
  JOIN stl_utilitytext util_text
    ON cur.pid = util_text.pid AND cur.xid = util_text.xid
  JOIN pg_user usr
    ON usr.usesysid = cur.userid
GROUP BY usr.usename, util_text.xid;
```

（5）下面运行多个系统查询，进而确定 Tableau 数据源中所使用的表尺寸。

```
select stv_tbl_perm.name as table, count(*) as mb from
stv_blocklist, stv_tbl_perm
where stv_blocklist.tbl = stv_tbl_perm.id
and stv_blocklist.slice = stv_tbl_perm.slice and stv_tbl_perm.name
in ('lineorder','part','dwdate','supplier')
group by stv_tbl_perm.name
order by 1 asc;
```

对应的表尺寸如下：

❑　lineorder=34311mb。

❑　part=92mb。

❑　　dwdate=80mb。

❑　　supplier=76mb。

最后，还可对集群进行调试，并改善查询性能。

10.8.2　工作方式

前述内容创建了一份新的报告，并分析了 Tableau Desktop 生成的 SQL 查询。

10.8.3　其他

关于 Redshift 游标，读者可访问 https://docs.aws.amazon.com/redshift/latest/dg/declare.html，以了解更多信息。

10.9　调试 Redshift 以提升 Tableau 性能

针对性能调优，大数据平台包含了特定的设置项。例如，在当前示例中，Redshift 主要关注以下 3 个选项：

❑　　排序键。

❑　　Dist 键。

❑　　压缩。

关于 Redshift 调优，读者可访问 https://aws.amazon.com/blogs/big-data/top-10-performance-tuning-techniques-for-amazon-redshift/ 以了解更多信息。

10.9.1　实现方式

接下来将对表格进行调整，以在 Redshift 中获得最大的计算空间，进而高效地显示可视化结果，操作步骤如下：

（1）当选择正确的排序键时，应对查询进行评估，进而获取用于过滤器的日期列（SQL 中的 WHERE 条件）。对于大型的事实表，该列则是 lo_orderdate 列。对于其余的维度表，我们仍将使用其主键作为排序键，即 p_partkey、s_supkey 和 d_datekey。

（2）随后将针对排序键选择候选者。以下是 Redshift 提供的三种分布类型：

❑　　键分布。

❑　　全分布。

❑　　均匀分布。

　　关于 Redshift 分布，读者可访问 https://docs.aws.amazon.com/redshift/latest/dg/c_best-practices-bestdist-key.html 以了解更多内容。

　　（3）当获取最佳分布方式时，需要针对 Tableau 生成的、Redshift 所执行的 SQL 查询进行分析。此处应该使用前面的查询从游标中提取 SQL，随后查看执行计划，即使用 EXPLAIN 运行查询，代码如下：

```
explain
SELECT "customer"."c_city" AS "c_city", "dwdate"."d_year" AS
"d_year", "supplier"."s_city" AS "s_city",
SUM("lineorder"."lo_revenue") AS "sum_lo_revenue_ok"
FROM "public"."lineorder" "lineorder"
INNER JOIN "public"."customer" "customer" ON
("lineorder"."lo_custkey" = "customer"."c_custkey")
INNER JOIN "public"."supplier" "supplier" ON
("lineorder"."lo_suppkey" = "supplier"."s_suppkey")
INNER JOIN "public"."dwdate" "dwdate" ON
("lineorder"."lo_orderdate" = "dwdate"."d_datekey")
WHERE (("customer"."c_city" IN ('UNITED KI1', 'UNITED KI5'))
AND (("supplier"."s_city" IN ('UNITED KI1', 'UNITED KI5'))
AND ("dwdate"."d_yearmonth" IN ('Dec1997'))))
GROUP BY 1, 2, 3
```

我们将得到如图 10.11 所示的对应计划。

	ABC QUERY PLAN
1	XN HashAggregate (cost=8838907488.18..8838907488.19 rows=1 width=36)
2	-> XN Hash Join DS_BCAST_INNER (cost=60110.78..8838907483.69 rows=449 width=36)
3	Hash Cond: ("outer".lo_orderdate = "inner".d_datekey)
4	-> XN Hash Join DS_BCAST_INNER (cost=60078.75..8833946984.65 rows=37002 width=36)
5	Hash Cond: ("outer".lo_custkey = "inner".c_custkey)
6	-> XN Hash Join DS_BCAST_INNER (cost=15019.67..2216602842.55 rows=4697040 width=26)
7	Hash Cond: ("outer".lo_suppkey = "inner".s_suppkey)
8	-> XN Seq Scan on lineorder (cost=0.00..6000378.88 rows=600037888 width=16)
9	-> XN Hash (cost=15000.00..15000.00 rows=7868 width=18)
10	-> XN Seq Scan on supplier (cost=0.00..15000.00 rows=7868 width=18)
11	Filter: (((s_city)::text = 'UNITED KI1'::text) OR ((s_city)::text = 'UNITED KI5'::text))
12	-> XN Hash (cost=45000.00..45000.00 rows=23633 width=18)
13	-> XN Seq Scan on customer (cost=0.00..45000.00 rows=23633 width=18)
14	Filter: (((c_city)::text = 'UNITED KI1'::text) OR ((c_city)::text = 'UNITED KI5'::text))
15	-> XN Hash (cost=31.95..31.95 rows=31 width=8)
16	-> XN Seq Scan on dwdate (cost=0.00..31.95 rows=31 width=8)
17	Filter: ((d_yearmonth)::text = 'Dec1997'::text)

图 10.11

图 10.11 所示中着重显示了 BS_BCAST_INNER，这意味着，内部连接在所有切片间被广播。我们应该消除任何广播和分发步骤。关于查询模式的更多内容，读者可访问 https://docs.aws. amazon.com/redshift/latest/dg/t_evaluating_query_patterns.html。

在当前示例中，应查看事实表（包含 600 mln）和维度表之间的连接。根据维度表中的较小行，可以跨所有节点分发维度表 SUPPLIER、PART 和 DWDATE。对于 LINEORDER 表，将采用 lo_custkey 作为分布键；对于 CUSTOMER 表，则采用 c_custkey 作为分布键。

（4）接下来将压缩数据以确保降低存储空间；同时，还应降低读取自存储中的数据的尺寸。这将减少 I/O 操作，从而提高了查询性能。默认状态下，所有数据均处于未压缩状态。关于压缩编码，读者可访问 https://docs.aws.amazon.com/redshift/latest/dg/c_Compression_encodings. html 以了解更多内容。为了考查最优压缩编码，我们应使用系统表。下面运行下列查询操作：

```
select col, max(blocknum)
from stv_blocklist b, stv_tbl_perm p
where (b.tbl=p.id) and name ='lineorder'
and col < 17
group by name, col
order by col;
```

这将显示 LINEORDER 表中每一列的最高块号，随后可尝试使用不同的编码风格，进而获取最优方案。除此之外，还应在发生变化后对表进行分析，进而更新表统计数据。然而，在当前示例中，可简单地执行包含自动压缩参数的 copy 命令。

（5）让我们将更改应用到表中并运行相同的报告。复制 Create_Statementv2_Redshift.sql 文件中的查询，并对其加以运行。

（6）随后，应利用自动压缩重载数据，并从 copy 数据和 Redshiftv2.txt 文件间运行 SQL，同时不应忘记插入 ARN。

（7）接下来刷新 Tableau 工作簿，并查看改进结果。此外，还可检查查询计划，并对变化内容进行观察。在当前示例中，这将耗费 8 秒的时间。

10.9.2　工作方式

不难发现，与大容量数据协调工作的秘密在于 Data Platform 的良好设计模式。在 Redshift 示例中，我们对数据结构、容量和查询模式进行了分析，并采用了排序键、分布样式和压缩编码等最佳实践方案。很明显，这里主要依赖于查询模式，并且可为任何查询提供高性能操作方案。因此，应对相关选项予以谨慎处理。

10.9.3　其他

针对基于成本的优化数据库（如 Redshift）来说，利用 ANALYZE 和 VACUUM 命令，在出现任何更改或更新时，保持数据库处于最新状态是非常重要的。

10.9.4　参考资料

在将数据加载至 Redshift 时，读者可访问 https://docs.aws.amazon.com/redshift/latest/dgt_Loading_data.html 以了解更多选项。

10.10　连接至 Amazon Redshift Spectrum

本节将启用 Redshift Spectrum，进而对 Redshift 数据仓库进行升级，该过程饰演了一个数据湖的角色，并对数据仓库提供了有益的补充，进而形成一个功能强大的无服务器架构，并可处理大量的数据。

Amazon Spectrum 扩展了 Redshift 数据仓库，据此，我们可得到开放的数据格式以及较为经济的存储方案，同时可轻松地扩展至数千个节点。另一个优点则来自于成本方面：我们仅需要为 S3 的使用和存储付费，而与分析数据仓库相比，S3 则要小得多。

10.10.1　准备工作

通过添加下列额外策略，可针对 Redshift 更新 IAM 角色：

❑　AmazonS3FullAccess。
❑　AmazonAthenaFullAccess。
❑　AWSGlueConsoleFullAccess。

这里，重要的是将该区域的数据作为 Redshift 集群，这也是使用 UNLOAD 命令的原因：这样，数据将与 Redshift 位于同一个网络。在实际操作过程中，可在同一区域的其他 VPC 中查询数据。

10.10.2　实现方式

步骤如下：

（1）针对当前数据创建 S3 存储桶。访问 S3，并单击 Create new bucket，随后输入

cookbook-spectrum。

（2）将数据卸载至该存储桶中，并运行命令，代码如下：

```
unload ('select * from lineorder')
to 's3://cookbook-spectrum/
iam_role 'arn:aws:iam::615381814665:role/RedshiftS3Access'
delimiter '\t'
```

（3）创建外部模式，代码如下：

```
create external schema datalake
from data catalog
database 'spectrumdb'
iam_role 'arn:aws:iam::615381814665:role/RedshiftS3Access'
create external database if not exists;
```

（4）创建该模式中的一张外部表，代码如下：

```
create external table datalake.lineorder
(
  lo_orderkey INTEGER
  ,lo_linenumber INTEGER
  ,lo_custkey INTEGER
  ,lo_partkey INTEGER
  ,lo_suppkey INTEGER
  ,lo_orderdate INTEGER
  ,lo_orderpriority VARCHAR(15)
  ,lo_shippriority VARCHAR(1)
  ,lo_quantity INTEGER
  ,lo_extendedprice INTEGER
  ,lo_ordertotalprice INTEGER
  ,lo_discount INTEGER
  ,lo_revenue INTEGER
  ,lo_supplycost INTEGER
  ,lo_tax INTEGER
  ,lo_commitdate INTEGER
  ,lo_shipmode VARCHAR(10)
)
row format delimited
fields terminated by '\t'
stored as textfile
location 's3://cookbook-spectrum/
table properties ('numRows'='172000');
```

（5）运行查询操作并测试该表，例如，SELECT * FROM datalake.lineorder；或者调

整并使用一张 Spectrum 表（而非初始表）。一种较好的方法是在使用前调试外部表，否则 Spectrum 将扫描整张表。

10.10.3　工作方式

对于终端用户来说，Spectrum 的主要优点是不存在任何变化；对于 BI 或 ETL 应用来说，仍可使用 SQL，并查询同一张表。图 10.12 所示显示了 Spectrum 查询的生命周期。

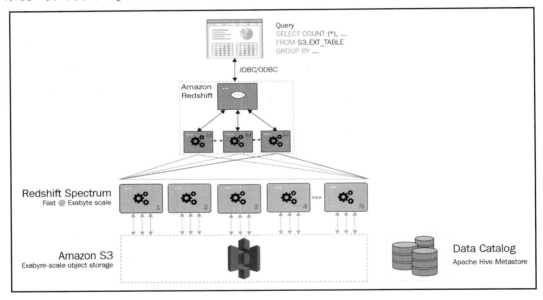

图 10.12

10.10.4　其他

默认状态下，Spectrum 将扫描所有行，因而开销相对较大。对此，读者可访问 https://docs.aws.amazon.com/redshift/latest/dg/c-spectrum-external-performance.html，以了解 Spectrum 的性能改进措施。

另外，关于 Amazon Redshift Spectrum 的应用，读者可参考 *10 Best Practices for Amazon Redshift Spectrum* 这一篇文章，对应网址为 https://aws.amazon.com/blogs/big-data/10-best- practices-for-amazon-redshift-spectrum/。

关于 Glue 和 Amazon Athena，读者可分别访问 https://docs.aws.amazon.com/glue/latest/dg/what-is-glue.html 和 https://docs.aws.amazon.com/athena/latest/ug/what-is.html 以了解更

多内容。

最后，当不再需要时，还可终止集群的运行。

10.10.5　参考资料

Amazon Redshift Spectrum—Exabyte-Scale In-Place Queries of S3 Data 中包含了 600 多万行的数据，对应网址为 https://aws.amazon.com/blogs/aws/amazon-redshift-spectrum-exabyte-scale-in-place-queries-of-s3-data/。

10.11　连接至 Snowflake

Snowflake 是一个领先的云数据仓库平台，同时也是第一个针对云创建的数据仓库。本节将发布 Snowflake 实例，并将其与 Tableau 进行连接。当前，Snowflake 支持 AWS 和 Azure，本节将使用 Snowflake 的 AWS 版本。

Snowflake 包含了一个多集群共享架构，并将存储和计算分开，这也使得 Snowflake 在不受任何干扰的情况下实现快速扩展。

Snowflake 是一个 SQL 数据仓库，并支持结构化和半结构化数据，如 JSON、AVRO 或 XML。

Snowflake 架构由以下 3 层构成：

❑ 云服务。表示为服务集合，如授权等。

❑ 查询处理。Snowflake 利用虚拟仓库执行查询，如利用 Amazon EC2 并包含多个计算节点的 MPP 集群。

❑ 数据库存储。Snowflake 在 Amazon S3 或 Azure Blob Storage 中存储优化后的数据。

图 10.13 所示显示了上述各层的示意图。

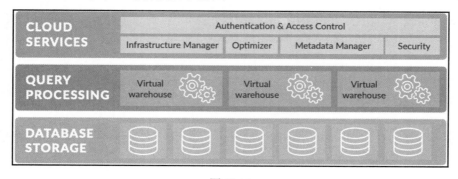

图 10.13

同样，Snowflake 负责执行有些繁重的操作，随后 Tableau 将显示相关结果，因而，Tableau 无须执行提取操作。

当采用活动连接时，应避免自定义数据源，其原因在于，这将产生反向效果，并将在仪表板上运行多次。Tableau 自身可生成更高效的查询结果。

10.11.1　准备工作

相应地，启动 Snowflake 的免费试用版并选择 AWS 或 Azure。当前示例将采用 AWS，随后将发布集群、加载样本数据，并利用内建的 Snowflake 连接器连接 Tableau Desktop。

10.11.2　实现方式

首先登录 Snowflake，并执行以下各项操作步骤：

（1）访问 https://www.snowflake.com/，并单击 START FOR FREE。填写相关表单，用户将会收到一封与 Snowflake 相关的电子邮件。

（2）邮件中提供了一个链接地址，单击该链接将生成账号和密码，随后可查看 Snowflake 工作表。在当前示例中对应的链接地址为 https://<account name>.snowflakecomputing.com。

（3）成功激活后，可访问 https://<account name>.snowflakecomputing.com，其中可看到一个基于 Web 的 GUI，并可于其中创建和管理所有的 Snowflake 对象。对此，读者可访问 https://docs.snowflake.net/manuals/user-guide/snowflake-manager.html，以了解更多信息。

10.11.3　工作方式

Snowflake 提供了免费的试用版本，并发放了 400 个证书。关于 Snowflake 试用版，读者可访问 https://www.snowflake.com/trial_faqs/，以了解更多信息。

10.12　使用 SnowSQL CLI

CLI 是一种较为常见的数据库交互方式，下面对此予以尝试，将数据加载至 Snowflake 中，随后连接 Tableau。

10.12.1　实现方式

步骤如下：

（1）在 GUI 中，单击 Help，并选择 Download。

（2）针对当前操作系统下载 CLI 客户端（snowsql）。当前示例使用了 MacOS。

（3）安装相关文件。

（4）连接 Snowflake 实例。鉴于目前操作系统为 macOS，因而打开命令行工具，并输入下列命令：

```
/Users/anoshind/Applications/SnowSQL.app/Contents/MacOS/snowsql -a
<account name> -u <user name>
```

当前示例包含了-a DZ27900 -u tableaucookbook，因而将被询问输入密码。在成功授权后，将连接至 Snowflake。

（5）接下来可创建 Snowflake 对象。

❑　运行下列命令创建数据库：

```
create or replace database sf_tuts;
```

❑　运行下列命令创建目标表：

```
create or replace table emp_basic (
first_name string, last_name string, email string,
streetaddress string, city string , start_date date );
```

❑　运行下列命令创建计算 DW。取决于具体大小，可集群进行选择。

```
create or replace warehouse sf_tuts_wh with
 warehouse_size='X-SMALL' auto_suspend = 180 auto_resume = true
initially_suspended=true;
```

关于价格选项，读者可访问 https://docs.snowflake.net/manuals/user-guide/credits.html，以了解更多内容。

（6）向 Snowflake 中加载文件。对此，可从本章的包文件中下载相关文件（5 个.xls 文件），并将其置于任何目录中（snowsql 可对其进行访问）。在当前示例中，此类文件被复制至/tmp 中。

（7）设置文件：///<path>/employees0*.csv @sf_tuts.public.%emp_basic;。

（8）在 Windows 环境下，其语法可能稍有不同，对应的文件设置方式为：//C:\<path>\employees0*.csv@sf_tuts.public.%emp_basic;。

（9）该操作将文件上传并压缩（.gzip）至 emp_basic 表中。

（10）执行下列命令，将数据复制至目标表中。

```
copy into emp_basic
  from @%emp_basic
  file_format = (type = csv field_optionally_enclosed_by='"')
  pattern = '.*employees0[1-5].csv.gz'
  on_error = 'skip_file';
```

对应输出结果如图 10.14 所示。

```
tableaucookbook#SF_TUTS_WH@SF_TUTS.PUBLIC>copy into emp_basic
                        from @%emp_basic
                        file_format = (type = csv field_optionally_enclosed_by='"')
                        pattern = '.*employees0[1-5].csv.gz'
                        on_error = 'skip_file';
+-------------------+--------+-------------+-------------+-------------+-------------+-------------+------------------+-----------------------+------------------------+
| file              | status | rows_parsed | rows_loaded | error_limit | errors_seen | first_error | first_error_line | first_error_character | first_error_column_name |
+-------------------+--------+-------------+-------------+-------------+-------------+-------------+------------------+-----------------------+------------------------+
| employees03.csv.gz | LOADED |           5 |           5 |           1 |           0 | NULL        | NULL             | NULL                  | NULL                   |
| employees05.csv.gz | LOADED |           5 |           5 |           1 |           0 | NULL        | NULL             | NULL                  | NULL                   |
| employees02.csv.gz | LOADED |           5 |           5 |           1 |           0 | NULL        | NULL             | NULL                  | NULL                   |
| employees01.csv.gz | LOADED |           5 |           5 |           1 |           0 | NULL        | NULL             | NULL                  | NULL                   |
| employees04.csv.gz | LOADED |           5 |           5 |           1 |           0 | NULL        | NULL             | NULL                  | NULL                   |
+-------------------+--------+-------------+-------------+-------------+-------------+-------------+------------------+-----------------------+------------------------+
5 Row(s) produced. Time Elapsed: 3.128s
```

图 10.14

至此，我们成功地加载了本地计算机中的数据，而且，还可将大型数据集从 S3 加载至 Snowflake 或其他源系统中。

10.12.2　工作方式

我们使用了内部 Snowflake 存储，将数据上传至 Snowflake 中，并利用 Snowflake CLI 工具通过远程方式与 Snowflake 集群协同工作。

10.13　将 Tableau 连接至 Snowflake

我们可以采用与其他数据仓库相同的方式将 Snowflake 与 Tableau 进行连接。

10.13.1　实现方式

步骤如下：

（1）首先需要下载、安装 Snowflake ODBC 驱动程序。读者可访问与 snowsql 相同的地址下载该驱动程序。

（2）在安装完毕后，通过填写连接信息将创建一个新的数据源，如图 10.15 所示。

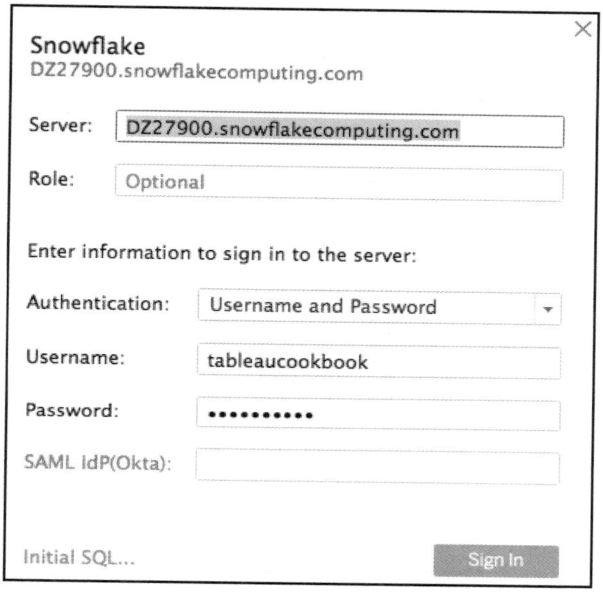

图 10.15

（3）随后可选择下列内容。

❑　Warehouse：SF_TUTS_WH。

❑　Database：SF_TUTS。

❑　Schema：PUBLIC。

像以往一样，可拖曳该表并查看对应的数据。

10.13.2　工作方式

对应工作方式与使用特定的驱动程序和证书连接 Amazon Redshift 或任何其他数据库的方式相同。关于 Snowflake 的其他连接方式，读者可访问 https://docs.snowflake.net/manuals/user-guide-connecting.html，以了解更多内容。

10.14　连接大数据

本节尝试查询较大的数据集，并查看 Tableau 如何与大数据协同工作。鉴于数据量较为庞大，因而不可避免地会使用到 Tableau Extract，这也体现了云计算的强大之处——可对大数据进行编排，且无须将其加载至计算机中。

10.14.1 实现方式

步骤如下：

（1）创建新的数据源，并指定下列选项。

❑ Warehouse：COMPUTE_WH。

❑ Database：SNOWFLAKE_SAMPLE_DATA。

❑ Schema：TPCH_SF1000。

关于 TPC 样本数据集，读者可访问 http://www.tpc.org/tpc_documents_current_versions/ pdf/tpc-ds_v2.5.0.pdf，以了解更多内容。

（2）当选择 Warehouse 时，即针对 DW 选择和计算了数据源。在当前示例中，COMPUTE_WH 为 X-Large；此外，SF_TUTS_WH 为 X-Small。

（3）构建数据模型，如图 10.16 所示。

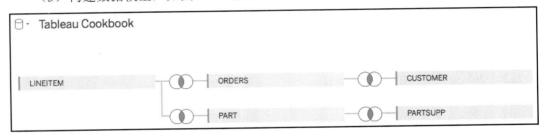

图 10.16

（4）尝试回答下列问题：列出延期价格、延期折扣价格加税、平均数量、平均折扣和延期平均价格的合计结果，并通过 Return Flag 和 Line Status 对结果进行分组。当使用 Tableau 时，可对相关对象执行拖曳操作，同时不要忘记暂停 Auto Updates 操作。此外，还应创建下列计算字段。

❑ Extended Discounted Price：[L Extendedprice]*(1-[L Discount])。

❑ Extended Discounted Price with Tax：[L Extendedprice]*(1-[L Discount])*(1+[L Tax])。

最终结果如图 10.17 所示。

（5）通过访问 History 并查找 Query，可利用 Snowflake GUI 检查实际计划。由于采用了活动连接，因此，Tableau 将生成一个查询操作，且仅使用一张表 LINEITEM，而非整个数据模型，这可节省大量的时间和金钱。

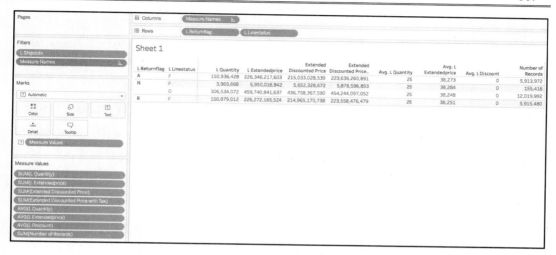

图 10.17

10.14.2　工作方式

前述内容根据 Snowflake 样本数据创建了新的 Tableau 数据源。除此之外，还需指定 Virtual Warehouse 和源数据集。

10.14.3　其他

我们可采用 Tableau Initial SQL 创建临时表或聚合表，当使用自定义 SQL 逻辑，或者希望将结果置于临时表而使用聚合表时，这将显著地提升性能。

10.15　访问半结构化数据

当今，我们经常会遇到由机器、应用程序、传感器等产生的非结构化数据。不同于结构化数据，半结构化数据包含以下两个主要特征：

❑ 半结构化数据可包含嵌套数据的 n 层结构。

❑ 结构化数据在载入前通常需要一个已定义的模式，而半结构化数据则无此类要求，因而可生成一个即时模式。

尽管 Tableau 支持与 JSON 格式间的直接连接，但在处理大数据时仍然会面临同样的问题。对于超出 Tableau 所规定的计算资源，我们可搜集相应的数据类型，如 Avro、ORC、

Parquet 和 XML。

    一般情况下，需要解析非结构化数据，并将其写入至表中，但应避免使用 Snowflake，Snowflake 对此定义了一个特殊的数据类型，即 VARIANT，进而存储半结构化数据，此外还可方便地解析键-值对。尝试运行下列 SQL 操作，并查看显示结果。

```
select * from "SNOWFLAKE_SAMPLE_DATA"."WEATHER"."WEATHER_14_TOTAL" limit 1
```

    下面尝试使用 Snowflake 样本数据库，并查看显示结果。但是，Tableau 无法解析 VARIANT 数据类型，因而应根据 VARIANT 列并针对 Tableau 生成 SQL 操作。

10.15.1 实现方式

    下面根据半结构化数据创建一张 Tableau 工作簿。这里，Snowflake 样本数据库中包含了一张 HOURLY_16_TOTAL 表（392mln 和 322GB），该数据集保存了过去 4 天内、20000 多个城市每小时的天气预报。

    （1）利用 Snowflake 连接创建一个新的 Tableau 数据源，如下所示：

- ❑   Warehouse：COMPUTE_WH。
- ❑   Database：SNOWFLAKE_SAMPLE_DATA。
- ❑   Schema：WEATHER。

    （2）拖曳自定义 SQL 元素，并使用对应查询，这将解析 VARIANT 数据类型，代码如下：

```
select (V:main.temp_max - 273.15)::FLOAT * 1.8000 + 32.00 as
temp_max_far, (V:main.temp_min - 273.15)::FLOAT * 1.8000 +
32.00 as temp_min_far,
  cast(V:time as timestamp) time,
      V:city.coord.lat::FLOAT lat,
      V:city.coord.lon::FLOAT lon,
      v:city.name::VARCHAR,
      v:city.country::VARCHAR,
    v:city:id,
      V
```

    在"SNOWFLAKE_SAMPLE_DATA"."WEATHER"." HOURLY_16_TOTAL"中，可使用另一个较小的表，如 DAILY_14_TOTAL（37mln 行）。除此之外，一般还需要在查询结尾处指定 LIMIT，以对输出结果进行限制。

    （3）构建仪表板，并查看最低温度值，如图 10.18 所示。

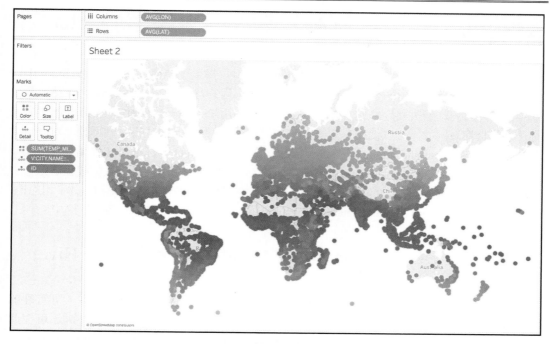

图 10.18

Tableau 中包含了某些特殊的传递函数，可将 SQL 表达式发送至数据库中，而不需要被 Tableau 解释。在当前天气数据示例中，可构建一个新的计算字段 WIND SPEED: RAWSQL_REAL("v:wind.speed::float",[V])，这将向对应的数据集中添加风速数据。

10.15.2　工作方式

Snowflake 之上的 Tableau 具有较快的运行速度，因为它利用了 Snowflake 的计算能力，只是在 Tableau 中显示计算结果。

10.15.3　其他

根据最佳实践方案，如果半结构化数据模式呈现为静态，可对其进行解析并加载至 Snowflake 表中。我们可以使用 Snowflake GUI 或 SnowSQL CLI 中的 SQL 查询，也可以使用 ELT 工具，如 Matillion ETL。关于 Snowflake 和 Matillion ETL，读者可访问 https://www.matillion.com/etl-for-snowflake/，以了解更多内容。

10.15.4　参考资料

Snowflake 还包含其他一些特性，并为 Tableau 用户提供了诸多方便。首先是 Snowflake Time Travel。假设业务仪表板显示了错误的内容，用户往往会迟一些时候才会发现数值有所异样，因为这一类问题通常很难检测。然而，利用 Time Travel 特性，可方便地对之前的表进行查询。例如，可以使用自定义 SQL 调整现有数据源，同时将时间回调。对此，读者可访问 https://docs.snowflake.net/manuals/user-guide/data-timetravel.html 以了解更多内容。

第二个特性是 Snowflake Data Sharing。该特性使得数据使用者可访问数据提供者账户中活动数据的只读副本。对此，可以考虑创建一个具有特殊权限的数据库的虚拟副本。相应地，读者可访问 https://docs.snowflake.net/manuals/user-guide-data-share.html 以了解更多内容。

10.16　连接 Amazon Elastic MapReduce 和 Apache Hive

Amazon Elastic MapReduce（EMR）可视为真正的大数据平台，并提供了可管理的 Hadoop 框架，进而在动态可伸缩 Amazon EC2 实例间处理大容量数据。另外，还可在此基础上运行流行的分布式框架，如 Presto、Hive、Spark 等。读者可访问 https://youtu.be/S6Ja55n-o0M，并观看与 Amazon EMR 相关的一段视频。

一些机构针对大数据用例使用了 Hadoop 框架，如点击流分析、日志分析、预测分析、数据转换、数据湖等。通常，业务用户需要处理存储在 Hadoop 中的原始数据，在当前示例中是 Amazon EMR。相应地，存在多种方式可将 Hadoop 与 Tableau 进行连接，例如 Presto、Hive 等。

10.16.1　准备工作

本节将发布集群、获取样本数据、利用 Hive 并通过 Tableau Desktop 进行连接。注意，EMR 集群需要付费使用（一般是 20～30 美元）。

10.16.2　实现方式

下面创建 EMR 集群，相关步骤如下：

（1）访问 AWS 账户并登录，对应网址为 https://aws.amazon.com/console/。

（2）访问 https://docs.aws.amazon.com/emr/latest/ManagementGuide/emr-gs.html，并遵循所显示的指令，进而发布一个集群。首先需要执行以下 3 个步骤：

❑　设置基本条件。

❑　发布一个集群。

❑　支持 SSH 访问。

这里使用了表 10.1 中的名称。

表 10.1

Bucket name	tableau_cookbook
Folder name	tableau-cookbook-query-result
Key pair name	tableau-cookbook.pem
Cluster name	My Cluster for Tableau Cookbook
Cluster parameters	Core Hadoop: Hadoop 2.8.4 with Ganglia 3.7.2, Hive 2.3.3, Hue 4.2.0, Mahout 0.13.0, Pig 0.17.0, and Tez 0.8.4

至此，我们成功地发布了 EMR 集群。此外，还可利用 tableau-cookbook.pem 密钥并通过 SSH 连接集群。

（3）运行下列命令连接集群：

```
ssh -i ~/.ssh/tableua-cookbook.pem
hadoop@ec2-18-215-157-216.compute-1.amazonaws.com
```

ⓘ 注意：

这里，密钥保存至 .ssh 文件夹中，其中包含了 400 个授权。

输出结果如图 10.19 所示。

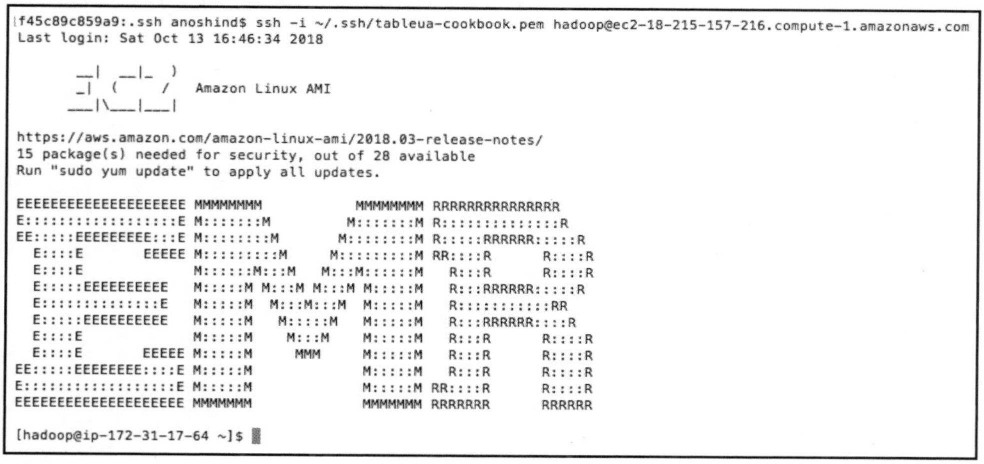

图 10.19

10.16.3 工作方式

利用 AWS，我们发布了 EMR 集群。另外，我们通过密钥和 SSH 对其进行访问。关于 AWS 中的 EMR，读者可访问 https://docs.aws.amazon.com/emr/latest/ManagementGuide/emr-gs.html，以了解更多内容。

10.17   创建样本数据

本节将在 S3 日志上创建一张 Hive 外部表，并使用 EMR 计算相关结果。针对于此，可使用以下 3 种不同的方法：

- ❑ 使用 EMR CLI。
- ❑ 使用 EMR 控制台。
- ❑ 使用 Web GUI。

10.17.1 实现方式

具体过程完全取决于个人喜好。在当前示例中，笔者使用了 EMR CLI。前述工作已经通过 SSH 连接至 EMR，接下来将尝试与 Hive 协同工作。

（1）在 EMR CLI 中输入 hive，这将启动 Hive。

（2）接下来执行 SQL 命令。首先在 CloudFront 日志（存储于 S3 存储桶中）上创建表，随后运行 DDL，代码如下：

```
hive>CREATE EXTERNAL TABLE IF NOT EXISTS cloudfront_logs (
    DateObject Date,
    Time STRING,
    Location STRING,
    Bytes INT,
    RequestIP STRING,
    Method STRING,
    Host STRING,
    Uri STRING,
    Status INT,
    Referrer STRING,
    OS String,
    Browser String,
    BrowserVersion String
```

```
)
ROW FORMAT SERDE 'org.apache.hadoop.hive.serde2.RegexSerDe'
WITH SERDEPROPERTIES (
  "input.regex" = "^(?!#)([^ ]+)\\s+([^ ]+)\\s+([^ ]+)\\s+([^
]+)\\s+([^ ]+)\\s+([^ ]+)\\s+([^ ]+)\\s+([^ ]+)\\s+([^ ]+)\\s+([^
]+)\\s+[^\(]+[\(]([^\;]+).*\%20([^\/]+)[\/](.*)$"
) LOCATION 's3://useast-
1.elasticmapreduce.samples/cloudfront/data';
```

🛈 **注意：**

重要的是，区域位置与 EMR 集群所在的区域相同，在当前示例中为 us-east-1。

（3）运行下列简单的查询测试新表，代码如下：

```
Hive>SELECT os, COUNT(*) count FROM cloudfront_logs GROUP BY os;
```

对应输出结果如图 10.20 所示。

```
hive> SELECT os, COUNT(*) count FROM cloudfront_logs GROUP BY os;
Query ID = hadoop_20181013171623_9c7dfe43-9086-47c6-8e36-4ab61d56630e
Total jobs = 1
Launching Job 1 out of 1
Tez session was closed. Reopening...
Session re-established.
Status: Running (Executing on YARN cluster with App id application_1539374666378_0006)

--------------------------------------------------------------------------------------
      VERTICES      MODE     STATUS   TOTAL  COMPLETED  RUNNING  PENDING  FAILED  KILLED
--------------------------------------------------------------------------------------
Map 1 .......... container  SUCCEEDED    1         1        0        0       0       0
Reducer 2 ...... container  SUCCEEDED    1         1        0        0       0       0
--------------------------------------------------------------------------------------
VERTICES: 02/02  [==========================>>] 100%  ELAPSED TIME: 25.50 s
--------------------------------------------------------------------------------------
OK
Android 855
Linux   813
MacOS   852
OSX     799
Windows 883
iOS     794
Time taken: 32.262 seconds, Fetched: 6 row(s)
```

图 10.20

可以看到，查询过程是有效的。尽管数据量较小，但是查询操作依然花费了 32 秒，这体现了 Hadoop 的工作方式，其中，初始化和其他补充步骤占用了较长的时间，这对于任何大数据系统都很正常。另外，还可尝试使用其他 SQL 友好的 Hadoop 工具，如 Impala、Presto 等。对于我们来说，这些工具的主要特性是通过 ODBC 驱动程序连接到表。

（4）利用 Google Books N-grams 数据集创建另一张表，即可供每个人使用的公共数据集。对此，读者可访问 https://registry.opendata.aws/google-ngrams/以了解更多内容。接下来针对 1-gram 创建一张 Hive 表，代码如下：

```
hive> CREATE EXTERNAL TABLE eng_1M_1gram(token STRING, year INT,
frequency INT, pages
 INT, books INT) ROW FORMAT DELIMITED FIELDS TERMINATED BY 't'
STORED AS SEQUENCEFILE
  LOCATION
's3://datasets.elasticmapreduce/ngrams/books/20090715/eng-1M/1gram';
```

最终将得到另一张表，其中包含了 261823186 数据行。

10.17.2　工作方式

前述内容使用了部署于 EMR 集群上的 Apache Hive。此外，还利用 Hive SQL 查询了两个数据集。

10.17.3　其他

关于 Apache Hive，读者可访问 https://docs.aws.amazon.com/emr/latest/ReleaseGuide/emr-hive.html，以了解更多内容。

10.17.4　参考资料

读者可访问 https://hive.apache.org/以查看 Apache Hive 的官方主页。

10.18　连接 Tableau 和 Apache Hive

通过 Hive JDBC 将 Tableau 连接到 AWS EMR 的最快方法是打开通向主节点的 SSH 通道，下面将对此加以尝试。

10.18.1　实现方式

步骤如下：

（1）打开终端并运行以下命令：

```
ssh -o ServerAliveInterval=10 -i ~/.ssh/tableau-cookbook.pem -N -L
10000:localhost:10000
hadoop@ec2-18-215-157-216.compute-1.amazonaws.com
```

实际命令可能会根据具体情况而有所不同。

（2）打开 Tableau Desktop，并利用 Amazon Hadoop EMR Hive 生成新的连接。

（3）针对当前操作系统，下载并安装 ODBC 驱动程序，对应网址为 https://docs.aws. amazon.com/emr/latest/ManagementGuide/emr-bi-tools.html。

（4）至此可连接至 Hive，如图 10.21 所示。

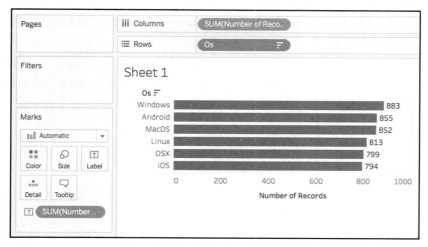

图 10.21

（5）选择 default 模式和 cloudfront_logs 表，并于随后访问当前工作表。其间，每次拖曳操作将初始化 SQL 查询并触发 EMR。为了避免这一问题，可暂停 Auto Updatesbig，并生成报告，随后运行最终的查询操作，如图 10.22 所示。

图 10.22

至此，我们已连接至 Tableau。除此之外，还可连接至较大的 eng_1M_1gram 表。针对 Hadoop 数据访问，存在多种可行的技术方案，这通常取决于具体的用例。

10.18.2　工作方式

前述内容通过 Apache Hive 将 Tableau Desktop 连接至 EMR 集群。通常情况下，所有的繁重工作可留给 EMR 集群，并使用 Apache Hive 来获得 Hadoop 集群的 SQL 接口。

10.18.3　其他

其他方案还包括 Impala，这也是 Hadoop 生态环境中的一个开源工具。它没有像 Hive 那样使用 MapReduce，而是使用 MPP（类似于分析数据仓库），这为我们提供了更好的查询性能，但也需要额外的操作步骤。Hive 和 Impala 均使用了 Hive Metastore，但 Hive 需要更多的时间处理查询，这对于一些简单的分析来说并不高效。另外，Impala 要求数据须存储于 HDFS 上，且依赖于集群的内存资源。不难发现，每种工具都包含自身的优点和缺点。读者可访问 https://vision.cloudera.com/impala-v-hive/，以了解更多内容。

10.18.4　参考资料

❑　关于 Hadoop Hive 的性能设计，读者可访问 https://community.tableau.com/docs/DOC-10244，以了解更多内容。

❑　读者可访问 https://cwiki.apache.org/confluence/display/Hive/Tutorial，以了解与 Hive 相关的更多内容。

❑　关于 Amazon EMR，网站 https://youtu.be/WnFYoiRqEHw 上提供了一段视频内容。

❑　关于 Amazon EMR 及其最佳实践，读者可访问 https://youtu.be/4HseALaLllc，以了解更多内容。

第 11 章　Tableau 预测分析

本章主要涉及以下内容：

❑　基本预测和统计推断。

❑　对具有异常值的数据集进行预测。

❑　在 Tableau 中使用 R 语言。

❑　根据多元回归进行预测。

❑　随机森林回归。

❑　时序预测。

11.1　技术需求

本章案例需要安装 Tableau 2019.x。此外，还需要安装最新版本的 R 语言软件用于统计计算。R 语言系统是免费的，读者可访问 https://cran.r-project.org/ 下载。

后续案例将使用 hormonal_response_to_excercise.csv 和 stock_prices.csv 数据集，读者可访问下列地址进行下载：

❑　https://github.com/SlavenRB/Forecasting-with-Tableau/blob/master/hormonal_response_to_excercise.csv。

❑　https://github.com/SlavenRB/Forecasting-with-Tableau/blob/master/stock-prices.txt。

在开始工作之前，应确保数据集的本地副本保存于计算机上。

11.2　简　　介

本章将学习如何利用健康调查数据和股票市场价格执行预测分析，同时还将探讨 Tableau 对于线性回归的内建功能，以及如何针对统计测试结果实现正确的解释。除此之外，本章还将介绍 R 语言与 Tableau 之间的集成。通过 R 语言中的各项功能，用户能够处理更加复杂的数据集，进而执行更加高级的预测分析。

"预测并非易事，尤其是与未来相关的预测。"

——尼尔斯·玻尔（Niels Bohr）

11.3　基本预测和统计推断

本节案例的主要目标是根据线性回归介绍基本的预测方法。对于线性回归，本节将使用 Tableau 的内建功能。简而言之，回归分析有助于发现所关注变量的预测因子。我们将对潜在预测因子和所关注变量之间的关系进行建模。一旦建立了预测因子和变量之间的关系模型，即可将其用于进一步的预测操作。

其间，我们将使用 hormonal_response_to_excercise.csv 数据集，该数据集源自一项健康行为调查，旨在研究运动过程中皮质醇的影响因素（在该数据集中，对应变量为 Cortmax）。

第一项任务是分析如何在激烈运动过程中预测皮质醇的响应水平（相对于休闲状态时的皮质醇水平，对应变量表示为 Cortrest），因此，当前示例所关注的变量（预测的变量）为 Cortmax（激烈程度下的皮质醇水平），而预测因子变量（用于进行预测的变量）为 Cortrest（休闲时的皮质醇水平）。下面尝试对这两个变量之间的关系进行建模。

11.3.1　准备工作

在执行各项操作步骤时，需要连接至 hormonal_ response_to_excercise.csv 数据集。

11.3.2　实现方式

步骤如下：

（1）打开空的工作表，并将 Cortmax 从 Measures 拖曳至 Columns 中。

（2）将 Cortrest 从 Measures 拖曳至 Rows 中。

（3）在主菜单栏中，单击 Analysis，并在下拉列表中取消选择 Aggregate Measures，如图 11.1 所示。

（4）在主菜单栏中，单击 Analysis，并在下拉列表中 Trend Lines 之下选择 Show Trend Lines，如图 11.2 所示。

（5）再次访问 Trend Lines，并在其下拉列表中选择 Describe Trend Model...，如图 11.3 所示。

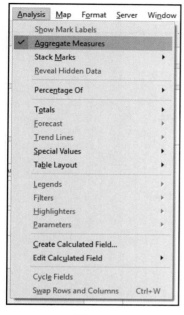

图 11.1

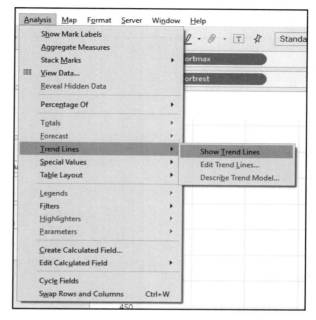

图 11.2

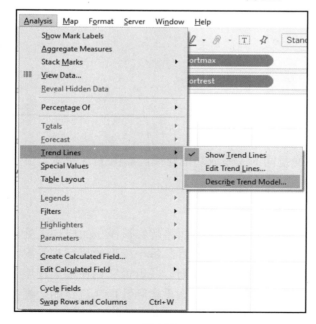

图 11.3

对应输出结果如图 11.4 所示。

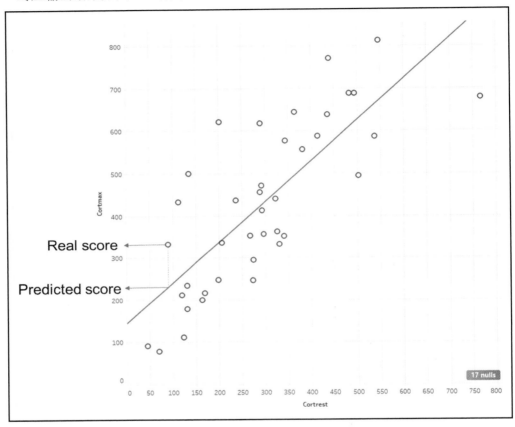

图 11.4

至此，已对两个变量间的关系成功地建模，如图 11.5 所示。

11.3.3　工作方式

前述内容创建了一个递归模型，下面将解释该模型的成功之处。对此，首先需要了解基本的统计学知识。从广义的角度来看，每个模型的目标都是揭示现实生活中的各种现象。全部模型在准确性方面均有所不同；或者说它们在多大程度上描述了真实现象。在统计学中，模型的准确性称作拟合。如果实际数据（测量的数据）和预测数据（基于当前模型）之间的差异较小，模型的拟合度也就越好。

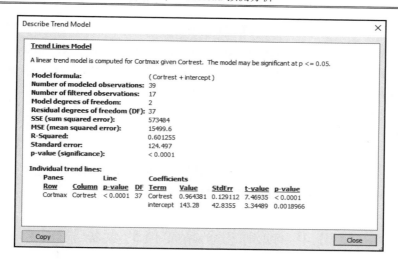

图 11.5

此处，根据休闲状态下的皮质醇水平预测激烈运动状态下的皮质醇的响应水平。其中，实际的数据点采用圆形表示；同时，基于当前模型生成的预测结果将垂直投影至直线上。不难发现，某些圆形几乎位于直线上，而其他圆形则分别位于直线的上方和下方（如图 11.4 所示）。相应地，直线的定位可使这类差异最小化。当估算模型的优良程度时，需要估算此类差异的大小。鉴于差值包含了正、负值（某些点位于直线的上方，而其他点位于直线的下方），这里不可简单地对其进行求和（导致相互抵消）。对应结果表示为误差平方和（SSE）——这是对模型误差的度量结果，或者与实际数据的偏差程度。为了估算模型拟合的优良程度，需要将偏差的大小与基准进行比较。其中，较为常用的基准是 y 值或水平直线的简单平均值。模型与基准线的比较结果将生成 R^2。相应地，R^2 越大，则偶然获取到的概率也就越小。传统上所接受的概率阈值为 0.05，并采用输出结果中的 p 值（显著性）加以表示。如果 p 值小于阈值，可以得出结论，目前已持有足够的证据表明当前模型已经足够优良。在当前示例中，p 值远远小于上述定义的阈值，因而可以假设，基于休闲状态下的皮质醇水平，可以较好地预测出剧烈运动程度下的皮质醇水平。可以说，我们已经成功地创建了两个变量间的关系模型。第 12 章将以此构建预测过程。

11.3.4　其他

当前示例中所描述的回归是一类线性回归，其原因在于变量间的关系呈现为线性状

态——这一假设条件后来被证明是正确的。然而，Tableau 也支持其他模型类型，并可通过 Analysis | Trend Lines | Edit Trend Lines...加以访问。在 Trend Lines Options 对话框中，可选择 Logarithmic、Exponential、Power 或 Polynomial 等其他模型。一种较好的模型选择方案是首先绘制数据图，随后进行可视化检查。

11.3.5　参考资料

统计回归是一个较大的话题，其内容已超出了本书的讨论范围。感兴趣的读者可访问 https://onlinecourses.science.psu.edu/stat501/以了解更多内容。

11.4　预测包含异常值的数据集

在该案例中，我们将学习如何处理异常值。具体来说，异常值是一类不寻常、非典型的数据点，且与数据集中大多数数据所呈现的趋势相背离。如果处理不当，异常值可能是十分危险的，因为它们会显著地偏离分析结果。当前示例将考查 Tableau 中检测异常值的方法，并通过回归分析查看异常值对回归曲线所带来的影响。

11.4.1　准备工作

当前案例将使用 hormonal_response_to_excercise.csv 数据集以及 Achtp 和 Achtmax 变量。其中，变量 Achtp 表示为测试开始阶段促肾上腺皮质激素水平；而变量 Achtmax 则表示为激烈运动状态下的促肾上腺皮质激素水平。

11.4.2　实现方式

步骤如下：

（1）将 Achtp 从 Measures 拖曳至 Columns 中。

（2）将 Achtmax 从 Measures 拖曳至 Rwos 中。

（3）在主菜单栏中，在 Analysis 下拉列表中取消选择 Aggregate Measures。

（4）在主菜单栏中，在 Analysis 下拉列表中选择 Trend Lines | Show Trend Lines，如图 11.6 所示。

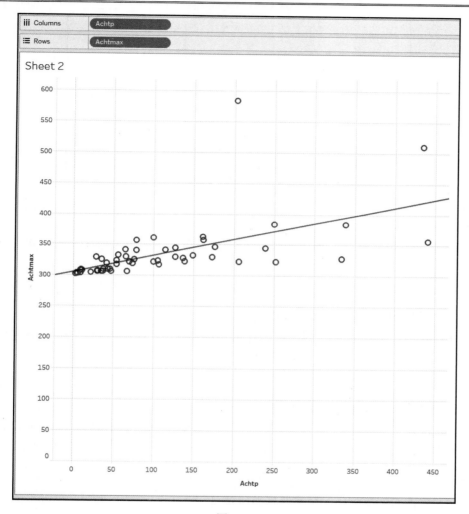

图 11.6

（5）将当前工作表重命名为 Outliers included。

（6）在主菜单中，访问 Analysis | Create Calculated Field...。

（7）将计算字段从 Calculation 1 重命名为 Average，并在公式区域中输入下列表达式：

```
WINDOW_AVG(SUM([Achtmax]))
```

计算字段显示了上述表达式，如图 11.7 所示。

图 11.7

（8）单击 OK 按钮，保存并退出当前计算字段编辑器窗口。

（9）重复步骤（7）以创建另一个计算字段，将该字段命名为 Lower，并在公式区域输入下列表达式：

```
[Average] - 2.5*WINDOW_STDEV(SUM([Achtmax]))
```

（10）单击 OK 按钮，保存并退出当前窗口。

（11）重复步骤（7）并创建另一个计算字段，将该字段命名为 Upper，并在公式区域输入下列表达式：

```
[Average] + 2.5*WINDOW_STDEV(SUM([Achtmax]))
```

（12）单击 OK 按钮，保存并退出当前窗口。

（13）重复步骤（7）并创建最后一个计算字段，将该字段命名为 Outliers，并在公式区域输入下列表达式：

```
SUM([Achtmax])> [Upper] or SUM([Achtmax]) < [Lower]
```

（14）单击 OK 按钮，保存并退出当前窗口。

（15）右击工作区下方的 Outliers included 工作表选项卡，随后选择 Duplicate，如图 11.8 所示。

（16）这将生成名为 Outliers included (2)的相同工作表，随后将该工作表重命名为 Outliers excluded。

（17）将 Outliers 从 Measures 拖曳至 Marks 的 Color 中，如图 11.9 所示。

（18）在主菜单栏中，访问 Dashboard | New Dashboard。

（19）将 Outliers included 工作表从 Dashboard 面板的 Sheets 部分拖曳至当前画布中。

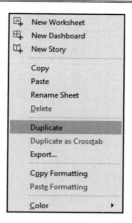

图 11.8

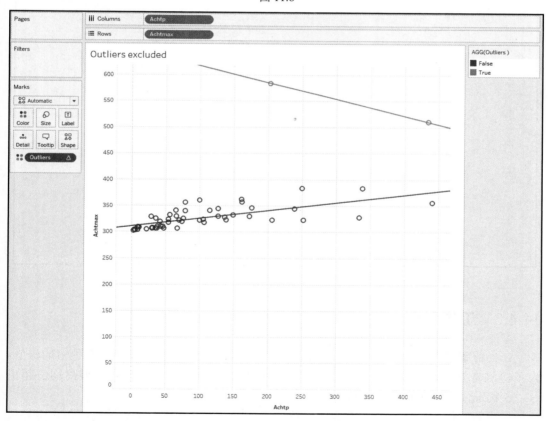

图 11.9

　　（20）将 Outliers excluded 工作表从 Dashboard 面板的 Sheets 部分拖曳至当前画布中，即图 11.10 所示中 Outliers included 的右侧。

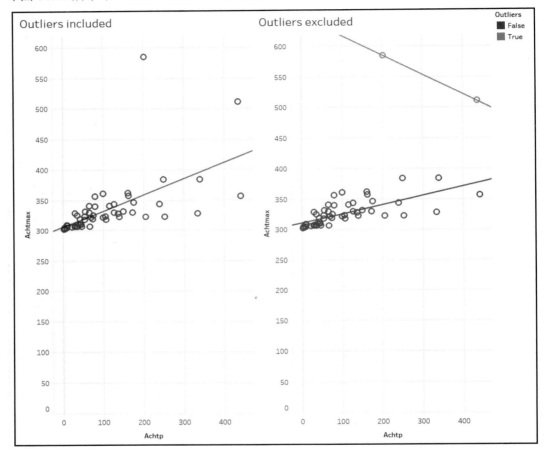

图 11.10

11.4.3　工作方式

　　在当前案例中，我们学习了如何检测奇异值。奇异值是样本中不同于其他值的极值。为了检测奇异值，我们可采用一种较为常用的传统规则——奇异值是指偏离均值超出 +/−2.5 标准偏差的所有数值，其中排除了大约 1%的样本。

　　在当前案例中，还可看到奇异值对统计模型所产生的影响。不难发现，包含奇异值的模型往往具有较为陡峭的斜率，这意味着，奇异值使得当前线性模型偏离数据主体，并生成"倾斜"的结果，因而应对此予以格外关注（所谓的杠杆效果）。

11.4.4　其他

上述示例处理的是单变量奇异值，这意味着将沿某个变量识别异常值。在多变量情况下，这一任务可能较为困难。在每个变量中分别查找奇异值并不能满足相关要求，某些时候，还需要一次性地估算所有已包含的变量。某个特定的数据点不一定在任何一个变量上都表现得较为突出，但其在多个变量上的位置组合结果可视为异常。检测多变量奇异值需要使用到不同的资源，用户很可能会遇到这种情况。

11.4.5　参考资料

关于多变量奇异值的识别问题，读者可参考第 12 章，或者 https://www.tableau.com/learn/tutorials/on-demand/r-integration?signin=c24f9d48d1fdda75861e6bce39b92f99，以了解更多内容。

11.5　在 Tableau 中使用 R 语言

当前案例主要展示如何在 Tableau 中使用 R 语言。R 语言是一种较为流行的统计语言，并可执行复杂的统计分析和预测分析。R 语言是开源和免费的，社区贡献者对其提供了强有力的支持。

11.5.1　准备工作

确保在计算机设备上安装了 R 的最新版本，否则可访问 https://cran.r-project.org/，并下载与操作系统相匹配的最新版本。在安装过程中，用户可遵循相关指令。通常情况下，默认设置已然足够。

🔵 提示：

当安装 R 时，需要以管理员身份运行 R（右击 Setup 图标），否则，可能会在访问文件夹时或者任务权限方面遇到问题。

查看图 11.11 所示内容可以更好地理解这一问题。

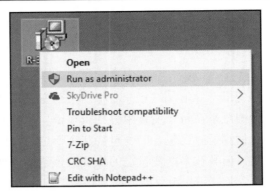

图 11.11

11.5.2　实现方式

步骤如下：

（1）单击桌面上的 ℝ图标，并运行 R，如图 11.12 所示。

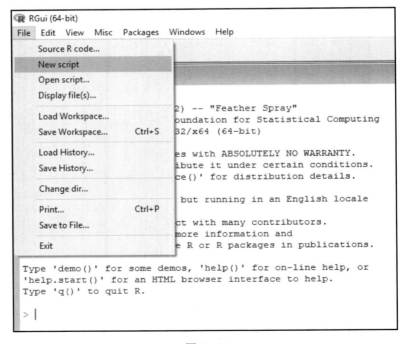

图 11.12

（2）打开脚本后，输入下列代码：

```
install.packages("Rserve", repos='http://cran.us.r-project.org')
```

对其加以选择并单击 图标，或者按下 Ctrl+R 组合键，如图 11.13 所示。

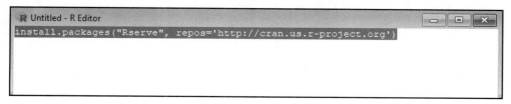

图 11.13

（3）在安装完毕后，用户会接收到一条消息，表明 Reserve 包已被成功地解压缩，如图 11.14 所示。

```
Type 'demo()' for some demos, 'help()' for on-line help, or
'help.start()' for an HTML browser interface to help.
Type 'q()' to quit R.

> install.packages("Rserve", repos='http://cran.us.r-project.org')
Installing package into 'C:/Users/Slaven/Documents/R/win-library/3.5'
(as 'lib' is unspecified)
trying URL 'http://cran.us.r-project.org/bin/windows/contrib/3.5/Rserve_1.7-3.zip'
Content type 'application/zip' length 638205 bytes (623 KB)
downloaded 623 KB

package 'Rserve' successfully unpacked and MD5 sums checked

The downloaded binary packages are in
        C:\Users\Slaven\AppData\Local\Temp\Rtmps3yCfk\downloaded_packages
> |
```

图 11.14

（4）返回至脚本，并输入下列代码：

```
library(Rserve)
Rserve()
```

（5）选择上述代码并单击图标，或者按下 Ctrl+R 组合键。

（6）打开 Tableau，在主菜单栏中访问 Help | Settings and Performance | Manage External Service Connection...，如图 11.15 所示。

（7）在 External Service Connection 对话框中，在 Server 下拉列表中选择 localhost，其中，Port 字段应包含 6311 值。随后单击 Test Connection 按钮，如图 11.16 所示。

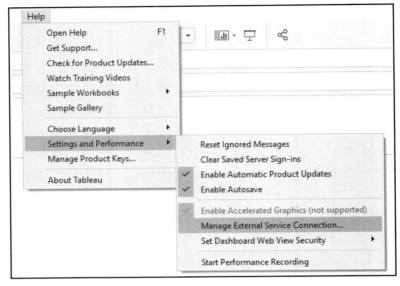

图 11.15

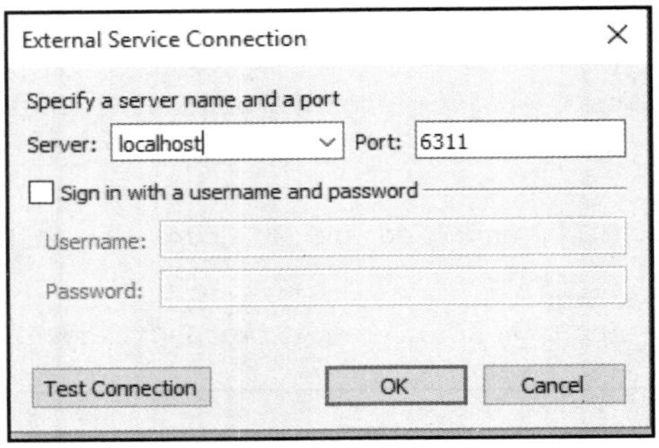

图 11.16

（8）在执行了上述各项操作步骤后，用户将会得到一条消息，表明 Tableau 和 R 之间已连接成功，如图 11.17 所示。

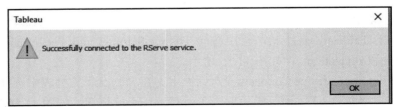

图 11.17

（9）单击 OK 按钮，退出 External Service Connection 对话框。

11.5.3　工作方式

前述内容在计算机设备上安装了 R 系统，此外还安装了 Rserve 包，加载了相关库，并对其进行初始化。实际上，Rserve 即为 R 和 Tableau Desktop 之间的连接器。

随后，我们配置并测试了 Rserve 连接。当一切完毕后，即可在 Tableau 计算字段中编写 R 语法内容。其中包含以下 4 种不同的脚本可供选择。

- ❑ SCRIPT_REAL：该脚本将返回实数。
- ❑ SCRIPT_INT：该脚本将返回整数。
- ❑ SCRIPT_STR：该脚本将返回字符串。
- ❑ SCRIPT_BOOL：该脚本将返回布尔值。

在脚本中，可编写常规的 R 语法内容，计算结果将保存至计算字段中。该计算字段可采用与 Tableau 中任何其他计算字段相同的方式进一步加以使用。

💡 提示：

为了在工作簿中使用 R 语言中的各项功能，需要实现 R-Tableau 连接。这适用于本地共享的工作簿，以及在 Tableau Server 上发布的工作簿。自 Tableau 2019 起，Tableau 开始支持 RSserve 连接，这意味着，安全的 Rserve 将被 Tableau Server 远程托管，数据在传输过程中将受到保护。

11.5.4　其他

11.6 节、11.7 节和第 12 章还将继续讨论基于 R 语法的数据分析示例。需要说明的是，关于 R 语言的介绍并不是本书重点讨论的内容，对此，读者可访问下列地址以了解更多内容：

- ❑ https://www.statmethods.net/index.Html。
- ❑ https://www.r-bloggers.com/。

当然，即使读者不具备任何 R 语言的背景知识，依然可以执行本章中的案例。

11.5.5　参考资料

关于 R 语言和 Tableau 之间的集成方案，读者还可访问以下地址以了解更多信息：

- ❑ https://www.tableau.com/learn/whitepapers/using-r-and-tableau。

❑   https://www.tableau.com/solutions/r。

11.6   基于多元回归的预测

在 16.3 节示例中，我们学习了如何利用简单的线性回归执行预测分析。当前案例将讨论如何利用多元线性回归进行预测分析。多元线性回归将采用多个变量预测所关注的结果变量。当前案例的目标是预测激烈运动状态下的皮质醇水平（相对于休闲状态下的皮质醇水平）。在所使用的数据集中，某些被调查者的数据有所遗失，此处的目标是通过回归分析结果预测这一类人的皮质醇水平，并以此执行进一步的分析。当前案例需要在 Tableau 中使用到 R 语言的某些功能项。

11.6.1   准备工作

当前案例将使用 hormonal_response_to_excercise.csv 数据集，以及 Cortmax（剧烈运动状态下的皮质醇水平）、Cortrest（休闲状态下的皮质醇水平）、Cortp（测试开始时的皮质醇水平）和 Achtmax 变量（测试开始时的促肾上腺皮质激素水平）。在开始之前，应确保 R 系统已经安装在计算机上，同时安装、加载和初始化了 Rserve，并在 R 和 Tableau 之间建立了连接（参见 11.5 节）。

11.6.2   实现方式

步骤如下：

（1）在主菜单栏中，访问 Analysis | Create Calculated Field...并输入下列代码：

```
SCRIPT_REAL('
mydata <- data.frame(y=.arg1, x1=.arg2, x2=.arg3);
reg <- lm(y ~ x1 + x2, data = mydata);
save(reg, file = "C:/Users/Slaven/Documents/mymodel.rda")
prob <- predict(reg, newdata = mydata, type = "response")'
',
AVG([Cortmax]),AVG([Cortrest]), AVG([Cortp]))
```

（2）将对应字段命名为 CortmaxPred，如图 11.18 所示。

（3）将 CortmaxPred 从 Measures 拖曳至 Columns 中。

（4）将 Achtp 从 Measures 拖曳至 Rows 中。

```
CortmaxPred                                                        ✕

Results are computed along Table (across).
SCRIPT_REAL(
'
mydata <- data.frame(y=.arg1, x1=.arg2, x2=.arg3);
reg <- lm(y ~ x1 + x2, data = mydata);
save(reg, file = "C:/Users/Slaven/Documents/mymodel.rda")
prob <- predict(reg, newdata = mydata, type = "response")'
,
AVG([Cortmax]),AVG([Cortrest]), AVG([Cortp]))
```

图 11.18

（5）在主菜单中，选择 Trend Lines 和 Show Trend Lines，如图 11.19 所示。

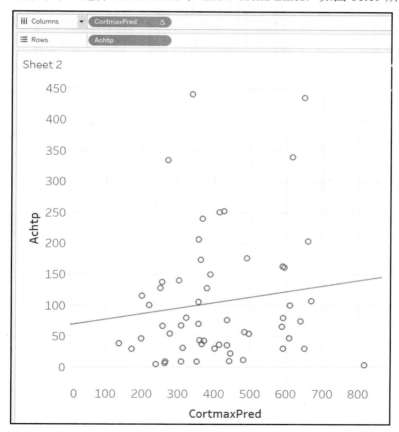

图 11.19

11.6.3　工作方式

在当前案例中，我们学习了如何在 Tableau 中使用 R 功能项。如果读者具备 R 使用经验，将会发现除了首、尾处之外，对应的语法内容均十分标准。实际上，R 已被封装于 Tableau 中，而 Tableau 可对此予以识别。

另外一点需要注意的是，此处需要分配相关参数。其中，arg1 表示为第一个变量（在当前示例中为 Cortmax），arg2 表示为第二个变量（在当前示例中为 Cortrest），以此类推。

11.6.4　其他

在前述语法内容中，读者可能已经注意到了下列代码行：

```
save(reg, file = "C:/Users/Slaven/Documents/mymodel.rda")
```

这将在硬盘中生成.rda 文件，其中包含了对应的回归模型。一旦存储了该模型，即可通过其他数据集对其予以复用。假设得到了一个测试开始阶段和休闲状态下的皮质醇数据集，但该数据集中未包含剧烈运动状态下的皮质醇信息。相应地，当前模型可对此进行预测，从而估算出新值。对此，只需通过创建计算字段加载当前模型即可，代码如下：

```
SCRIPT_REAL('
mydata <- data.frame(y=.arg1, x1=.arg2, x2=.arg3);
load ("C:/Users/Slaven/Documents/mymodel.rda")
prob <- predict(reg, newdata = mydata, type = "response")'
,
AVG([Cortmax]),AVG([Cortrest]), AVG([Cortp]))
```

此时，新计算字段将包含 Cortmax 的预测值。需要注意的是，新数据集必须包含一个与原始数据集中预测变量相同的字段（在当前示例中为 Cortmax），即使该字段为空。此外，还应确保所有其他字段的名称与创建模型的原始数据集中的名称完全相同。

11.6.5　参考资料

读者可访问 https://onlinecourses.science.psu.edu/stat501/node/283/，以了解更多内容。

11.7　基于随机森林的回归

在 11.6 节的示例中，我们学习了如何利用多个变量预测所关注的变量。某些时候，变量的数量较多，且无法确定选取哪一个变量作为预测因子。另外，预测因子变量可通过不同方式自身关联，因而增加了模型构建和结果解释的难度。近期，随机森林算法在数据分析和数据科学领域较为流行，并为此类问题提供了一种解决方案。随机森林算法基于决策树方案，可用于预测离散类成员（分类）和连续变量的实际值（回归），当前案例将采用后者。基于决策树的回归方法是将数据集中的数据迭代地分割成越来越相似的分组。该算法遍历所有变量，并搜索分组变量。因此，各个分组中的内容在预测变量方面会尽可能地相似。这一过程持续进行，树形结构将包含越来越多的分支，数据将被划分至越来越小的子样本中。随机森林可视为决策树算法的高级版本，并针对变量和具体情况随机选择子样本构建多个决策树。

　　每棵树生成的结果将被编译至单一解中，图 11.20 所示显示了 R 系统中随机森林模型的对应结果。

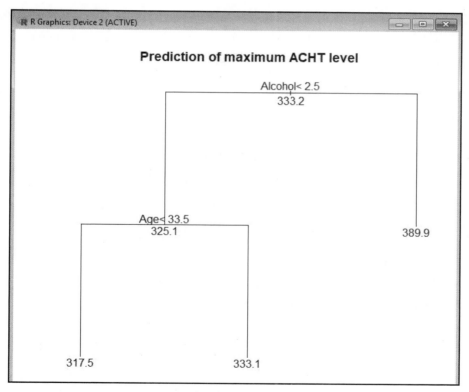

图 11.20

💡 提示：

　　Tableau 中无法生成类似于图 11.20 的树形图，尽管这可在 R 中予以实现。第 12 章还将继续讨论这一主题。

　　当前案例将使用 hormonal_response_to_excercise.csv 数据集，其主要任务是预测剧烈运动情况下促肾上腺皮质激素的响应水平。为了考查影响 ACHT 的不同因素，当前模型将设置如下变量：休闲状态下的皮质醇水平、烟酒消耗、身高、年龄和体重。此类变量也可彼此关联，如烟酒消耗、身高和体重。另外，基线皮质醇也可能与烟酒消耗有关。因此，随机森林算法可简化相关工作。

11.7.1　准备工作

　　在执行当前案例时，应确保已经安装了 R 系统，并包含了已处于激活状态下的 Rserve，同时将其连接至 Tableau（参见 11.5 节）。除此之外，还需要连接至 hormonal_response_to_excercise.csv 数据集，并打开一个空的工作表。

11.7.2　实现方式

　　步骤如下：

　　（1）启动 R 系统，打开一个新的脚本并输入下列代码：

```
install.packages("rpart", repos='http://cran.us.r-project.org')
```

　　（2）选择上述文本内容，单击🔳图标或者按下 Ctrl+R 组合键。

　　（3）安装完毕后，输入下列代码行并加载数据包：

```
library(rpart)
```

　　（4）选择上述文本内容，单击🔳图标或者按下 Ctrl+R 组合键。

　　（5）在 Tableau 中，在主菜单栏中单击 Analysis，并于随后单击 Create Calculated Field...。

　　（6）将该字段从 Calculation 1 重命名为 Random Forest，并在公式区域输入下列表达式：

```
SCRIPT_REAL('library(rpart);
fit = rpart(Achtmax ~ Cortrest + Alcohol + Tobacco + Height + Age + Weight,
```

```
method="anova", data.frame(Achtmax = .arg1, Cortrest =.arg2,
Alcohol=.arg3, Tobacco =.arg4, Height =.arg5, Age =.arg6,
Weight=.arg7));
t(data.frame(predict(prune(fit,0.05), type = "vector")))[1,]',
AVG([Achtmax]),
AVG([Cortrest]),
AVG([Alcohol]),
AVG([Tobacco]),
AVG([Height]),
AVG([Age]),
AVG([Weight]))
```

图 11.21 所示显示了上述代码。

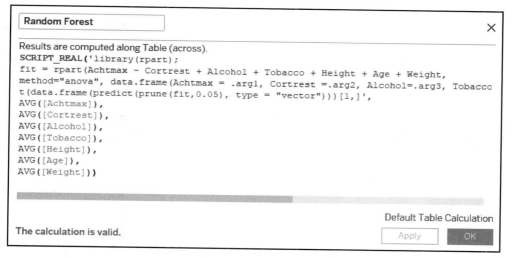

图 11.21

（7）单击 OK 按钮，退出当前编辑器窗口，并保存对应的计算字段。

（8）将 Random Forest 从 Measures 拖曳至 Rows 中。

（9）将 ID 变量从 Dimensions 拖曳至 Columns 中。

（10）在 Marks 中，在下拉列表中将标记类型从 Automatic 修改为 Circle。

（11）将 ID 从 Dimensions 拖曳至 Marks 的 Label 中。

（12）将 Random Forest 从 Measures 拖曳至 Marks 的 Color 中。

（13）将当前工作表重命名为 Random Forest Regression，如图 11.22 所示。

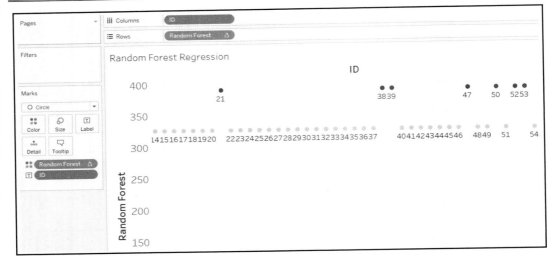

图 11.22

11.7.3　工作方式

当前案例使用了随机森林算法来预测运动过程中的 ACHT 水平。其中，较高的 ACHT 值（389.86）位于图表上方的深色圆圈；而其他调查对象（平均值为 325.14）则位于图表的底部（采用浅色圆圈表示）。

11.7.4　其他

当前案例创建了一个模型，我们可保存该模型，并将其应用于另一个数据集上（参见 11.6 节）。此外，通过将数据划分至一个训练集和一个测试集中，还可对模型进一步评估。在数据建模中，一种较为常见的做法是将一部分数据集用作训练集，并在其上构建模型（拟合）。随后，该模型将在测试集上进行评估。如果观察到的训练集的拟合度保留在测试集中，这表明当前工作令人满意，否则还需要再次考查该模型。

11.7.5　参考资料

❑　关于 Tableau 中的随机森林，读者可访问 https://www.packtpub.com/big-data-and-business- intelligence/advanced-analytics-r-and-tableau，以了解更多内容。

❑　关于随机森林算法，读者可访问 https://www.stat.berkeley.edu/~breiman/RandomForests/

cc_home.htm，以了解更多内容。其中，相关算法由 Leo Breiman 和 Adele Cutler 发布。

11.8　时 序 预 测

Tableau 对于时序数据的处理提供了较好的支持，其中之一是时序预测——根据数据集中记录值所在的时间点，外推数据集外部的时间点的值。

本节案例将使用存储于 Stock_ prices.csv 数据集中一家软饮料公司的股票市场价格数据。

11.8.1　准备工作

针对本节案例，需要连接至 Stock_ prices.csv 数据集，并打开一张新的工作表。

11.8.2　实现方式

步骤如下：

（1）右击 Dimensions 下的 Data 字段，在下拉列表中选择 Convert to Continuous，如图 11.23 所示。

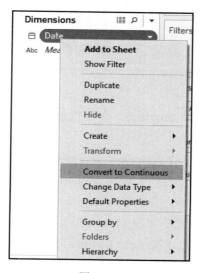

图 11.23

（2）将 Date 从 Dimensions 拖曳至 Columns 中。

（3）将 Adj.Close 从 Measures 拖曳至 Rows 中。

（4）在主菜单栏中，单击 Analysis，访问 Forecast，并选择 Show Forecast，如图 11.24 所示。

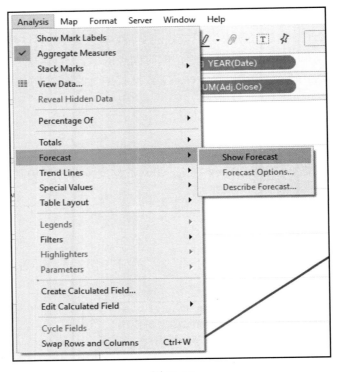

图 11.24

（5）Tableau 自动将 Forecast indicator 字段置于 Marks 的 Color 中。然而，也可从中对其加以移除，如图 11.25 所示。

（6）再次访问主菜单栏中的 Analysis，在 Forecast 下选择 Forecast Options...。

（7）Forecast Length 自动设置为 Next 5 quarters，但也可通过选择 Exactly 或 Until 以及期望的时间段对其进行调整。尝试修改 Forecast Length 的值，并随着 Forecast Length 的增加观察着色区域的扩展方式，如图 11.26 所示。

（8）单击 OK 按钮，并退出 Forecast Options 对话框，如图 11.27 所示。

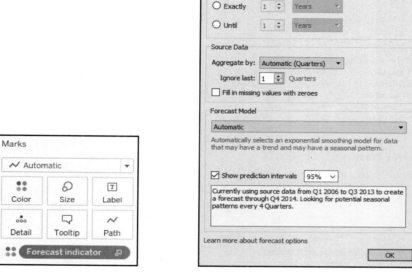

图 11.25　　　　　　　　　　　　　　　　图 11.26

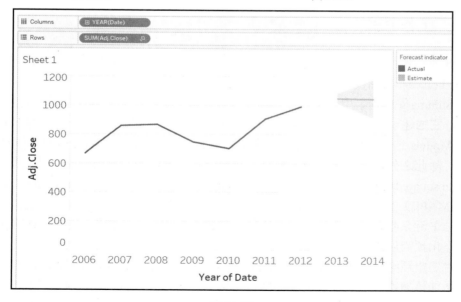

图 11.27

（9）最后，在主菜单栏的 Analysis 下，访问 Forecast，并选择 Describe Forecast，进而对预测行为的性能进行考查，如图 11.28 所示。

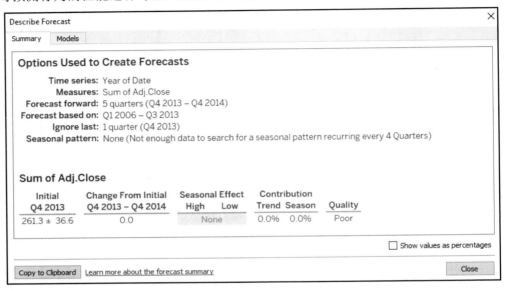

图 11.28

11.8.3　工作方式

根据数据集中所记录的价格，此处推断出了该公司股票的收盘价。下面通过查看 Describe Forecast 对话框以了解所创建模型的特性。

在 Summary 选项卡中，可以看到描述预测内容的基本信息，其中最为重要的一项是 Quality，它描述了预测结果与真实数据间的拟合程度，对应值为 Good、Ok 和 Poor。

在 Models 选项卡中，可以看到当前模型的 Level、Trend 和 Season 组成部分所饰演的角色。除此之外，还可查看质量指标，进而提供了与模型统计质量相关的信息，包括 root mean squared error（RMSE）、mean absolute error（MAE）、mean absolute percentage error （MAPE）和 Aikake Information Criterion （AIC）。最后，在 Models 选项卡中，可得到与平滑系数相关的信息，这些系数被用来根据数据点的最近程度来加权数据点，以便最小化预测误差，如图 11.29 所示。

针对期望预测的数值，Tableau 还可选取周期时间。之前曾选取了 5 quarters，但也可进一步增加该周期。需要注意的是，随着预测周期的延长，预测精度会逐渐降低。这反映在预测区间（围绕直线的阴影区域）上，当预测周期变长时，预测区间会变大。

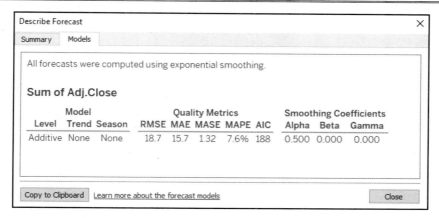

图 11.29

11.8.4　其他

在 Forecast Options 对话框中，Tableau 针对预测的自定义行为提供了多个选项。相应地，可选择如何在 Source Data 下聚合数据。默认情况下，聚合方式为 Quarters，但在下拉列表中，还可选择不同周期间的聚合方式，例如 Year 或 Month。

在 Forecast Model 下，可将模型从 Automatic 修改为 Automatic without Seasonality 或 Custom model，并可于其中通过手动方式选择趋势和时期。

最后，还可选择或取消选择 Show prediction intervals 之前的复选框，进而开启或关闭预测区间。另外，还可在 90%、95% 和 99% 预测区间之间进行选择。

11.8.5　参考资料

关于 Tableau 中的预测机制，读者可参考 Tableau 帮助文档以了解更多信息，对应网址为 https://onlinehelp.tableau.com/current/pro/desktop/en-us/forecast_create.html。

第 12 章　Tableau 高级预测分析

本章主要涉及以下内容：

❑　执行细分分析。

❑　发现数据集中的潜在结构。

❑　提取离散变量下的结构。

❑　基于树形方法的数据挖掘。

❑　识别数据中的异常。

12.1　技 术 需 求

当运行本章案例时，需要安装 Tableau 2019.x、R 系统和 Rserve 库。当安装 Rserve 库时，打开新的脚本并访问 File | New script，如图 12.1 所示。

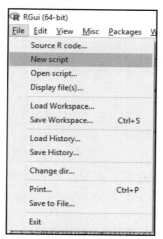

图 12.1

运行下列代码：

```
install.packages('Rserve',repos='http://cran.us.r-project.org')
```

选择上述代码，单击圖图标或按下 Ctrl+R 组合键即可运行。

12.2　简　　介

本章将讨论如何利用 Tableau 和 R 之间的连接功能执行某些高级的分析任务，以挖掘底层隐藏的数据模式。此外，本章还将识别、解释数据集中某些潜在的维度，对相似内容进行分类，从而检测和解释数据中的异常行为。

"隐藏在数据中的知识，有时可以改变一个人的命运，甚至改变这个世界"。

——阿图尔·巴特（Atul Butte）

12.3　执行细分分析

聚类分析是一类最为常见的数据分析技术，进而可得到数据的模式或细分结果，并深入理解底层结构。Tableau 包含了内建的聚类功能项，这意味着无须在当前案例中使用 R 语言——仅通过 Tableau 即可执行全部分析任务。

12.3.1　准备工作

当前案例将使用 mtcars.csv 数据集，该数据集中包含了各种车辆模型的特征，例如马力、气缸数量、每加仑公里数等。在深入讨论相关案例之前，应确保数据集已保存在计算机上，打开 Tableau 并与该数据集连接。

12.3.2　实现方式

步骤如下：

（1）在连接至 mtcars.csv 数据集后，打开新的工作表。

（2）将 Qsec 从 Measures 拖曳至 Rows 中。

（3）将 Mpg 从 Measures 拖曳至 Columns 中。

（4）在主菜单栏中，访问 Analysis，并在下拉列表中选择 Aggregate Measures，如图 12.2 所示。

（5）生成车辆模型的散点图，接下来将添加聚类。在 Data 面板中，访问 Analytics，如图 12.3 所示。

（6）将 Cluster 从 Model 中拖曳至所创建的当前视图中，如图 12.4 所示。

（7）此处创建了一个维度 Clusters，并被置于 Marks 的 Color 中，如图 12.5 所示。

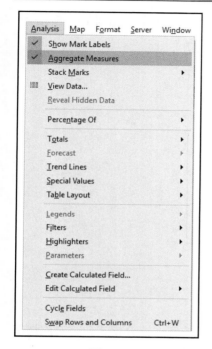

图 12.2

图 12.3

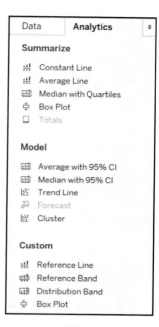

图 12.4

（8）在打开的 Clusters 对话框中，可以看到之前置于散点图中的两个度量。访问 Data 面板，在 Measures 下，选择其他度量（Am～Wt），并在按下 Ctrl 键时单击对应度量，如图 12.6 所示。

图 12.5

图 12.6

（9）将所选的所有度量拖曳至 Variables 下的 Clusters 对话框中，如图 12.7 所示。

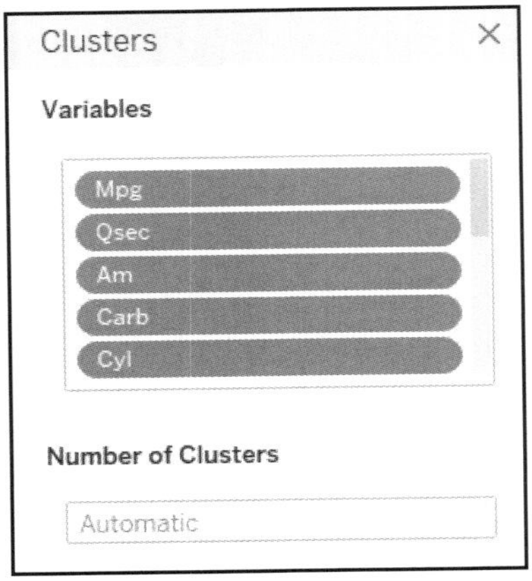

图 12.7

12.3.3　工作方式

聚类分析的工作方式可描述为：根据多个度量上复杂的底层评分模式，将对应情况（在当前示例中为汽车模型）分组至聚类中。在确定聚类分析时，可在 Clusters 对话框中输入所有希望聚合的度量，Tableau 将自动检测最优的聚类数量。对此，存在多种聚类算法，Tableau 中所实现的算法称作 k-means。

但这仅是分析过程的开始阶段。下一步是对聚类进行解释，对此可利用 Describe clusters 函数——右击 Marks 中的 Clusters，并在下拉列表中选择 Describe clusters，即可对其进行访问，如图 12.8 所示。

这将弹出 Describe Clusters 窗口。在 Summary 下，可看到输入至聚类分析中的变量，以及 Summary Diagnostics，其中包含了模型自身的描述内容和单个聚类的描述内容。图 12.9 所示显示了相应的 Summary 选项卡。

当访问 Models 选项卡时，可以看到 Analysis of Variance 的结果，并显示了区分聚类的变量。图 12.10 所示显示了 Models 选项卡。

在图 12.10 中，通过在 p-value 列中查看所有变量的关联值，可以看到，除了 Sum of Vs 和 Sum of Gear 之外，所有变量都是较为重要的。这里，小于或等于 0.05 的 p-value 通常被认为是重要的。为了更加深入地了解此类变量如何区分聚类，可以在 Summary Diagnostics 下的 Summary 选项卡中比较每个聚类的不同变量的值。除此之外，还可将各种度量置于 Rows 和 Columns 中，进而生成新的散点图。据此，我们可以更好地理解聚类的分布方式。

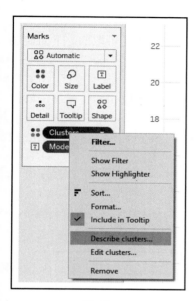

图 12.8

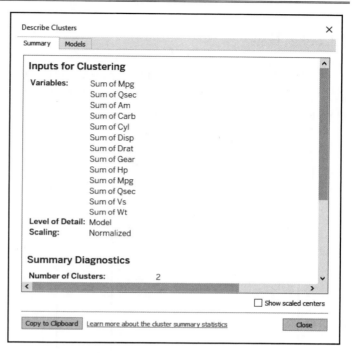

图 12.9

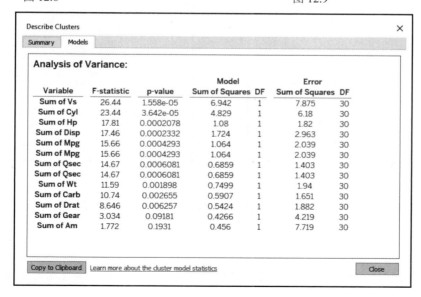

图 12.10

12.3.4 其他

在接下来的示例中，将令 Tableau 聚类算法自动确定聚类的数量，在该示例中，对应值为 2。然而，某些时候也可亲自设置聚类的数量，这在某些情况下是可取的。下面通过执行下列操作步骤调整聚类的数量：

（1）右击 Marks 中的 Clusters。

（2）在下拉列表中选择 Edit clusters...，如图 12.11 所示。同生成初始化聚类一样，将弹出 Clusters 对话框。

（3）在 Number of Clusters 输入框中，输入期望的聚类数量，此处将输入 3，如图 12.12 所示。

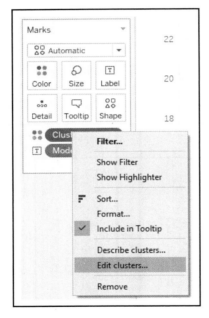

图 12.11

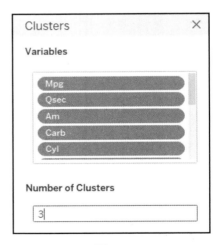

图 12.12

（4）单击×，并关闭 Clusters 对话框。至此，我们创建了一个 3-聚类方案，如图 12.13 所示。

💡 提示：

应谨慎设置聚类的数量，如果没有特殊的理由，一般不要增加聚类的数量，简单的方案往往会生成更好的结果。

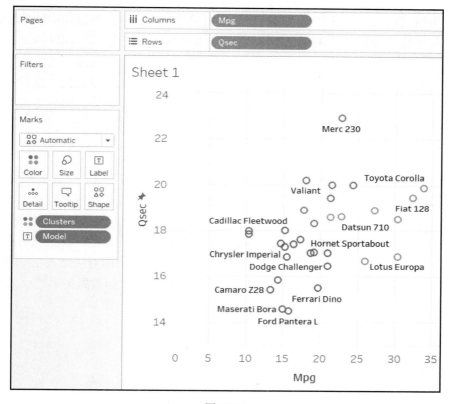

图 12.13

12.3.5　参考资料

❑　关于 k-means 聚类，读者可访问 https://en.wikipedia.org/wiki/K-means_clustering，以了解更多内容。

❑　关于如何在 Tableau 中执行聚类分析，读者可参考 Tableau 帮助文档，对应网址为 https://onlinehelp.tableau.com/current/pro/desktop/en-us/clustering. htm。

12.4　发现数据集的潜在结构

在处理复杂的主题时，往往会得到一个包含大量变量的数据集。在这一类数据集中找到某种含义通常较为困难，但依然可以借助某些技术来达到预期的效果。其中之一便是主成分分析（PCA），该方案可视作一种数据简化技术。该分析过程中的数学转换可得到数据集中信息量最大的维度。奇异值分解（SVD）背后的数学原理较为复杂，本书并不打算对此予以详细讨论。PCA 的基本知识可描述为：针对包含多个变量的数据集，可将原始变量转换为较少数量的主成分进而简化该数据集，从而尽可能多地保存相关信息。此类成分还可用于进一步分析，进而深入了解数据的底层结构，同时可帮助我们理解数据并查看树中的森林。

12.4.1　准备工作

本节案例所用的数据集源自一项心理学调查。该测试通过心理测试对一组成员进行评估，评估结果体现了相应的心理学特征描述，并由反映以下人格特征的数字评分构成：焦虑、敌意、自我意识、自信、感觉寻求、积极情绪、美学、思想、价值观、公平、利他主义、温柔、能力、成就和纪律。考虑到同时解释各种变量的对应结果是一项困难的任务，因而需要适当减少变量的数量，但应最大限度地保留原始数据集中的信息。

ⓘ **注意：**

针对当前任务，我们将采用 R 语言中的内建函数 prcomp。

12.4.2　实现方式

步骤如下：

（1）选择 File 中的 New script 命令，启动 R 系统，并打开新的脚本。

（2）在 R Editor 窗口中，输入下列代码，并确保将所有文件路径替换为指向当前设备上适当位置的路径。在复制了路径后，还应确保将反斜杠替换为双反斜杠，代码如下：

```
pt <-read.table ("C:\\Users\\Slaven\\Desktop\\personality_
traits.csv", header=T, sep=",")
pt.pc <- prcomp(pt, scale = TRUE)
X1 <- pt.pc$x [, 1]
X2 <- pt.pc$x [, 2]
X3 <- pt.pc$x [, 3]
X4 <- pt.pc$x [, 4]
X5 <- pt.pc$x [, 5]
scores <- cbind(pt, X1, X2, X3, X4, X5)
colnames(scores)[17] <- "X1"
colnames(scores)[18] <- "X2"
```

```
colnames(scores)[19] <- "X3"
colnames(scores)[20] <- "X4"
colnames(scores)[21] <- "X5"
write.csv (scores, "C:\\Users\\Slaven\\Desktop\\scores.csv")
loadings <- as.data.frame(pt.pc$rotation)
loadings <- loadings[2:16, 1:5]
loadings$trait <- row.names(loadings)
rownames(loadings) <- c()
path <-matrix(1,15,1)
up <- cbind(loadings,path)
zero <-matrix(0, 15, 6)
trait <- as.data.frame(loadings [,6])
down <-cbind (zero, trait)
colnames(down) <- c("PC1","PC2","PC3","PC4","PC5", "path", "trait")
pt.loadings <- rbind(up, down)
write.csv (pt.loadings,
"C:\\Users\\Slaven\\Desktop\\pt.loadings.csv")
```

（3）选择全部代码，并单击 Run 图标▣。相应地，还可采用 Ctrl+R 组合键运行代码。

（4）此时，在指定位置处生成了两个文件 pt.loadings.csv 和 scores.csv，接下来将使用这两个文件在 Tableau 中创建可视化结果，对此，启动 Tableau。

（5）在 Connect 面板中，选择 Text file，并访问刚刚创建的两个文件之一：pt.loadings.csv 或 scores.csv。选择文件后，单击 Open 按钮。

（6）在 Data Source 页面中，移除所连接的文件，即右击对应文件，并在下拉列表中选择 Remove，如图 12.14 所示。

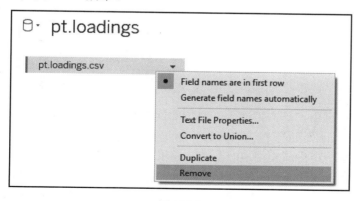

图 12.14

（7）在 Files 面板中，将 New Union 拖曳至空白区域中，此时将打开 Union 窗口。

（8）将 scores.csv 和 pt.loadings.csv 文件逐一拖曳至 Union 窗口中。单击 Apply 按钮，并于随后单击 OK 按钮退出当前窗口，如图 12.15 所示。

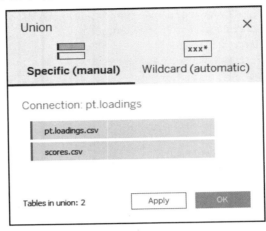

图 12.15

（9）访问 Sheet 1。

（10）将 X1 从 Measures 拖曳至 Columns 中。

（11）将 X2 从 Measures 拖曳至 Rows 中。

（12）将 PC1 从 Measures 拖曳至 SUM(X1)右侧的 Columns 中。

（13）将 PC2 从 Measures 拖曳至 SUM(X2)右侧的 Rows 中。

对应结果如图 12.16 所示。

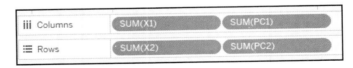

图 12.16

（14）在 Marks 中，单击第二个 SUM(PC1)进而显示扩展内容，如图 12.17 所示。

（15）单击 Automatic 下拉列表，并将标记类型调整为 Line。

（16）将 path 从 Measures 拖曳至 Marks 的 Path 中。

（17）将 trait 从 Dimensions 拖曳至 Marks 的 Label 中，如图 12.18 所示。

（18）在主菜单栏中，访问 Analysis，并在下拉列表中取消选择 Aggregate Measures，如图 12.19 所示。

（19）右击 Columns 中的 PC1，并在下拉列表中选择 Dual Axis，如图 12.20 所示。

图 12.17

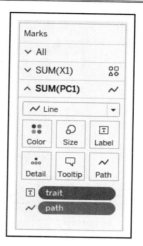

图 12.18

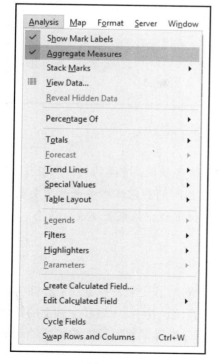

图 12.19

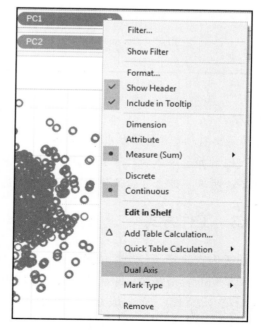

图 12.20

（20）右击 Rows 中的 PC2，并在下拉列表中选择 Dual Axis。至此，我们完成了 PCA，并生成了一个可视化图表，如图 12.21 所示。

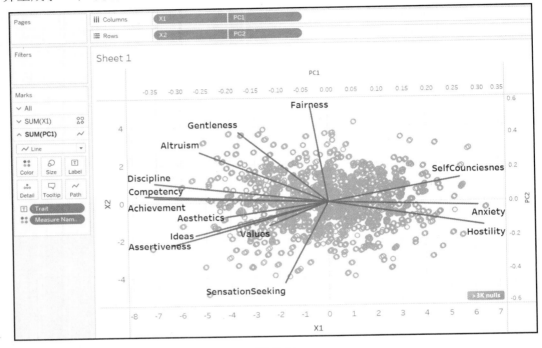

图 12.21

💡提示：

为了使图表更具吸引力且易于阅读，可适当调整格式并强调最重要的元素。在图 12.21 中，我们增加了字体的尺寸并采用了黑体，同时还将圆形的颜色从橘黄色改为灰色，并降低了透明度。读者可尝试使用不同的格式选项，以使可视化结果呈现最佳状态。

12.4.3　工作方式

前述内容执行了一个主成分分析（PCA），同时创建了一个表并显示了群体中的数据点和最初的特征维度，即从图中心位置辐射出来的直线。其中，x 轴和 y 轴上的数值分别表示第一个和第二个主成分。通过定义，前两个成分解释了原始数据中可变性的最大比例，这也是在图表中使用它们的原因。相关数据点表示原始数据中对应的个人，而不是显示不同性格特征上的分值。我们将通过图表方式展示前两个主成分上的分值。另外，通过 R 脚本，我们生成了一个新文件 scores.csv，记录每个主成分上的评分值，并将此类数值保存为度量，如 X1、X2 等。另外一方面，直线表示为原始维度，即性格特征。同时，图 12.21 中还显示了前两个主成分的负荷，或者说二者间的相互关系。相应地，这一类值也保存为度量，即 PC1、PC2 等，并以此解释主成分——负载越高，原始维度对于定义主成分就越重要。最后，前述内容通过 pt.loadings.csv 数据集生成了这一部分图表，其中记录了每个特征在主成分上的负载。

根据直线的长度和方向可以得出结论，第一主成分加载了最多的信息，并根据情绪稳定性区分人群，包括情绪稳定性（左侧）、纪律性和成就、自我意识、焦虑和敌意。

第二个主成分显示于 y 轴上，并通过一侧的 Fairness、Gentleness、Altruism，以及另一侧的 Sensation-seeking 和 Assertiveness 加以定义。该维度可解释为合作与竞争。

💡 提示：

始终应注意这样一个事实，即对成分的解释不仅限于对当前数据的解释，在很大程度上还应依赖于研究领域中的特定知识。

12.4.4　其他

由于前两个成分加载了最为丰富的信息，因而第一个和第二个主成分的可视化操作是一类较为常见的方式。某些时候，可能还希望查看第三个、第四个等主成分。

ℹ 注意：

对此，一种较为方便的方法是定义一个参数，以使用户可在希望看到的主成分之间进行切换。

12.4.5　参考资料

❑ 关于 PCA 方面的更多信息，读者可访问 https://en.wikipedia.org/wiki/Principal_component_analysis。

❑ 对于实现分析的 prcomp 函数，可访问 https://www.rdocumentation.org/packages/kazaam/versions/0.1-0/topics/prcomp，以查看相关文档。

❑ 本书并未深入讨论 R 语言和数据科学方面的知识，读者可访问以下链接以了解更多信息：https://www.statmethods.net/index.html；https://www.r-bloggers.com；https://www.datacamp.com。

12.5 从离散变量中提取数据结构

本节案例将讨论对应分析的执行和可视化过程。对应分析也是一类数据简化技术，常用于品牌形象调查，并在品牌属性图上对其加以显示。

12.5.1 准备工作

本节案例将使用 telco_image.csv 数据集，该数据集源自市场调研结果。在当前案例中，手机用户将在一份调查表中给 3 大移动网络供应商评分。针对调查表中的每个属性，用户需要选择一个适合其描述的最佳品牌。在开始具体工作之前，确保 telco_image.csv 数据集已经保存在本地计算机上。

12.5.2 实现方式

步骤如下：

（1）启动 R 系统，选择 File 和 New script 命令创建新脚本。

（2）在 R Editor 中，输入下列代码。确保将所有文件路径替换为指向设备上适当位置的路径。在代码复制完毕后，确保用双反斜杠替换反斜杠，代码如下：

```
install.packages('ca',repos='http://cran.us.r-project.org')
library(ca)
df <- read.table("C:\\Users\\Slaven\\Desktop\\telco_image.csv",
header=T, sep=",")
n <-ncol(df)
blank <-matrix(NA, 1 ,n)
blank$brands <- c(colnames(df))
brands <- as.data.frame(blank$brands[-1])
names(brands) <- "labels"
labels <-df [ ,1]
labels <- as.data.frame(labels)
labels.df <- rbind(labels,brands)
type1 <-as.data.frame(rep("Brand", nrow(brands)))
names(type1) <- "Type"
type2 <-as.data.frame(rep("Feature", nrow(labels)))
names(type2) <- "Type"
type.df <- rbind(type2, type1)
```

```
num.df<- df[,-1]
c<-ca(num.df)
X <-append(c$rowcoord[,1],c$colcoord[,1], )
Y <-append(c$rowcoord[,2],c$colcoord[,2], )
axes <- data.frame(cbind(X,Y))
fin.data <- cbind(axes,type.df,labels.df)
write.csv(fin.data,
"C:\\Users\\Slaven\\Desktop\\CA_input_data.csv")
```

（3）选择全部代码并单击 Run 图标。此外，也可按下 Ctrl+R 组合键运行代码。

（4）此时，在指定位置处将生成一个 CA_input_data.csv 文件，并以此在 Tableau 中创建可视化结果，对此，启动 Tableau。

（5）在 Connect 面板中，选择 Text file，并访问 CA_input_data.csv，随后选择该文件并单击 Open 按钮。

（6）访问 Sheet 1。

（7）将 X 从 Measures 拖曳至 Columns 中。

（8）将 Y 从 Measures 拖曳至 Rows 中。

（9）将 Labels 从 Dimensions 拖曳至 Marks 的 Label 中。

（10）将 Type 从 Dimensions 拖曳至 Marks 的 Color 中。

（11）将 Type 从 Dimensions 拖曳至 Marks 的 Shape 中，如图 12.22 所示。

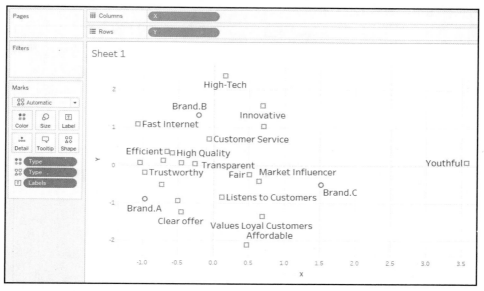

图 12.22

（12）单击 Marks 中的 Shape 按钮，如图 12.23 所示。

（13）通过单击 Select Data Item 下的期望值（Brand 或 Feature），并在 Select Shape Palette 下拉列表中选择期望的形状，可将相关形状分配至对应的品牌和特性中，如图 12.24 所示。

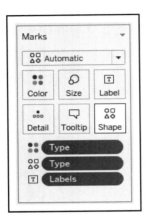

图 12.23

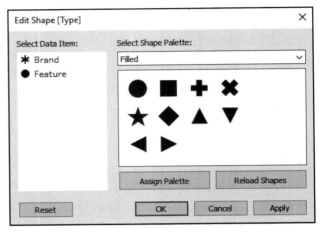

图 12.24

（14）在形状选择完毕后，单击 OK 按钮，并退出 Edit Shape [Type]窗口。至此，对应分析执行完毕，如图 12.25 所示。

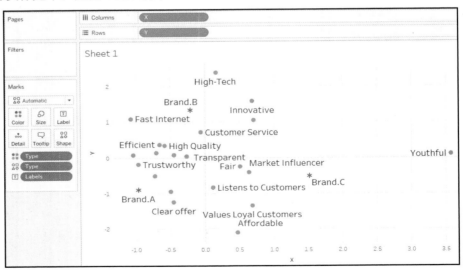

图 12.25

12.5.3　工作方式

对应分析的工作方式类似于 PCA，即发现数据集的潜在结构，这将减少区分相关内容（在当前案例中为品牌）的维度数量，因而可对每个品牌的定位方式有一个较为清晰的认识。在 x 轴和 y 轴上，我们绘制了提取自对应分析中的两个维度，这与主成分分析中的前两个主成分具有相同的功能。

这里，可通过观察属性和品牌的空间关系，或者阅读地图来解释结果。在当前示例中，可以看到 Brand.B 具有高科技和创新特征，同时提供了快速访问互联网的能力，因而可视为一种较好的选择。相比之下，Brand.A 和 Brand.C 则具备价格实惠、重视忠诚度较高的客户，以及提供明确的服务等特征。另外，Brand.A 也被认为是一个值得信赖的品牌，并拥有专业的工作人员；而 Brand.C 则具有年轻、公平的品牌形象，且具有强大的市场影响力。

12.5.4　其他

类似于 PCA，还可以通过地图中属性的位置解释所创建的维度。在当前示例中，y 轴可解释为从实惠/简单的服务到高科技/创新这一趋势；而 x 轴则可解释为信赖程度/友好性/透明度，该轴的另一端则表示为年轻程度。

12.5.5　参考资料

❑　关于对应分析，读者可访问 https://en.wikipedia.org/wiki/Correspondence_analysis，以了解更多内容。

❑　关于 R 语言中的 ca 包，读者可访问 https://cran.r-project.org/web/packages/ca/index.html，以了解更多内容。

12.6　基于树形方法的数据挖掘

分组中的分类是数据挖掘和分析中最重要的任务之一。在前述聚类示例中，通过令 Tableau 发现数据中的分组和模式，我们根据度量生成了相似内容的聚类。但在某些场合下，数据中已经存在一个标注特定分组的维度，我们希望构建一个模型，该模型将利用数据集中的其他字段预测分组成员。对此，可采用基于树形的模型。在本章结束后，我们将利用分类算法构建一棵决策树，同时保持对真实商业问题的关注。

12.6.1　准备工作

本节案例将使用 new_or_used_car.csv 数据集，其中包含了计划在未来 12 个月内购买汽车的人群数据。相关数据涉及人群的年龄、性别和收入，及其目前所驾驶车辆的一些数据，如新车/二手车、出厂日期等。最后，我们将得到一个维度 Future Purchase，表明相关客户是否打算购买新车或二手车。

在深入讨论之前，应确保 new_or_used_car.csv 数据集已保存至计算机上。

12.6.2　实现方式

步骤如下：

（1）选择 File 和 New script，并创建一个新脚本。

（2）在 R Editor 窗口中，输入下列代码，确保将所有文件路径替换为指向设备上适当位置的路径。在代码复制完毕后，确保用双反斜杠替换反斜杠，代码如下：

```
install.packages('rpart',repos='http://cran.us.r-project.org')
library(rpart)
cars <- read.table("C:\\!Slaven\\6 KNJIGA\\4 Advanced analytics\\4
decision tree\\new_or_used_car.csv", header=T, sep=",")
fit <- rpart(FuturePurchase ~ Age + Gender + Education +
FamilyStatus + CurrentCar + AgeOfCurrentCar + MunicipalityType,
method="class", data=cars)
plot(fit, uniform=TRUE, main="Classification of new cars buyers")
text(fit, all=TRUE, cex=.8)
```

（3）选择全部代码，并单击 Run 图标▣。此外，也可按下 Ctrl+R 组合键运行代码。

（4）在生成与 Tableau 的连接时，运行下列代码调用 Rserve 库。

```
library(Rserve)
Rserve()
```

（5）打开 Tableau，并连接至 new_or_used_car.csv 数据集。

（6）在主菜单栏中访问 Help 命令，并在下拉列表中选择 Settings and Performance。在随后打开的下拉列表中选择 Manage External Service Connection...，如图 12.26 所示。

（7）在 Server 字段中输入 localhost。

（8）在 Port 字段中输入 6311。

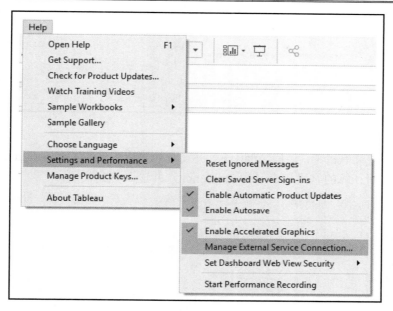

图 12.26

（9）单击 Test Connection 按钮，如图 12.27 所示。

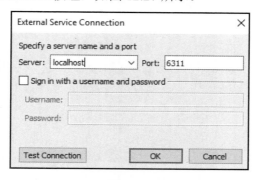

图 12.27

（10）在接收到 Successfully connected to the RServe service 这一条消息后，如图 12.28 所示，单击 OK 按钮退出该通知窗口，并于随后再次单击 OK 按钮，退出 External Service Connection 对话框。

（11）打开新的工作表。

（12）将 Future Purchase 从 Dimensions 拖曳至 Columns 中。

（13）将 Id 从 Dimensions 拖曳至 Marks 的 Tooltip 中。

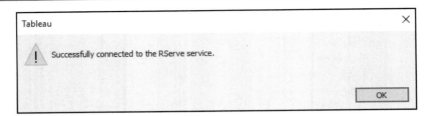

图 12.28

（14）在主菜单栏中，访问 Analysis，并在下拉列表中选择 Create Calculated Field...。

（15）将新计算的字段重命名为 Prediction，并输入下列代码：

```
SCRIPT_STR
('library(rpart);
fit = rpart(FuturePurchase ~ Age + Gender + Education +
FamilyStatus + CurrentCar + AgeOfCurrentCar + MunicipalityType,
method="class",
data.frame(FuturePurchase = .arg1,
Age =.arg2,
Gender =.arg3,
Education =.arg4,
FamilyStatus =.arg5,
CurrentCar =.arg6,
AgeOfCurrentCar =.arg7,
MunicipalityType=.arg8));
io<-predict(fit, type =
"prob");colnames(io)[apply(io,1,which.max)]',
ATTR([Future Purchase]),
AVG([Age]),
ATTR([Gender]),
ATTR([Education]),
ATTR([Family Status]),
ATTR([Current Car]),
AVG([Age Of Current Car]),
ATTR([Municipality Type]))
```

（16）单击 OK 按钮，退出计算字段对话框。

（17）将 Predictions 从 Measures 拖曳至 Marks 的 Color 中。

（18）在主菜单栏中，访问 Analysis，并取消选择 Aggregate Measures。

（19）在下拉列表中，将 Standard 改为 Entire View，如图 12.29 所示。

图 12.30 所示显示了客户的实际和预测分类结果。

图 12.29

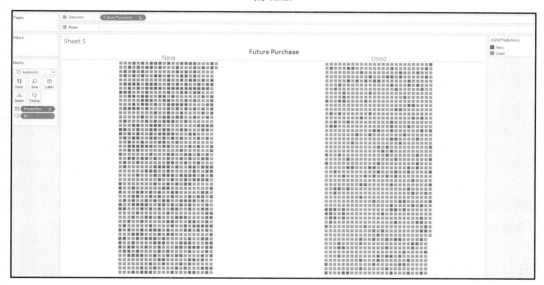

图 12.30

12.6.3　工作方式

决策树所采用的方法是将相关内容重复地划分为较小的同类分组。最后，我们得到了一个分类树，并实现了有效的可视化操作，且易于解释。当前案例根据相关数据回答了下列问题：可否有效地预测购买新车和二手车的客户？答案是肯定的。对此，我们利用之前的 R 脚本生成了一个预测模型，并针对新字段 Prediction 的各种情形记录了预测值。随后生成了一个可视化结果，用于比较 Future Purchase 维度的实际值以及我们的预测值。可以看到，虽然存在少量的错误分类，但模型整体工作良好。

12.6.4　其他

在模型构建完毕后，可将其保存为 .rda 文件，以供新的数据集复用。对于更多消费者数据，如果打算了解购买新车的客户数量，可将此类数据输入已开发的模型中，即可得到一个估计值。读者可参考第 11 章以了解更多细节内容。

12.6.5　参考资料

❑　关于基于树形的模型，读者可访问 https://en.wikipedia.org/wiki/Decision_tree_learning#General，以了解更多内容。

❑　关于 rpart 库，读者可访问 https://cran.r-project.org/web/packages/rpart/rpart.pdf，以了解更多内容。

12.7　识别数据中的异常现象

在分析数据时，我们经常会遇到不寻常的情况、异常值和异常现象，其不同之处在于，它们往往不符合其他数据所体现的模式。鉴于可导致结果"倾斜"，因而应对此加以识别，并从分析结果中予以移除。无论采用哪种方法，重要的是知晓如何对其进行适当的处理。11.4 节曾讨论了如何处理奇异值，该方法相对简单。但对于多个维度，情况则变得愈发复杂。本节案例将学习如何处理多维奇异值。

12.7.1　准备工作

当前案例将使用源自血压健康报告中的数据集，即 age_and_blood_pressure.csv。该数据集包含了参与者的年龄和血压数据。在开始之前，应确保该数据集已保存至本地计算机上。

12.7.2　实现方式

步骤如下：

（1）启动 R 系统，并通过下列代码段打开新的脚本。

```
install.packages('mvoutlier',repos='http://cran.us.r-project.org')
library(Rserve)
Rserve()
```

（2）打开 Tableau，并连接至 age_and_blood_pressure.csv 文件。

（3）在主菜单栏中，访问 Help，并在下拉列表中选择 Settings and Performance。在随后打开的下拉列表中，选择 Manage External Service Connection...。

（4）在 Server 字段中，输入 localhost。

（5）在 Port 字段中，输入 6311。

（6）单击 Test Connection 按钮。

（7）在接收到 Successfully connected to the RServe service 这一条消息后，单击 OK 按钮，关闭通知窗口。随后再次单击 OK 按钮，并退出 External Service Connection 对话框。

（8）将 Age 从 Measures 拖曳至 Columns 中。

（9）将 Blood Pressure 从 Measures 拖曳至 Rows 中。

（10）在主菜单栏中，访问 Analysis，并在下拉列表中选择 Create Calculated Field...。

（11）将新的计算字段重命名为 Outliers，并输入下列代码：

```
IF SCRIPT_REAL("library(mvoutlier);sign2(cbind(.arg1,
.arg2))$wfinal01", AVG([Age]), AVG([Blood Pressure])) == 0 THEN
"Outlier" ELSE "OK" END
```

（12）在主菜单栏中，单击 Analysis，并在下拉列表中取消选择 Aggregate Measures。

（13）将 Outliers 从 Measures 拖曳至 Marks 的 Color 中。图 12.31 所示显示了当前的多维奇异值。

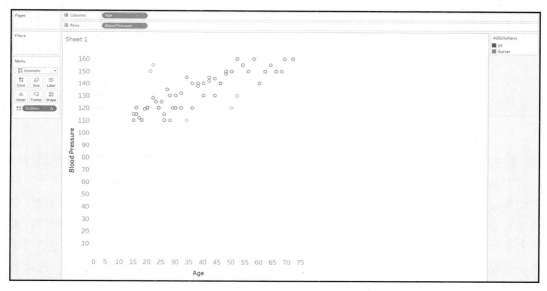

图 12.31

12.7.3　工作方式

当前案例生成了一个散点图以显示多维奇异值，这样做的原因在于，我们无法简单地隔离每个维度上的奇异值。多元奇异值是由它们在多个变量上的位置定义的，因而需要同时对其进行观察。在单独考查时，某些数据在任意维度上均不是奇异值，但在多维度上端观察数值模式时，将会发现它们是奇异值。

当前案例将两名血压分别为 150 和 155 的参与者标记为奇异值，如图 12.32 中的圆圈所示。

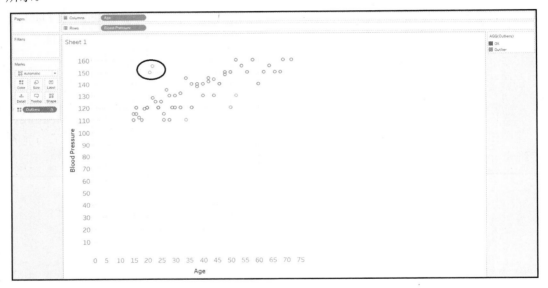

图 12.32

然而，这一类血压值并非特别奇特，某些人的血压则要高得多。从图 12.32 中还可以看到，具有该血压值的其他参与者其年龄也大得多——40 岁或者更大，而图中两个被标记的参与者均是 20 岁左右，而他们的同龄人的血压则要低得多。虽然单独测量的血压值和年龄值都不能说明这两种情况具有极端性，但是综合考虑时，我们发现这两种情况都不太正常——他们的血压在这一年龄范围内是不同寻常的。同样，相反的情形也适用于其他被标注的病例——其血压低于年长的年龄段，因此，如果仅局限于简单的一维奇异值分析，某些疾病将永远不会被发现。

12.7.4　其他

为了保持示例的简单和直观，此处采用了二维数据集（以及二维奇异值），然而，我们经常会遇到具有两个维度以上的数据集。无论如何，用于检测多维异常值的一般方法都是相同的。对此，可使用与本章案例相同的语法，并在必要时添加多个参数。对应的脚本将以相同的方式运行，进而对奇异值进行检测。但是，当处理多个维度时，通常无法方便地在散点图上可视化多维奇异值——奇异值的数值模式分散在多个维度上。对此，可查看 R 语言 mvoutlier 数据包中的 uniplot 函数（对应网址为 https://www.rdocumentation.org/packages/mvoutlier/versions/2.0.9/topics/uni.plot），并可将数值模式展开为一系列的一维投影。与 Tableau 相比，尽管缺少一定的简洁性，但这提供了关于奇异值的一些解释方式。

12.7.5　参考资料

关于 mvoutlier 数据包和多元奇异值的一般检测方式，读者可访问 https://cran.rproject.org/web/packages/mvoutlier/index.html，以了解更多内容。

第13章　部署 Tableau Server

本章主要涉及以下内容：

❏　在 Windows 环境下部署 Tableau Server。

❏　部署至 Tableau Server。

❏　利用 AWS 在 Linux 上部署 Tableau Server。

❏　使用 Tabcmd。

13.1　技术需求

相应地，存在多种方式可获得 Tableau Server，具体如下：

❏　本地部署。

❏　利用 AWS、Azure 或 Google Cloud Platform 在云上部署。

❏　在 Cloud Marketplace 中获取预配置的 Tableau Server。

❏　使用 Tableau Online。

本章案例将使用 AWS，在 EC2 实例上部署 Tableau Server，进而获得云的各种优势和灵活性，同时展示 Tableau Server 的主要概念。

这里将使用第 10 章创建的同一 AWS 账户，同时还应针对 Linux 和 Windows 环境启用 EC2 实例。

13.2　简　　介

Tableau Server 是任何分析方案的核心元素，可通过跨机构方式共享分析结果，并运行用户访问企业数据，同时兼具安全性和可伸缩性。而且，近期发布的 Tableau Server 还支持 Windows 和 Linux 环境。

Tableau 的服务器许可涉及以下两种选择方案。

❏　基于用户：每个访问 Tableau Server 的用户都需要许可证。相应地，基于用户的许可证包含不同的选项，如 Viewer、Exploer 和 Creater。

❑　基于内核：针对所有的 Tableau Server 实现，所许可的内核总数。

在规划 Tableau Server 实现的开始阶段，需要准备规划硬件，以及基于业务需求的许可证，具体如下：

❑　机构所拥有的用户。

❑　机构的成长速度。

❑　用户的 Tableau 认知水平。

❑　Data Warehouse 的大小。

❑　其他。

关于许可证类型，读者可访问 https://onlinehelp.tableau.com/current/server/en-us/license_server_overview.htm，以了解更多内容，且均支持 Linux 和 Windows 实现。除此之外，读者还可访问 https://www.tableau.com/pricing/teams-orgs，以了解许可证的价格机制。

本章主要介绍 Tableau Server 在 Linux 和 Windows 环境下的部署方式，以及二者间的差异。另外，本章还将讨论 Tableau Server 的核心概念，以及利用 AWS 实施部署的最佳实践方案。

13.3　在 Windows 环境下部署 Tableau Server

本节案例将学习如何在 Windows 环境下在 AWS 上自行部署 Tableau Server。自行部署在安全性、可伸缩性和容量方面提供了较大的灵活性。除此之外，与本地解决方案相比，总成本和云部署时间也会大大降低。

13.3.1　准备工作

当处理本节案例时，应具有 AWS 账户和 Tableau Server 产品密钥。

对于单一产品实例，可利用下列资源需求构建 EC2 实例：

❑　Windows Server 2012 R2，64 位，或 Windows Server 2016，64 位。

❑　16+ vCPU。

❑　64+ GB RAM（4 GB RAM/CPU）。

❑　30～50GB 的操作系统空间。

❑　100+ GB 的 Tableau Server 空间。

❑　EBS 存储类型（SSD（gp2）或提供的 IOPS）。

❑　小于或等于 20 毫秒。

ⓘ 注意：

最低硬件需求为 64 位处理器、16 vCPU、32GB RAM、50GB 硬盘空间，否则将无法安装 Tableau Server。

13.3.2　实现方式

首先需要登录 AWS，并执行下列各项步骤：

（1）创建虚拟私有云（VPC）。

（2）访问 Amazon VPC 控制台。

（3）单击 Launch VPC Wizard，如图 13.1 所示。

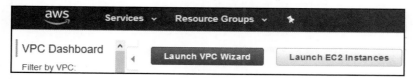

图 13.1

（4）选择 VPC with a Single Public Subnet，如图 13.2 所示。

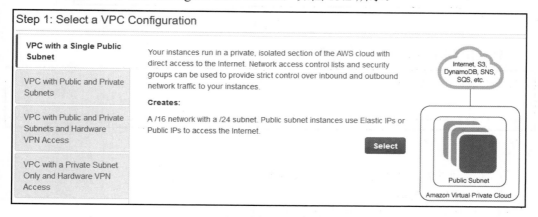

图 13.2

ⓘ 注意：

当创建 VPC 时，应确保包含基于 Internet Gateway 和 Router 表的 Public Subnet，否则，仅可从 VPC 访问 Tableau Server GUI 。对此，读者可参考 AWS 文档，对应网址为 https://docs. aws.amazon.com/vpc/latest/userguide/what-is-amazon-vpc.html。本章并不打算着重讨论为服务器创建互联网访问，而是使用 RDp 和 Private DNS 访问 Tableau Server。

（5）命名 VPC，并单击 Create VPC，如图 13.3 所示。

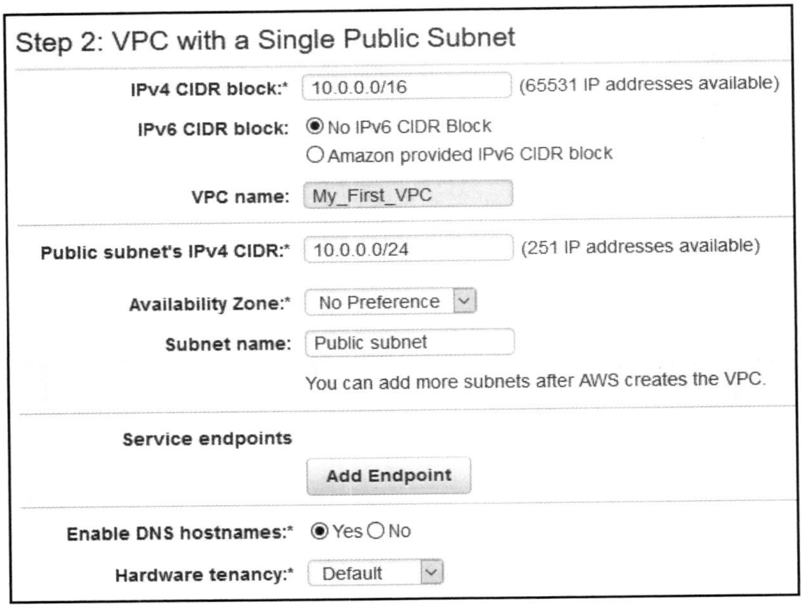

Step 2: VPC with a Single Public Subnet

IPv4 CIDR block:*	10.0.0.0/16 (65531 IP addresses available)
IPv6 CIDR block:	◉ No IPv6 CIDR Block
	○ Amazon provided IPv6 CIDR block
VPC name:	My_First_VPC
Public subnet's IPv4 CIDR:*	10.0.0.0/24 (251 IP addresses available)
Availability Zone:*	No Preference ▼
Subnet name:	Public subnet
	You can add more subnets after AWS creates the VPC.

Service endpoints

Add Endpoint

Enable DNS hostnames:*	◉ Yes ○ No
Hardware tenancy:*	Default ▼

图 13.3

（6）图 13.4 所示显示了所创建的 VPC。

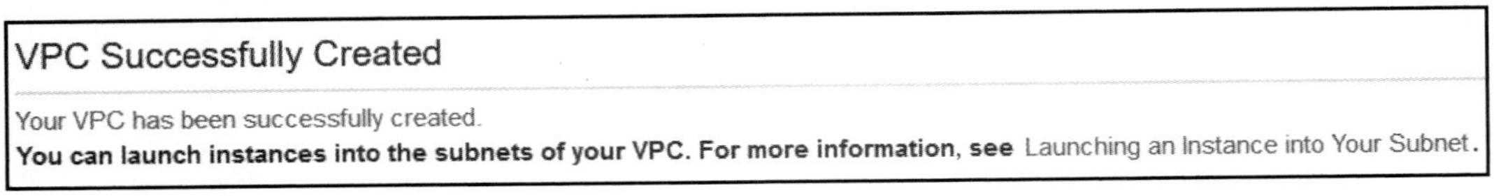

VPC Successfully Created

Your VPC has been successfully created.
You can launch instances into the subnets of your VPC. For more information, see Launching an Instance into Your Subnet.

图 13.4

（7）接下来配置网络和安全项，具体步骤如下：

❑　访问 EC2 控制台。

❑　确保所处区域与所创建的 VPC 处于同一位置。

❑　单击 Navigation 面板中的 Security Groups。

❑　单击 Create Security Group。

❑　填写安全分组名称、描述内容，并选择上一步所创建的 VPC，如图 13.5 所示。

（8）单击 Add Rule 按钮，创建入站规则，如图 13.6 所示。

（9）针对 HTTP、HTTPS 和 RDP 创建入站流量规则，随后单击 Create 按钮，如图 13.7 所示。

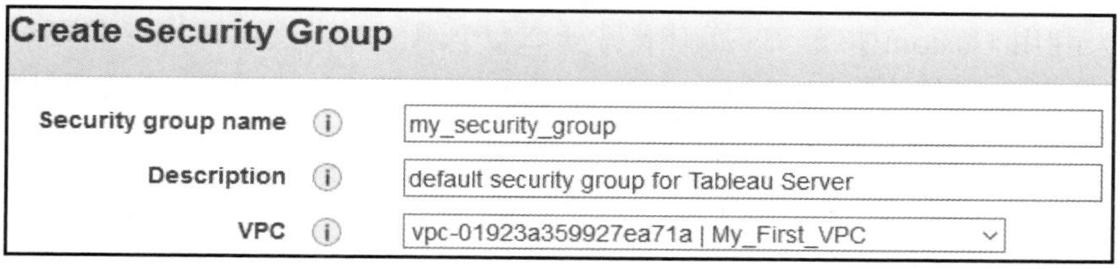

Create Security Group

Security group name ⓘ	my_security_group
Description ⓘ	default security group for Tableau Server
VPC ⓘ	vpc-01923a359927ea71a | My_First_VPC ⌄

图 13.5

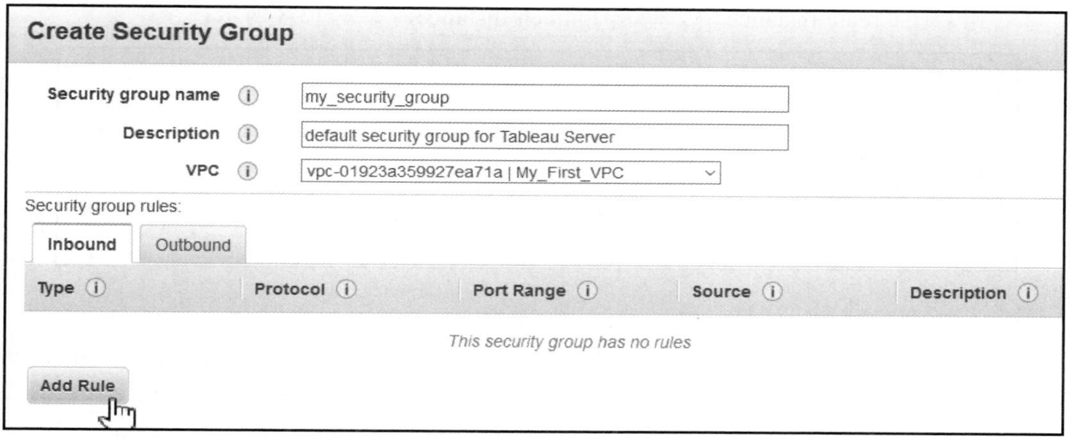

Create Security Group

Security group name ⓘ	my_security_group
Description ⓘ	default security group for Tableau Server
VPC ⓘ	vpc-01923a359927ea71a | My_First_VPC ⌄

Security group rules:

| Inbound | Outbound |

Type ⓘ	Protocol ⓘ	Port Range ⓘ	Source ⓘ	Description ⓘ
		This security group has no rules		

Add Rule

图 13.6

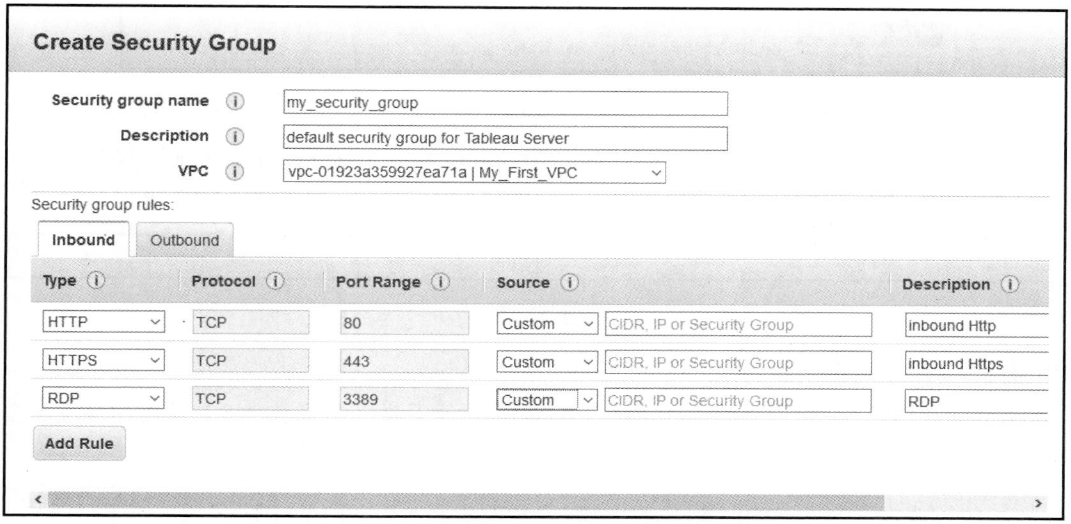

Create Security Group

Security group name ⓘ	my_security_group
Description ⓘ	default security group for Tableau Server
VPC ⓘ	vpc-01923a359927ea71a | My_First_VPC ⌄

Security group rules:

| Inbound | Outbound |

Type ⓘ	Protocol ⓘ	Port Range ⓘ	Source ⓘ		Description ⓘ
HTTP ⌄	TCP	80	Custom ⌄	CIDR, IP or Security Group	inbound Http
HTTPS ⌄	TCP	443	Custom ⌄	CIDR, IP or Security Group	inbound Https
RDP ⌄	TCP	3389	Custom ⌄	CIDR, IP or Security Group	RDP

Add Rule

图 13.7

（10）利用 Custom 指定 IP 范围或另一个安全组。对于产品环境，需要对环境访问者予以限制。除此之外，还应针对 Linux 环境添加 SSH 端口 22。最后，还需要针对 Tableau Service Manager（TSM）Web 接口添加端口 8850。

（11）启动 Amazon EC2 实例。

（12）访问 EC2 控制台。

（13）验证是否与刚创建的 VPC 处于同一区域。

（14）在 Create Instance 下，单击 Launch Instance，如图 13.8 所示。

图 13.8

（15）针对 64 位 Windows Server 2012 R2 或 64 位 Windows Server 2016 选择 Amazon Machine 图像，如图 13.9 所示。

图 13.9

（16）在 Choose an Instance Type 菜单中，滚动并选择满足 Tableau Server 推荐需求的实例，即 16+ vCPU 和 64+ GB RAM（4 GB RAM/vCPU），如图 13.10 所示。

	General purpose	m5a.4xlarge	16	64

图 13.10

 提示：

Amazon EC2 T2 实例上不支持安装 Tableau。对于开发、测试和生产，典型的环境类型为 c5.4xlarge、m5.4xlarge、r5.4xlarge。

（17）选择之前创建的 VPC，进而配置实例类型，如图 13.11 所示。

| 1. Choose AMI | 2. Choose Instance Type | 3. Configure Instance | 4. Add Storage | 5. Add Tags | 6. Configure Security Group | 7. Review |

Step 3: Configure Instance Details

Configure the instance to suit your requirements. You can launch multiple instances from the same AMI, request Spot instances to take advantage of

Number of instances ⓘ	1 　　　　　 Launch into Auto Scaling Group ⓘ
Purchasing option ⓘ	☐ Request Spot instances
Network ⓘ	vpc-01923a359927ea71a | My_First_VPC ∨　C　Create new VPC
Subnet ⓘ	subnet-00be4dd887e442110 | Public subnet | us-ea ∨　Create new subnet
	251 IP Addresses available
Auto-assign Public IP ⓘ	Use subnet setting (Disable) ∨
Placement group ⓘ	☐ Add instance to placement group
Capacity Reservation ⓘ	Open ∨　C　Create new Capacity Reservation
Domain join directory ⓘ	No directory 　　　C　Create new directory
IAM role ⓘ	None ∨　C　Create new IAM role
CPU options ⓘ	☐ Specify CPU options
Shutdown behavior ⓘ	Stop ∨
Enable termination protection ⓘ	☐ Protect against accidental termination
Monitoring ⓘ	☐ Enable CloudWatch detailed monitoring Additional charges apply.
EBS-optimized instance ⓘ	☑ Launch as EBS-optimized instance

图 13.11

（18）添加 100GB 的存储空间作为独立的驱动器，同时需要对其进行分区和加载，如图 13.12 所示。

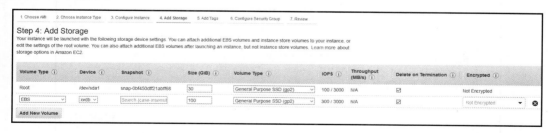

图 13.12

（19）在 Configure Security Group 菜单中，选择之前创建的安全组，如图 13.13 所示。

（20）检查所创建的实例，并启动该实例。

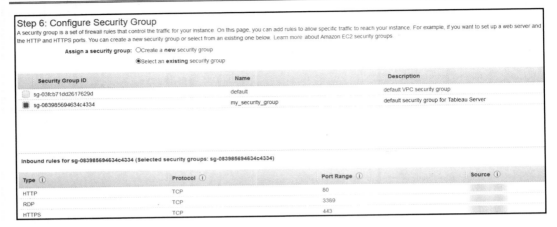

图 13.13

（21）创建密钥对文件（或者使用现有的文件）。此处需要创建该 .pem 文件，并通过远程方式登录服务器，如图 13.14 所示。

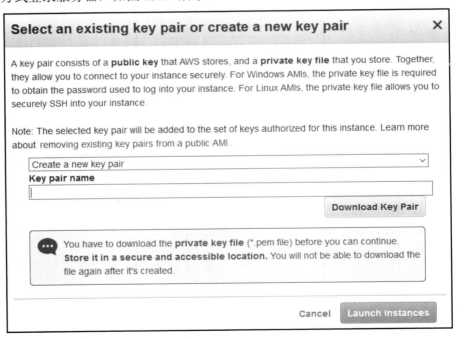

图 13.14

（22）启动实例可能会花费几分钟时间。在初始化时，将复制下一步所需的实例 ID，如图 13.15 所示。

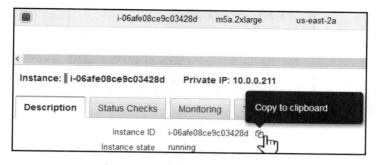

图 13.15

（23）针对 VPC 生成弹性 IP 地址，操作步骤如下：

❑　访问 Amazon VPC 控制台。

❑　使用与之前创建 VPC 时相同的区域。

❑　在 Navigation 面板中，选择弹性 IP，如图 13.16 所示。

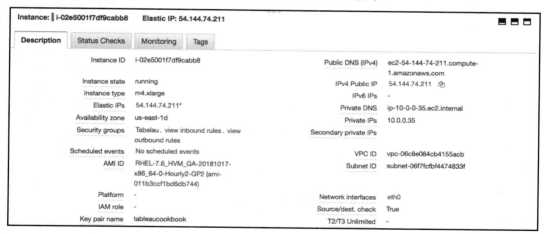

图 13.16

（24）单击 Allocate new address 按钮，随后单击下一幅画面中的 Allocate，如图 13.17 所示。

图 13.17

（25）创建完毕后，单击 Actions 菜单，并选择 Associate address，如图 13.18 所示。

图 13.18

（26）在 Associate address 窗口中，选择 Instance 资源类型，以及之前创建的服务器/实例，如图 13.19 所示。

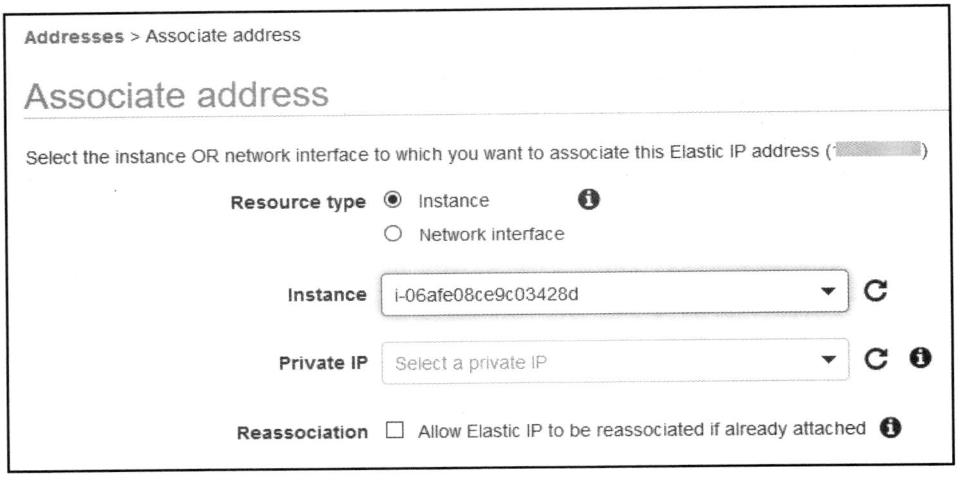

图 13.19

（27）利用远程桌面登录 Amazon EC2，具体步骤如下：

❑　访问 EC2 控制台。

❑　选择启动当前实例的区域。

❑　在 EC2 仪表板中，单击实例。

❑　选择当前实例，单击 Actions，并选择 Connect，如图 13.20 所示。

（28）在 Connect To Your Instance 对话框中，单击 Download Remote Desktop File。

（29）单击 Get Password，并选择之前生成的 .pem 文件。

（30）单击 Decrypt Password，在显示后对其进行复制和保留，如图 13.21 所示。

（31）利用之前保存的 .rdp 文件登录，并忽略任何消息和警告内容。

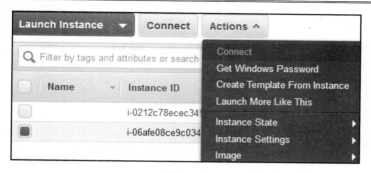

图 13.20

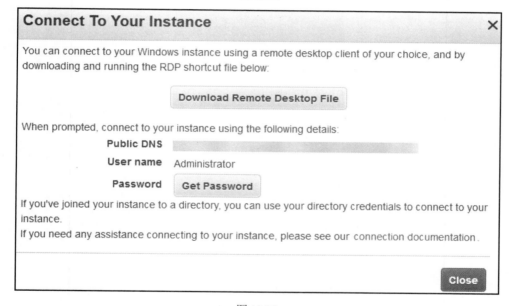

图 13.21

（32）安装 Tableau Server，具体步骤如下：

❑　下载 Tableau Server 2019.x 安装程序并于本地保存。

❑　对于单个节点，双击安装程序并按照说明创建一个新的 Tableau Server 安装。一种较好的方法是安装在独立的硬盘驱动器上，而非 C 盘上。之前设置 EC2 实例时曾对此有所添加。

（33）在 Tableau Server 安装完毕后，需通过账户并以本地管理员身份运行 Tableau Services Manager（TSM）Web UI 和 CLI 工具。随后，遵循相关指令激活并注册 Tableau Server，并完成如图 13.22 所示的设置。

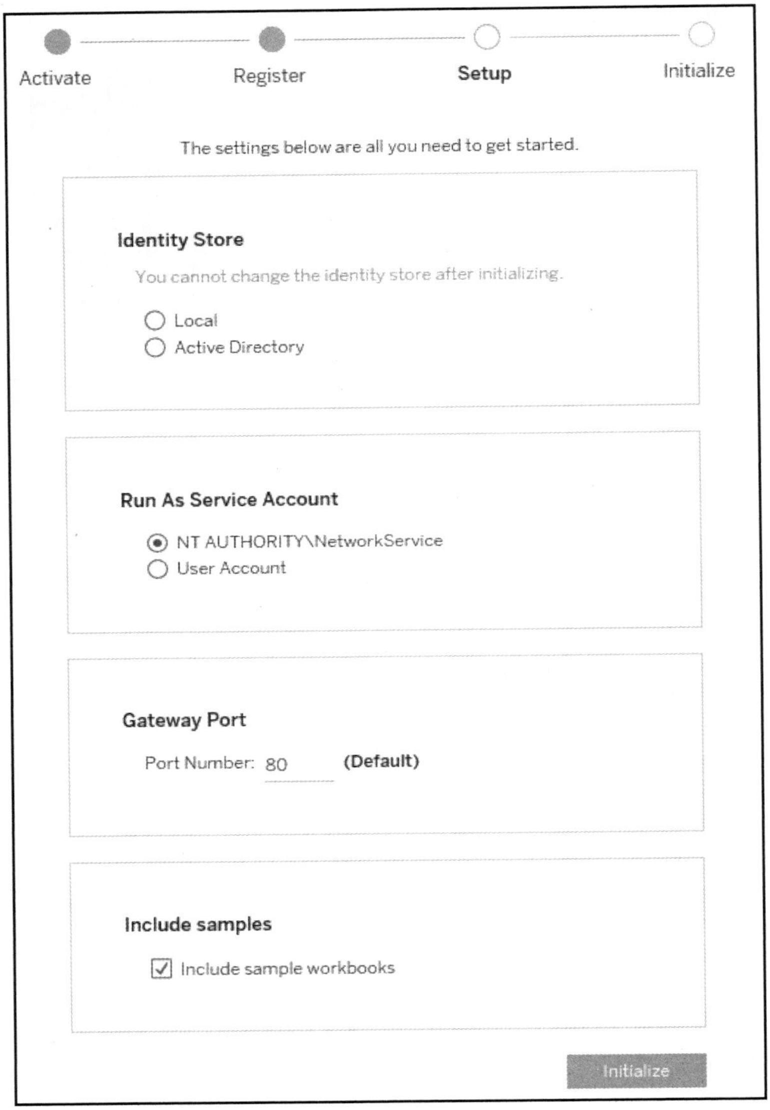

图 13.22

（34）单击 Initialize 按钮。

（35）图 13.23 所示显示了初始化过程。

（36）单击 Continue 按钮，如图 13.24 所示。

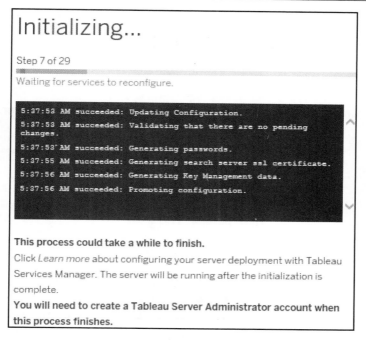

图 13.23

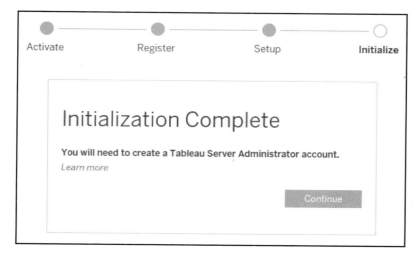

图 13.24

（37）创建 Tableau 管理员账户，如图 13.25 所示。

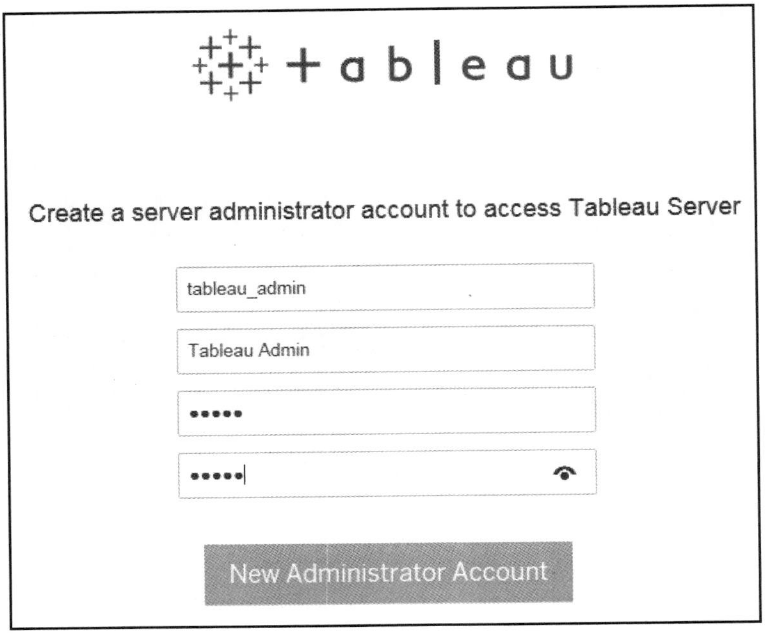

图 13.25

ℹ 注意:

默认状态下，Tableau 将使用 Local Authentification 方法。针对产品环境，则可采用另一种认证方法，如 AD 和 Kerberos 等。对此，读者可参考 Tableau 文档，对应网址为 https://onlinehelp.tableau.com/current/server/ en-us/security_auth.htm。另外，可使用 TSM CLI 或 TSM GUI 设置认证方法，并在 Tableau Server 的初始化过程中执行该任务。在后续操作中，不可切换至另一种方法。

（38）通过访问 Tableau 内建的管理视图，还可对安装结果进行验证，如图 13.26 所示。

ℹ 注意:

这是针对单节点时 Tableau Server 的默认配置。如果可以的话，还可适当地增加后台运行程序的数量。这是一类高级话题，且依赖于机构的具体需求。关于 Tableau Server 的大小设置，读者可访问 https://www.tableau.com/learn/whitepapers/tableauserver-scalability-technical-deployment-guide-serveradministrators#OcvXkMS7csDuTIRu.99，以了解更多内容。

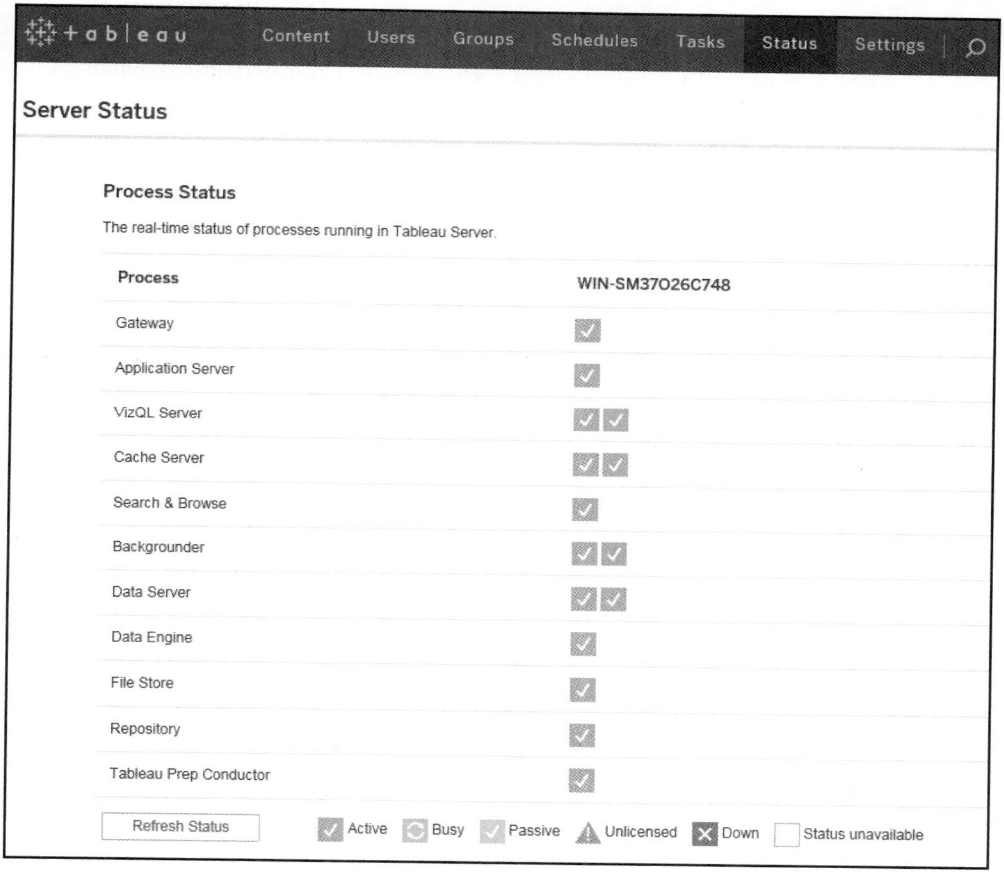

图 13.26

13.3.3　工作方式

利用 AWS，我们创建了基础设施和服务器以供 Tableau Server 使用。此外，还创建了包含私有子网的虚拟私有云，并在 VPC 中构建了安全组。因此，可以接收 Web 请求和远程桌面至服务器。同时，前述内容还配置了 EC2，并启动了该实例。随后，我们下载了 Tableau Server 安装程序，并使用新的 TSM 配置 Tableau Server。

13.3.4　其他

我们还可以使用自动 SilentInstaller.py 安装程序，该程序采用 Python 语言编写，并受到了社区的广泛支持。自动安装程序适用于多个服务器和多种环境，同时包含了相同的配置。读者可访问 https://onlinehelp.tableau.com/current/server/en-us/automated_install_windows.htm，以了解更多信息。

另外，作为新特性，TSM 在 2018 R2 版本中被引入至 Windows 环境，并在 10.5 版本中被引入至 Linux 环境中，并实现了 Tableau Server 的配置和管理功能。读者可访问以下地址以了解更多信息。

❑　　Windows 环境：https://onlinehelp.tableau.com/current/server/en-us/tsm_overview.htm。

❑　　Linux 环境：https://onlinehelp.tableau.com/current/server-linux/en-us/tsm_overview.htm。

如果 Tableau Server（早期版本）未安装 TSM，同时需要执行升级操作，则需要安装 Tableau Server 以及 TSM 新版本的副本文件，这也可视为该工具的一个缺点。读者可访问 https://onlinehelp.tableau.com/current/server/en-us/sug_pretsm_to_tsm.htm，以了解更多内容。

关于第二个和第三个节点的协同服务和配置过程，读者可访问 https://onlinehelp.tableau.com/current/server/en-us/distrib_ha_install_3node.htm，以了解更多内容。

13.3.5　参考资料

Tableau Server 的安装操作还可采用其他方法，其中之一是构建集群环境，该架构适用于 24 小时服务且性能优化的系统。

当前案例假设已经在 AWS 中建立了正确的体系结构组件，并遵循了网络安全和负载平衡的最佳实践策略。

（1）当在第一个节点（记为实例 1）上安装 Tableau 时，可采用 Create new Tableau Server installation 选项。当在冗余节点（记为实例 2）上安装 Tableau Server 时，则可采用 Add additional node to existing Tableau Server cluster 选项，如图 13.27 所示。

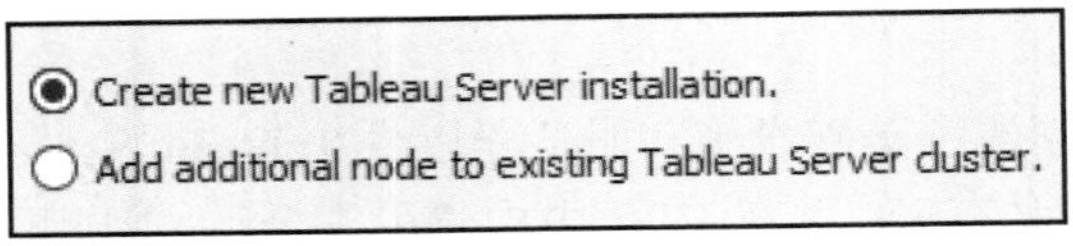

图 13.27

（2）登录 TSM，并创建实例 1 的引导文件。

（3）访问 Configuration，并单击 Download Bootstrap File，如图 13.28 所示。

（4）将 bootstrap.json 文件复制至实例 2 中，执行安装程序，并填写节点配置项，如图 13.29 所示。

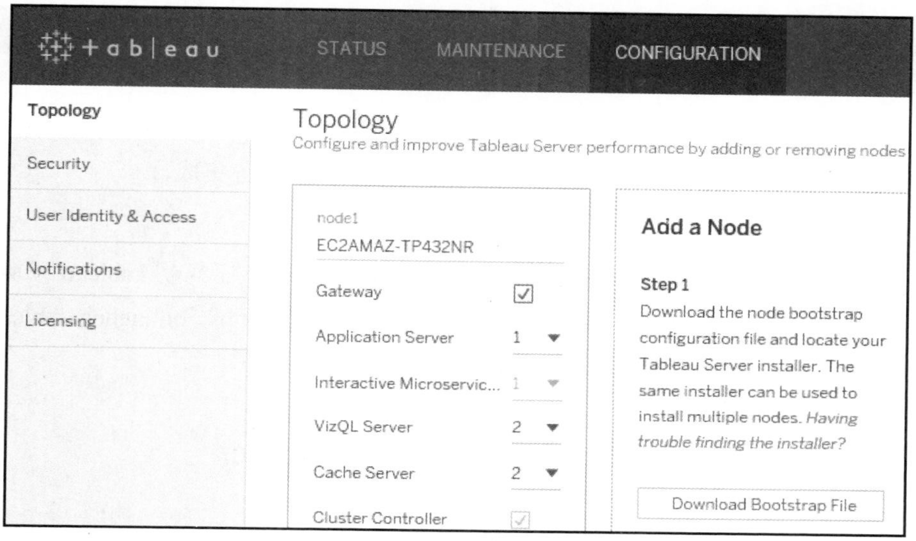

图 13.28

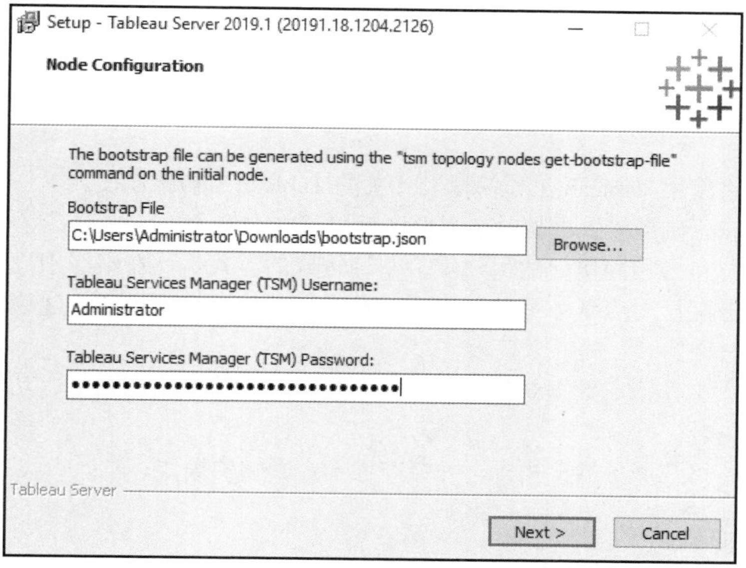

图 13.29

（5）当出现提示时，登录到 TSM，随后将看到一条消息，显示节点 2 已添加到集群中。单击 Continue 按钮，查看 Pending Changes 和 Apply Changes 选项卡，接下来单击 Restart 和 Confirm 按钮，如图 13.30 所示。

图 13.30

（6）如果安装了 3 个或 4 个节点，还应部署一个协同服务集成。

注意：

关于第二个和第三个节点中的协同服务和配置过程，读者可参考 Tableau 帮助文档，其中包含了与高可用性和冗余性相关的丰富内容，对应网址为 https://onlinehelp.tableau.com/current/server/en-us/distrib_ha_install_3node.htm。

13.4　部署至 Tableau Server

本节案例将展示如何针对安全性和可用性配置 Tableau Server。从企业级层面来讲，Tableau Server 是一种安全的分析结果共享方式。在登录后，每位用户均可查看相关内容，并与其协同工作。本节将针对内容管理构建一个框架。

13.4.1　准备工作

本节案例将使用 Tableau 工作簿以及相关的 Tableau Server URL。

当针对用户正确地设置框架时，需要了解以下 3 个概念。

❑ 分组：包含相同访问的用户集。一种较好的方式是，在组级别设置权限，并将用户分配至对应组。另外，作为一种较好的用户管理模式，建议用户仅隶属于一个分组。

❑ 项目：工作簿和数据源的文件夹和子文件夹。建议根据角色、功能和用户隔离相关内容。

❑ 权限：可在服务器上执行，并会产生一定影响的操作。

13.4.2　实现方式

当前案例将创建相关项目、分组、用户并设置权限，步骤如下：

（1）访问 Create | Project，分别针对 Marketing 和 Finance 创建新项目，如图 13.31 所示。

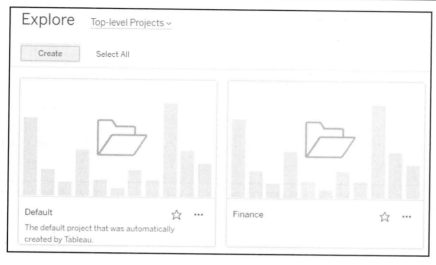

图 13.31

（2）针对 Finance 创建以下 3 个分组，对应结果如图 13.32 所示。

❑ Owner。

❑ Developers。

❑ Viewers。

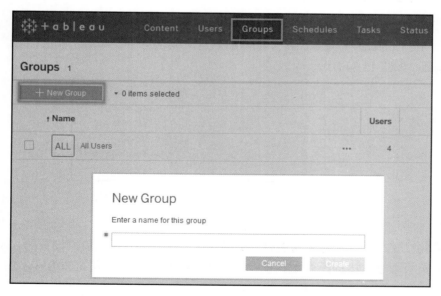

图 13.32

（3）创建下列 5 个本地用户，具体如下。

❑　Lisa: Finance Site Administrator Creator。

❑　Mike: Finance Explorer(publish)。

❑　Eric: Finance Explorer(publish)。

❑　John: Finance Viewer。

❑　Satu: Finance Viewer。

（4）将此类用户添加至对应的分组中。此处认为，开发人员是指能够发布视图和数据源的用户，如图 13.33 所示。

Site role	View/Interact	Subscriptions & Alerts	Web Edit	Publish Views	Create Data Sources
Creator	✔	✔	✔	✔	✔
Explorer (can publish)	✔	✔	✔	✔	
Explorer	✔	✔	✔		
Viewer	✔	✔			
Unlicensed					

Server administrators can manage Server and manage/create Sites

Site administrators can manage a Site

图 13.33

（5）在 Content 页面中，将分组添加至对应的项目中，即单击椭圆图标，并选择 Permissions，如图 13.34 所示。

图 13.34

（6）将分组添加到项目中，并为每个分组分配权限角色。这些角色可充当模板，以帮助简化设置。当查看各项功能时，可展开这一部分内容。之前所设置的权限可使内容开发人员管理项目中的所有数据资源，而查看者仅可查看所发布的内容，如图 13.35 所示。

图 13.35

在 2019.1 版本中，还可通过 Tableau Prep Conductor 管理 Tableau Prep 流。

（7）锁定权限，以使内容开发人员无法获得设置于服务器上的默认权限，如图 13.36 所示。

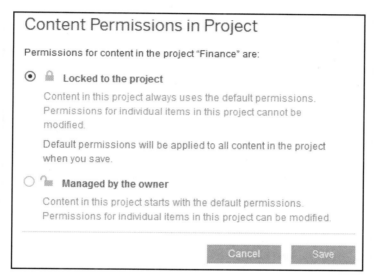

图 13.36

对于测试用户来说，可尝试采用具有权限的单一账户发布至服务器；此外，还可尝试使用不包含发布访问权限的账户执行服务器的发布操作。

（8）在 Tableau Developer 中，打开 Superstore 样板工作簿，访问 Server 菜单，并选择 Publish Workbook...，如图 13.37 所示。

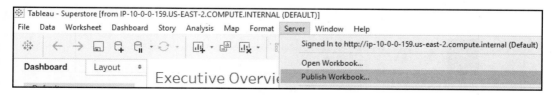

图 13.37

（9）发布至 Finance 项目，如图 13.38 所示。

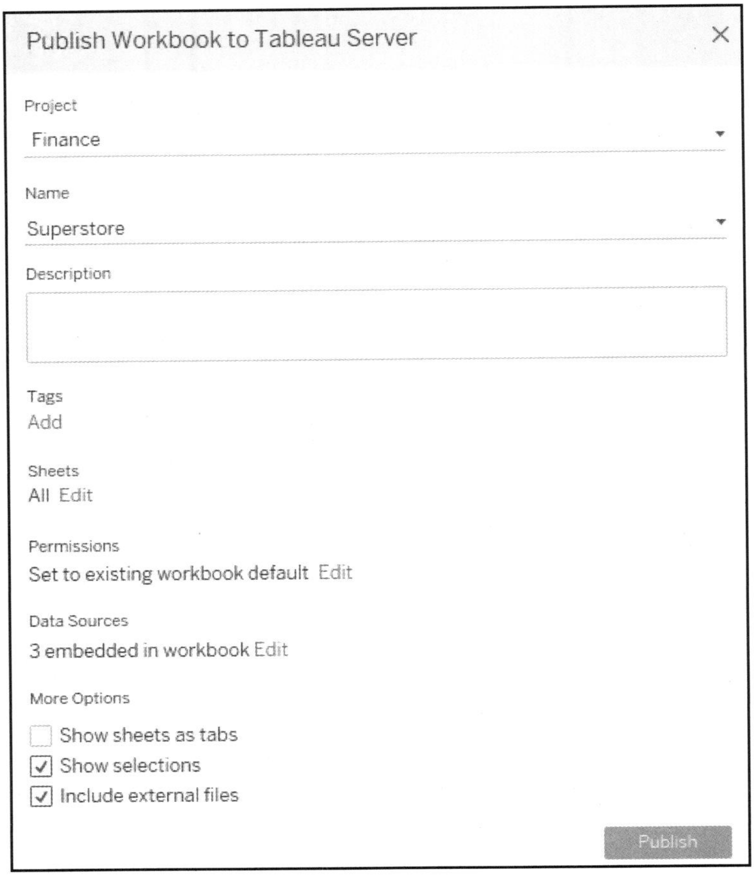

Publish Workbook to Tableau Server　　　　　　　　　　×

Project
Finance

Name
Superstore

Description

Tags
Add

Sheets
All Edit

Permissions
Set to existing workbook default Edit

Data Sources
3 embedded in workbook Edit

More Options
☐ Show sheets as tabs
☑ Show selections
☑ Include external files

Publish

图 13.38

（10）在 Prep 中，从测试站点中打开示例流，访问 Server 菜单，并选择 Publish Flow，如图 13.39 所示。

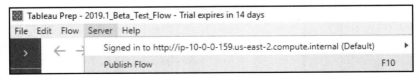

图 13.39

（11）发布至 Finance 项目中，如图 13.40 所示。

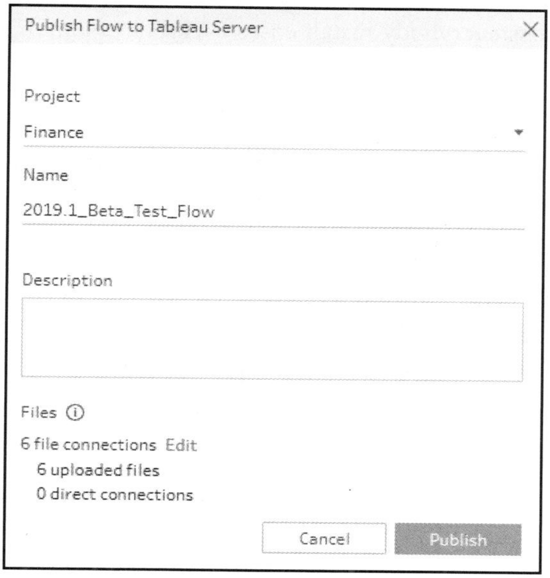

图 13.40

（12）登录服务器并访问所发布的内容，随后尝试使用其他用户身份执行上述操作。

13.4.3　工作方式

前述内容针对 Finance 团队创建了一个项目，并根据用户动作创建了分组。在原型示例中，我们构建了相关用户，并将此类用户添加至每个分组中。接下来，将权限模板分配至分组中（在项目级别）。最后，我们锁定了权限以确保当前模型不受影响。我们通过将一个示例工作簿和示例流上传到服务器来说明权限的工作原理。

13.4.4　其他

对于权限，还有一些问题需要注意。当前，仅可为内容分配权限。个人权限将优先于任何分组权限。同时，每名用户均添加至 All Users 组中。删除这个组十分重要，这样它就不会与其他分组权限发生冲突。

13.4.5　参考资料

服务器管理的很大一部分内容是监视机制和环境的调优，确保 Tableau Server 处于健康状态。关于设置通知、监视和调优，Tableau 涵盖了丰富的文档，读者可访问 https://onlinehelp.

tableau.com/current/guides/everybody-install/en-us/everybody_admin_monitor.htm，以了解更多内容。

13.5　利用 AWS 在 Linux 环境中部署 Tableau Server

长期以来，Tableau Server 仅适用于 Windows 平台，但在 Tableau 10.5 版本以后，情况有所改变，Tableau Server 也支持 Linux 平台，因而 Tableau Server 体现了更大的灵活性。除此之外，这还取决于机构的文化，以及维护和支持 Linux 或 Windows 服务器的可用资源。可以肯定地说，使用云环境将简化这一过程。

Linux 上的 Tableau 服务器使 Tableau 产品更具平台无关性。此外，它还进一步提高了部署的安全性，并降低了使用成本。

13.5.1　准备工作

本节案例将针对 Linux 平台下载最新版本的 Tableau Server，并利用 AWS 账户在 EC2 Linux 实例上对其进行部署。

这里将使用与前述 Windows 案例相同的 VPC，或者也可从头进行部署，具体如下：
- 启用 EC2 Linux 实例。
- 针对 Linux 平台下载 Tableau Server。
- 安装 Tableau Server，并通过 SSH 对其进行访问。

在开始之前，读者还可访问 https://onlinehelp.tableau.com/current/guides/everybody-install-linux/en-us/everybody_admin_intro.htm，以了解更多安装信息。

13.5.2　实现方式

该过程较为直观，同时也希望读者具备一些 Linux 经验。当前案例将使用 CLI，并选用 Ubuntu、Red Hat Enterprise Linux（RHEL）、CentOS 7、Amazon Linux 2 和 Oracle Linux。在安装之前，建议读者首先查看相关文档，确保使用支持 Tableau 的最新版本的 Linux。

（1）登录 AWS，并访问 EC2 仪表板。在前述示例中曾生成了 VPC 和安全组，这里将继续对其加以使用。

（2）利用 RHEL 7 启用 EC2。访问 Amazon EC2 Console 控制台，并在 Create Instance 下单击 Launch Instance。

（3）选择可满足性能要求的 Amazon Machine Image（AMI），此处将使用 m4.xlarge，

其中包含了 16GB RAM，并可满足当前需求。对此，读者可参考 Tableau 文档，对应网址为 https://onlinehelp.tableau.com/current/server-linux/en-us/ts_aws_virtual_machine_selection.htm。

注意：

应在创建 VPC 相同的区域内创建 EC2。

（4）表 13.1 显示了配置实例的细节内容。

表 13.1

项　　目	配　　置
网络	My_First_VPC
存储空间	100 GB
安全组	my_security_group

（5）随后单击 Launch，这将生成一个密钥对（或使用现有的密钥对）。SSH 将以此下载、安装 Tableau Server。

（6）针对 EC2 实例创建静态 Elastic IP。对此，打开 Amazon VPC 控制台，访问 Elastic IP，并单击 Allocate new address。默认状态下可使用全部设置项。随后，将新的 Elastic IP 与 EC2 实例关联。最终，EC2 实例将获得新的 IP，并用于主机连接，如图 13.41 所示。

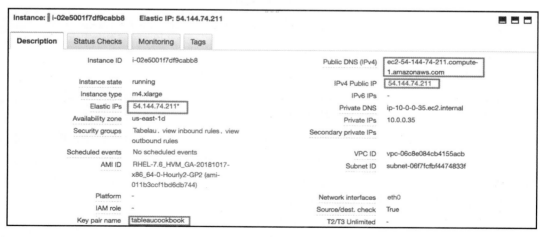

图 13.41

（7）基于 macOS 环境，可使用 CLI；对于 Windows 环境，则可采用 Putty。当前示例使用了 macOS（并打开 Terminal），同时需要使用私钥执行下列命令：

```
cd ~/.ssh
chmod 400 tableaucookbook.pem
ssh -i ~/.ssh/tableaucookbook.pem ec2-
user@ec2-54-144-74-211.compute-1.amazonaws.com
```

相关命令的解释如下。

❑ ec2-user：表示默认的用户。

❑ tableaucookbook.pem：源自密钥对。

❑ ec2-54-144-74-211.compute-1.amazonaws.com：表示 EC2 实例的公共 DNS。

接下来安装 Tableau Server。

（8）下载并安装 Tableau Server 文件。这里将使用 Tableau Server 2019.x 的最新版本。在 CLI 中执行下列命令：

```
sudo yum update
sudo yum install wget
wget
"https://downloads.tableau.com/esdalt/2018.3.2/tableau-server-<tableau
version>.x86_64.rpm"
```

这里，为了指定 Tableau Server 的版本，可替换掉<tableau version>中的内容，例如，可使用 2019-1-1。

（9）随后执行下列命令，并安装 Tableau Server。

```
sudo yum install tableau-server-<tableau version>.x86_64.rpm
```

与 Windows 平台相比，服务器的安装速度将更加快速。

（10）接下来初始化 tsm 和 accepteula，代码如下所示：

```
cd /opt/tableau/tableau_server/packages/scripts.<code version>/
sudo ./initialize-tsm --accepteula
```

这将针对管理员权限生成 tsmadmin，创建一个 Tableau 账户并设置权限。除此之外，还将把 Linux ec2-user 添加至 Tableau 安全组 tableau 和 tsmadmin 中，并针对 GUI 和 REST API 初始化一个 Wen 界面，同时向其提供一个链接。但是，该链接包含了私有 IP，且无法通过互联网对其进行访问。此处应使用公共 DNS。

（11）另外，还应针对 ec2-user 创建密码，代码如下所示：

```
sudo passwd ec2-user
```

上述命令将提示输入一个新的用户密码，相应地，可运行下列命令查看管理员用户：

```
grep tsmadmin /etc/group
tsmadmin:x:994:ec2-user
```

这将创建用户密码，并以此进行身份验证。

（12）激活 Tableau Server Trial 并登录至 TSM。在重新登录至 EC2 之前，应执行下列命令：

```
tsm login -u ec2-user
tsm licenses activate -t
```

（13）生成 JSON 并将其发送至 Tableau，进而注册 Tableau Server。除此之外，还应针对 Linux：nano 添加文本编辑器，代码如下所示：

```
sudo yum install nano
tsm register --template > /tmp/tableaucookbook.json
```

填写用户信息，对应代码如下所示：

```
{
 "zip" : "V1R2P5",
 "country" : "Canada",
 "city" : "Victoria",
 "last_name" : "Anoshin",
 "industry" : "Dmitry",
 "eula" : "yes",
 "title" : "Boss",
 "phone" : "2508919300",
 "company" : "Amazon",
 "state" : "BC",
 "department" : "Engineering",
 "first_name" : "Dmitry",
 "email" : "dmitry.anoshin@example.com"
}
```

（14）接下来执行下列命令；

```
tsm register --file /tmp/tableaucookbook.json
```

并得到下列消息：

```
Registration Complete.
```

（15）随后配置 Identity Store 以配置身份验证方法，此处将使用 local 验证。下列代码用于创建相应的脚本：

```
sudo nano /tmp/auth.json
{
"configEntities":{
"identityStore": {
 "_type": "identityStoreType",
 "type": "local"
  }
 }
}
```

（16）然后，我们将设置导入到 Tableau 中，代码如下：

```
tsm settings import -f /tmp/auth.json
```

对于其他选项，可查看相关模板，对应网址为 https://onlinehelp.tableau.com/current/server-linux/en-us/entity_identity_ store.htm。

此外，还可对 SMTP（邮箱服务器）、SSL 等进行配置。同时，还可使用 TSM GUI 以方便地输入设置内容。

（17）下面尝试进行某些修改，代码如下：

```
tsm pending-changes apply
Starting deployments asynchronous job.
Job id is '1', timeout is 10 minutes.
6% - Retrieving the topology to deploy.
13% - Retrieving the configuration to deploy.
20% - Validating the new topology.
26% - Determining if server needs to be started.
33% - Disabling all services.
40% - Waiting for the services to stop.
46% - Updating nodes to new topology.
53% - Waiting for topology to be applied.
60% - Updating nodes to new configuration.
66% - Disabling all services.
73% - Waiting for the services to stop.
80% - Reconfiguring services.
86% - Waiting for services to reconfigure.
93% - Enabling all services.
100% - Waiting for the services to start.
Successfully deployed nodes with updated configuration and topology
version.
```

（18）执行下列命令行初始化服务器，代码如下：

```
tsm initialize --start-server --request-timeout 1800
```

这一过程可能需要些许时间。

（19）最后一步是添加初始 Administrator 账户，此处将使用 tabmcd，代码如下：

```
tabcmd initialuser --server localhost:80 --username 'Administrator'
```

其间，用户将被要求输入密码，最终输出结果如下：

```
===== redirecting to http://localhost/auth
===== Signed out
===== Creating new session
===== Server: http://localhost:80
===== Username: Administrator
===== Connecting to the server...
===== Signing in...
===== Succeeded
```

（20）在开始另一个话题之前，这里还要强调一下 Tableau Server 的内部系统报告，对此，单击 Status，并滚动内容。

报告列表基于 PostgreSQL，并创建于 Tableau Repository 之上。关于报告内容，读者可访问 https://onlinehelp.tableau.com/current/server/en-us/adminview_bucket.htm，以了解更多信息。

13.5.3　工作方式

前述内容讨论了 Linux 中的 Tableau Server 安装过程。当访问 Tableau Server 时，需访问 Windows EC2 客户端，打开浏览器，并输入 Linux EC2 的 Private DNS，如图 13.42 所示。

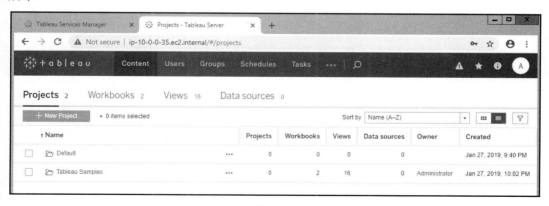

图 13.42

这里，http://ip-10-0-0-35.ec2.internal/#/projects 表示为服务器的 Private DNS。除此之外，还拥有一个 Public DNS 用于访问 Tableau Server，但需要添加额外的网络设置内容。

图 13.43 所示显示了当前 AWS 账户的状态。

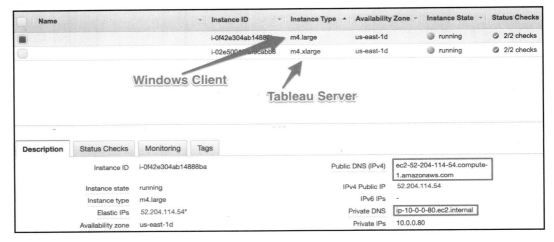

图 13.43

图中着重显示了针对 RDP 客户端所用的 Public DNS、针对内部应用的 Private DNS 以及 Private IPs。

13.5.4　其他

对于产品版本，应该考虑使用 Elastic Load Balancer （ELB）作为 Tableau 服务器的端点。此外，还需要向 ELB 上传 SSL 证书，以确保链接安全。最后，还可利用 ELB 日志选项搜集 Web 日志。

可以在 Linux 上通过分布式环境运行 Tableau Server。Tableau 文档中提供了一个很好的例子，对应网址为 https://onlinehelp.tableau.com/current/server-linux/en-us/ts_aws_multiple_server.htm。

13.5.5　参考资料

在讨论下一个话题之前，这里还想强调一个对服务器较为有用的选项。用户可通过添加 Logo 和公司名称来简单地定制服务器的外观，读者可访问 https://onlinehelp.tableau.com/
current/server/en-us/cli_customize.htm，以了解相关资源。

前述内容讨论了与 AWS 协同工作的方式，同时也解除了一些 AWS 概念。除此之外，
下列地址也提供了相关资源以供读者参考。

❑　云架构：https://d0.awsstatic.com/whitepapers/AWS_Cloud_Best_Practices.pdf。

❑　基于良好体系结构的 AWS 框架：https://d1.awsstatic.com/whitepapers/architecture/
AWS_Well-Architected_Framework.pdf。

13.6　Tabcmd

Tabcmd 是一款优秀的工具，它是业务智能解决方案的核心组件，同时还可帮助用户
实现自动化，并与 ETL 和数据仓库集成。本节案例将讨论在 Windows 环境下安装 Tabcmd，
并学习如何与 Tableau Server 协同工作。

一些较为常见的用例场景如下：

❑　刷新提取。

❑　生成 Tableau Reader Book。

❑　生成 PDF 仪表板，并上载共享驱动器或 Amazon S3。

❑　从 Tableau Server 工作簿中导出数据，并保存为 CSV 或 XLSX 格式。

除了管理工具之外，读者还可将 Tabcmd 视为一种自服务工具，并可用于终端用户调
度器仪表板等。

13.6.1　准备工作

本节将针对 Windows 环境下载 Tabcmd，还将把同一 VPC 中的 Windows 设备用作客
户端。这意味着，Linux EC2 和 Windows EC2 将位于同一网络中。除此之外，全部工作
仅是调整安全组，以便可从 Windows 机器上进行访问。

13.6.2　实现方式

下载 Tabcmd 至 Windows EC2 设备上，同时连接 Tableau Server，具体步骤如下：

（1）访问 Tableau Server Releases（对应网址为 https://www.tableau.com/support/releases/server），针对服务器版本和操作系统下载 Tabcmd。这里将针对 Windows 客户端下载 Tabcmd。

（2）在 C:\tabcmd\中安装 Tabcmd。

（3）登录 Tableau Server，打开 CMD 并输入下列命令：

```
cd C:\tabcmd\"Command Line Utility"
tabcmd login -s http://ip-10-0-0-35.ec2.internal -u Administrator -
p Airmax86
```

上述命令行将输出如图 13.44 所示的结果。

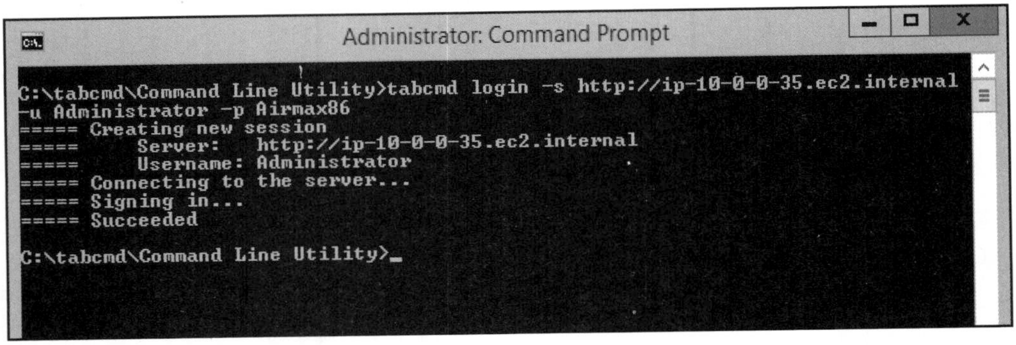

图 13.44

至此，已通过 Tabcmd 连接至 Tableau Server。

（4）接下来，将执行相关命令，并导出 PDF 格式的仪表板。Tableau Server 中包含了样板工作簿，此处将对其加以使用。对此，打开 Regional Workbook 和 Obesity Map View，并复制对应视图的 URL，并在 Tabcmd 脚本中加以使用。

（5）在 Tabcmd 中执行下列命令：

```
tabcmd export "Regional/Obesity" --pdf --pagelayo
ut landscape -f "C:\Users\Administrator\Desktop\Obesity.pdf"
```

这将在桌面上生成 PDF 文件，如图 13.45 所示。

同样，还可创建 Package Workbook 或 Refresh Extract。相应地，可将该命令保存为批处理文件，对此，打开记事本程序，输入所有 Tabcmd 命令，包括身份验证和导出命令，并将其保存起来，以供将来参考或后续自动化应用。

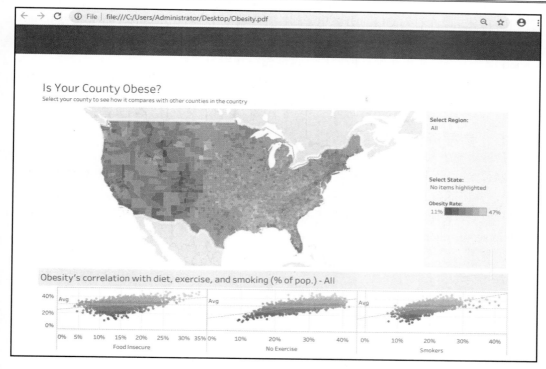

图 13.45

13.6.3　工作方式

Tabcmd 是 Tableau Server 的一个专用工具，同时也是一类可触发 Tableau Server 的客户端，其间处理了大量的有效工作。前述内容在机器设备上安装了 Tabcmd，并连接了服务器。此外，我们还得到了源自服务器的 PDF 文件。相应地，Tabcmd 还可执行其他操作，读者可访问 https://onlinehelp.tableau.com/current/server/en-us/tabcmd_cmd.htm，以了解更多内容。

在实际应用过程中，Tabcmd 往往用于自动化操作。例如，某个脚本中可包含多个命令，用户可首先刷新 Tableau Extract，并于随后导出仪表板的 PDF 文件，或者生成 Package Workbooks。

13.6.4　其他

基于 Tabcmd 的自动化操作具有诸多优点，但是它缺少一个元素——通知。在实际操作过程中，可使用一个针对 CLI 的开源电子邮件客户端，对应网址为 https://www.febooti.com/。

读者可下载该工具并进行尝试。用户只需要通过 Febooti 命令插入一个代码片段，Febooti 即会发送一个电子邮件或附件，这深受终端用户的喜爱。

最后，还可考虑使用内部 Windows Task Scheduler，进而调度 Tabcmd 脚本（批处理文件），对应网址为 https://en.wikipedia.org/wiki/Windows_Task_Scheduler。

13.6.5　参考资料

最后，这里还要强调几款服务器管理工具。首先，读者可查看 GitHub 存储库中的实用程序，并在下列 URL 中尝试对其加以使用：https://github.com/tableau。

另一项资源则是针对 Python 的 Tableau Server Client 库，对应网址为 https://tableau.github.io/server-client-python/。

第 14 章　Tableau 故障诊断

本章主要涉及以下内容：

❑　性能记录机制。

❑　性能诊断和最佳实践方案。

❑　通过日志文件进行故障诊断。

14.1　技　术　需　求

本章案例需要在计算机上安装 Tableau 2019.x。

14.2　简　　介

当与 Tableau 协同工作时，通常需要优化工作簿的性能。具体来说，即使开发出具有强大功能的仪表板，如果工作簿运行太慢，用户的最终体验依然难以令人满意，特别是在商务领域，时间即是金钱。用户通常难以忍受过长的工作簿加载时间，这也将使工作的整体印象大打折扣。因此，为了获得最佳结果，需要在开发阶段对工作簿进行测试，并对其中可能出现的问题加以解决。本章将学习如何评估和优化工作簿的性能，并处理一些常见的故障诊断问题。

14.3　性能记录机制

在创建工作簿时，对性能问题进行预测、测试和处理（可能的话）是十分重要的。较差的性能会对工作簿用户的体验产生负面影响。本节案例将学习如何使用 Tableau 的内建性能诊断工具，即性能记录机制。

14.3.1　准备工作

本节将尝试对仪表板的性能进行测试。读者可参考第 6 章的最后一个示例创建仪表板，当前案例将在此基础上展开工作。在操作完毕后，将工作簿保存至本地计算机上。

14.3.2　实现方式

步骤如下：

（1）启动 Tableau。

（2）在主菜单栏中选择 Help。

（3）在下拉列表中访问 Settings and Performance，并在弹出的下拉列表中选择 Start Performance Recording，如图 14.1 所示。

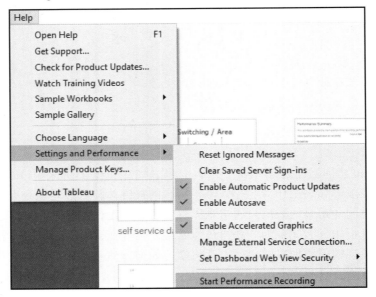

图 14.1

（4）在主菜单栏中，单击 File，并选择 Open...。

（5）访问计算机上保存仪表板的位置，选择后单击 OK 按钮。

（6）尝试对仪表板进行操作，如过滤不同的选项。

（7）在主菜单栏中，访问 Help。

（8）在下拉列表中选择 Settings and Performance，并在弹出的下拉列表中选择 Stop Performance Recording，如图 14.2 所示。

（9）一旦终止了性能记录功能，需要等待少许时间以生成性能记录报告。随后，Tableau 将自动打开一个名为 PerformanceRecording 的只读工作簿。在图 14.3 中，可查看影响工作簿性能的各项操作。

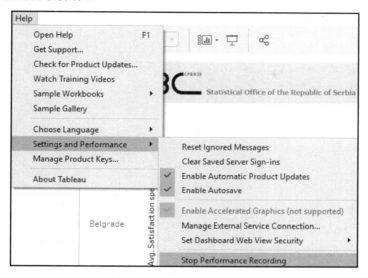

图 14.2

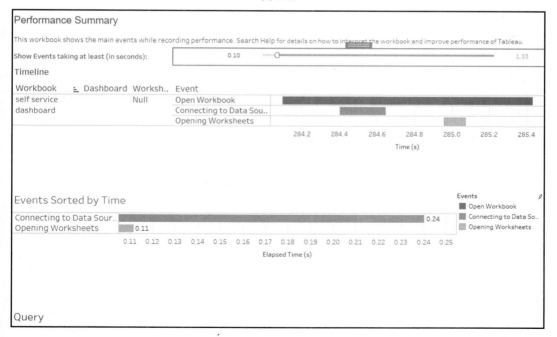

图 14.3

14.3.3 工作方式

Tableau 性能记录功能是一种内建工具，可帮助用户评估工作簿的性能，并检测导致运行速度减慢的因素。对此，当前案例采取了某些措施，例如过滤机制。在完成了记录后，Tableau 自动生成一个只读工作簿，其中包含一个仪表板，对应于自开始记录以来发生的进程，以及运行所需的时间。

对应的仪表板包含了 Timeline、Events 和 Query 视图，具体描述如下。

❑ Timeline 视图：该视图按照时间顺序显示了记录期间的进程。对应进程沿 x 轴从左至右排序。其中，x 轴表示自 Tableau 启动以来的时间。另外，该视图还提供了与事件上下文相关的信息（Workbook、Dashboard 和 Worksheet），以及事件自身的性质（Event）。针对工作簿的性能问题，该视图在查看瓶颈出现的位置时十分有用。图 14.4 所示显示了 Timeline 视图中出现的进程。

图 14.4

❑ Events 视图：该视图显示了事件进程，相关进程按照持续时间排序，并在 x 轴上显示。该视图非常有用，它着重显示了运行时间最长的进程，从而更容易确定性能问题所处的位置。图 14.5 所示显示了 Events 视图中的进程。

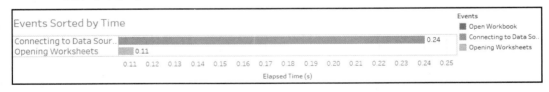

图 14.5

图 14.4 和图 14.5 所显示的视图可通过仪表板上方的 Show Events taking at least (in seconds)过滤器进行调整。默认状态下，小于 0.01 秒的视图将被两个视图过滤掉。但通过向左移动过滤器滑块，较短的事件同样可被显示。图 14.6 所示显示了视图的调整方式。

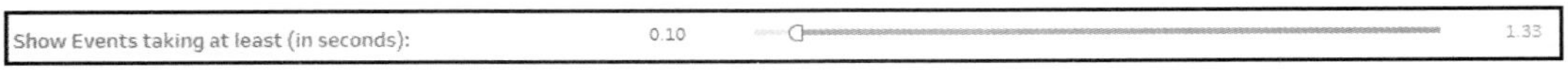

Show Events taking at least (in seconds):　　　　　　　　　0.10　　　　　○　　　　　　　　　　　　　1.33

图 14.6

❑　Query 视图：默认状态下，该视图为空。当在 Timeline 或 Events 视图中选择一个 Executing Query 事件时，该视图将显示相关内容。图 14.7 所示显示了 Query 视图。

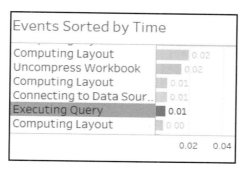

图 14.7

当选择某个查询事件时，该查询的 SQL 或 XML 文本（取决于是否直接连接至数据源，或者是一个发布的数据源）将显示于 Query 视图中。随后，可使用查询文本对其进行优化。图 14.8 所示显示了当前结果。

```
Query

SELECT "Usage"."Area" AS "Area",
 "Usage"."Settlement type" AS "Calculation_858217245440413696",
 AVG(CAST("Usage"."Internet penetration" AS DOUBLE PRECISION OR NULL)) AS "avg:Internet penetration:ok"
FROM "TableauTemp"."Usage$" "Usage"
GROUP BY 1,
 2
```

图 14.8

14.3.4　其他

除了 Tableau 的内建功能之外，还存在一些第三方工具可实现相同的功能，其中之一便是 Performance Analyzer，读者可访问 http://powertoolsfortableau.com/performance-analyzer-comes-to-workbook-tools-tableau 进行下载。

14.3.5　参考资料

关于工作簿的性能评估，读者可参考 Tableau 帮助文档中工作簿优化部分，对应网址为 https://onlinehelp.tableau.com/current/pro/desktop/en-us/performance_tips.htm。

14.4 性能诊断和最佳实践方案

在运行了性能记录之后，可能需要进一步识别降低工作簿性能的进程，或者仅创建一个工作簿，并预测任何潜在的问题。无论通过哪种方式，都需要实现某些最佳方案，以阻止或解决某些潜在的性能瓶颈问题。

14.4.1 实现方式

本节主要讨论以下内容：
- ❑ 限制数据源。
- ❑ 谨慎使用过滤器。
- ❑ 留意计算过程。
- ❑ 优化可视化结果。

14.4.2 限制数据源

当开发一个工作簿时，通常不需要使用数据库中的全部数据。为了改进工作簿中的性能，建议将数据源限制为仅包含所需的信息。

1. 过滤数据库中的数据

如果并不打算使用数据库中的全部数据，那么，较好的方法是对数据进行过滤，具体操作步骤如下：

（1）打开希望改进的工作簿，访问左下角的 Data Source 选项卡，如图 14.9 所示。

（2）在右上角可以看到 Filters 部分，选择 Add，如图 14.10 所示。

图 14.9　　　　　　　　　图 14.10

（3）此时将显示数据库中所有变量的列表。

（4）选择希望过滤掉的变量，如图 14.11 所示。

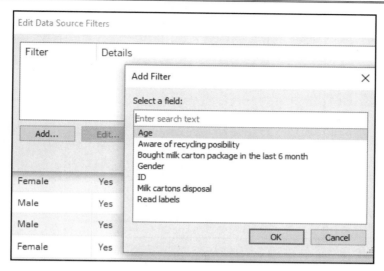

图 14.11

（5）选择希望保留的变量（在当前示例中，仅希望保留女性受访者的答案），如图 14.12
所示。

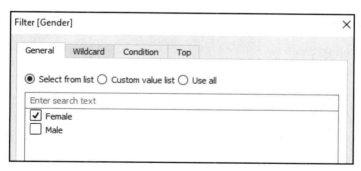

图 14.12

2．过滤变量

大多数时候，我们并不需要使用数据库中的所有变量。为了平滑运行工作簿，可隐
藏不需要的变量。

（1）打开希望改进的工作簿，访问左下角的 Data Source 选项卡。悬停于希望排除
的变量，直至出现黑色的下拉箭头。

（2）单击该箭头，并选择 Hide，如图 14.13 所示。

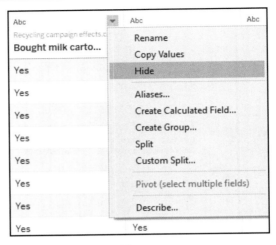

图 14.13

3．生成提取

当创建与服务器通信的工作簿时，需要确定数据刷新的频繁程度，其默认选项为 live。然而，live 连接可能要求较高，并会降低工作簿的运行速度。但在大多数情况下，这并非必需。有关创建 Tableau 提取的详细说明，读者可参考第 3 章的内容。

14.4.3　谨慎使用过滤器

过滤是 Tableau 的一项基本功能，但在某些情况下，过滤器可对工作簿产生负面影响。为了保证工作簿在优化状态下运行，应注意以下几点内容：

❏ 应避免对较长的表使用过滤器。对于 Tableau 来说，查询列表中的每个选项都可能是一项艰巨的任务。针对此类问题，可考虑生成一个计算字段以缩短列表，或者使用参数。

❏ 对于 Tableau 来说，过滤日期字段也是一项较为烦琐的工作，某个日期对于 Tableau 意味着要处理大量的数据点。然而，我们通常并不需要过滤最低级别的数据粒度。因此，当过滤日期时，始终需要考虑过滤粒度的实际级别，并尽可能使用最高级别。如果可以的话，可过滤掉年份；否则可尝试是否可过滤一个季度。如果可能的话，应避免在较低的级别进行过滤，如几天或几个小时。

❏ 在向 Filters 中添加一个日期字段时，可选择希望使用的粒度级别，如图 14.14 所示。

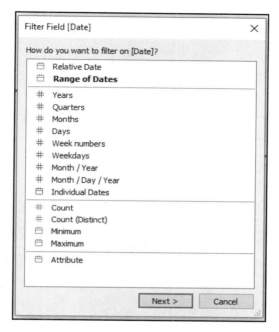

图 14.14

❑　如果某个维度中包含了较少数量的值，将其添加至上下文中，则可显著地改善
　　仪表板的性能。

14.4.4　留意计算过程

计算字段也会对 Tableau 带来某些影响，具体如下：

（1）如果计算指标常用于工作簿中，可直接将其创建于数据库中，而非表计算，这
可以节省大量的计算资源，否则 Tableau 将不得不创建视图。

（2）分解计算可能会非常困难。对此，可尝试在创建字段时聚合度量。

（3）当存在可用的替代方法时，可考虑使用在计算字段中执行速度更快的函数，
例如：

❑　利用 CASE-WHEN 语句替换 IF-ELSE 语句。

❑　避免使用嵌套的 IF 语句。

❑　如无必要，应避免使用 LOD 表达式，这可能会占用较多的计算资源。

14.4.5　优化可视化结果

一些较为复杂的可视化结果也会产生某些问题，进而减缓工作簿的运行速度。对于性能问题，或者为了确保工作簿可平滑地运行，应注意以下几点：

❑　显示较多数据点的可视化结果可降低工作簿的性能，如图 14.15 所示。

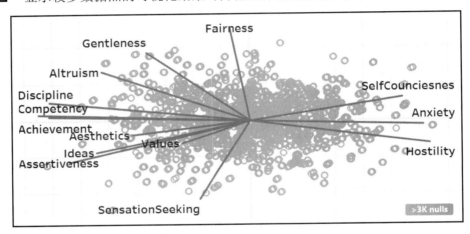

图 14.15

视图中的标记数量显示于工作簿的左下角，如图 14.16 所示。

图 14.16

💡 提示：

大量的标记使得视图显示成为 Tableau 处理过程中的一项困难任务，因此，视图中的标记数量不应过多。

❑　高级可视化并不是问题的唯一根源，简单的交叉选项卡（特别是包含较多的行和列）同样会占用大量的计算资源。对此，可尝试限制某个可视化内容中所用的行和列数——包含过多行和列的表通常也难于阅读。

14.4.6　工作方式

上述技巧旨在节省计算资源，并最小化工作簿与数据库间的交互量，例如，创建提取可减少工作簿与数据库间的交互行为，进而降低时间开销。另外一方面，在数据库中创建经常使用的计算也可最大限度地减少计算资源的使用。

14.4.7　其他

当今，市场上出现了一些第三方工具，可帮助用户评估、诊断工作簿的性能，其中一些工具专门用于对 Tableau Server 的性能进行故障诊断。

14.4.8　参考资料

关于性能诊断的更多信息，读者可访问 Tableau 的帮助文档，对应网址为 https://onlinehelp.tableau.com/current/server/en-us/perf_tuning.htm。

14.5　基于日志的故障诊断

在运行过程中，Tableau 将在日志中记录其活动状态。如果在与 Tableau 协同工作时遇到问题，此类日志对于问题诊断来说十分有用。

14.5.1　实现方式

接下来将考查以下内容：
- ❑　访问日志。
- ❑　向支持团队提交日志。

14.5.2　访问日志

步骤如下：
（1）在主菜单栏中，访问 File | Repository Location... 可搜索相关日志，如图 14.17 所示。
（2）此外，也可在计算机上直接访问日志。相应地，保存日志的默认文件夹是/Users/<username>/Documents/My Tableau Repository，如图 14.18 所示。

File	Data	Worksheet	Dashboard	Story	Analysis	Map

New	Ctrl+N
Open...	Ctrl+O
Close	
Save	Ctrl+S
Save As...	
Revert to Saved	F12
Export As Version...	▶
Export Packaged Workbook...	
Show Start Page	Ctrl+2
Share...	
Paste	Ctrl+V
Import Workbook...	
Page Setup...	
Print...	Ctrl+P
Print to PDF...	
Workbook Locale	▶
Repository Location...	

1 ...\self service dashboard.twbx
2 C:\!Slaven\...\2 Story\story2.twb
3 ...\PCA personality traits.twb
4 C:\!Slaven\...\3 cluster\klasteri.twb
5 C:\...\3 Forecasting with Tableau\Random forest.twbx
6 ...\Forecasting with Tableau.twbx
7 C:\!Slaven\...\2 Story\Story.twb
8 C:\...\2 Koresp\Telco_image.twb
9 ...\age and blood pressure v2.twb

Exit

图 14.17

Name	Date modified	Type	Size
Bookmarks	4/30/2017 1:36 PM	File folder	
Connectors	4/30/2017 1:36 PM	File folder	
Datasources	1/13/2018 11:45 AM	File folder	
Extensions	1/13/2018 11:45 AM	File folder	
Logs	1/27/2019 5:42 PM	File folder	
Mapsources	4/30/2017 1:36 PM	File folder	
Recovered Files	4/30/2017 1:36 PM	File folder	
Services	10/20/2018 10:17 ...	File folder	
Shapes	5/22/2017 11:11 PM	File folder	
TabOnlineSyncClient	1/6/2019 4:54 PM	File folder	
Workbooks	1/27/2019 5:42 PM	File folder	
Preferences	5/22/2017 11:11 PM	Tableau Preferenc...	1 KB

图 14.18

（3）其间可能会出现各种各样的问题，这里无法对其进行全面的描述，但是，一旦获取了日志，即可对问题的本质进行查看，如图 14.19 所示。

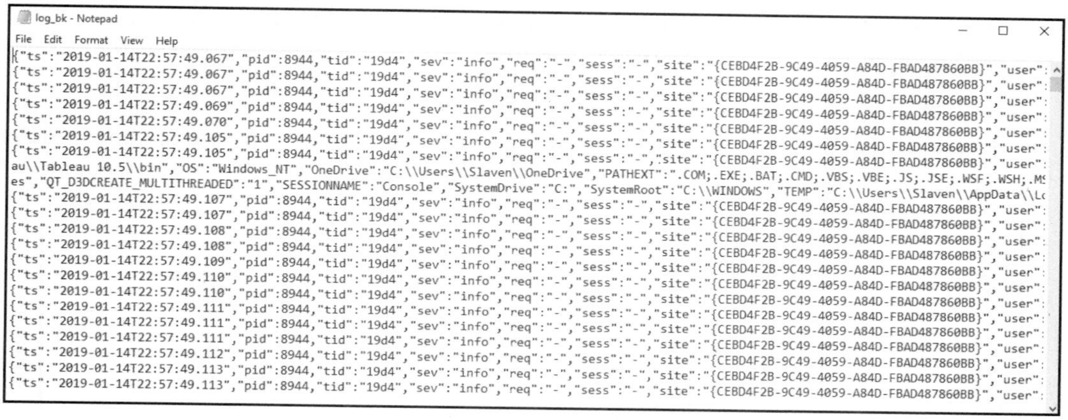

图 14.19

14.5.3　向支持团队提交日志

如果用户在诊断问题时遇到困难，可以随时联系 Tableau 的支持团队。这一过程可能会要求用户提供记录问题的日志文件。当然，用户应向 Tableau 支持团队提供包含重要信息的日志文件。

对此，首先需要生成一份备份日志，具体操作步骤如下：

（1）访问日志所在的文件夹。

（2）将该文件夹从 Logs 重命名为 Logs_Backup，如图 14.20 所示。

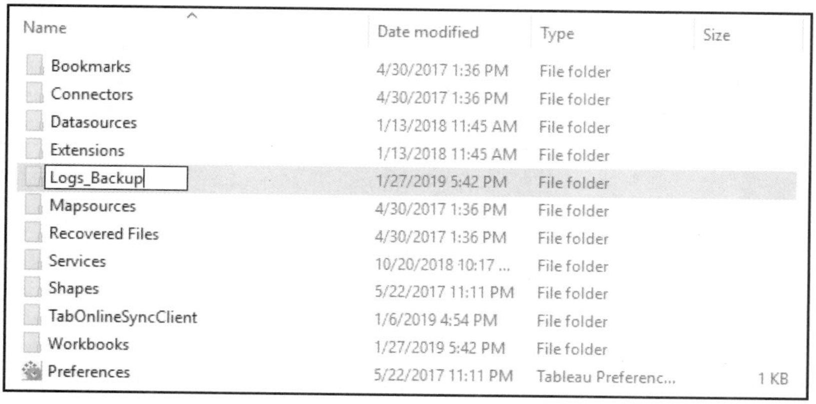

图 14.20

（3）创建名为 Logs 的新文件夹，并于其中保存最新的日志文件。相应地，之前的文件夹 Logs_Backup 将不再使用。

通过以下步骤，可重现所发生的问题，并将日志发送至 Tableau 支持团队。

（1）启动 Tableau，并获取问题的出现点。

（2）关闭 Tableau Desktop 会话，以便将错误记录至日志文件中。

（3）右击 Logs 文件，并压缩该文件，然后选择 Send to | Compressed (zipped) folder 选项，如图 14.21 所示。

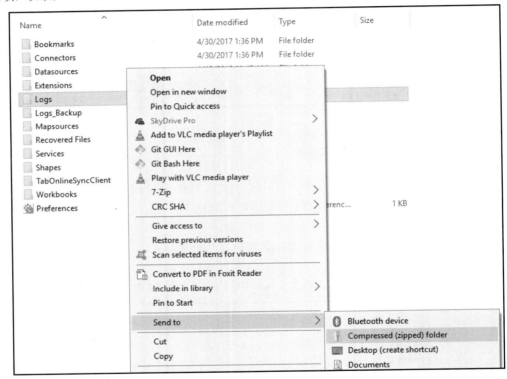

图 14.21

（4）将压缩文件发送至 Tableau 支持团队。

14.5.4　其他

其他一些开源应用程序工具也可方便地读取 Tableau 日志，读者可访问以下链接下载这些工具：

❑　https://github.com/tableau/tableau-log-viewer。
❑　https://github.com tableau/Logshark。
❑　https://github.com/tableau/TabMon。

针对安装和使用，上述第三方工具均提供了完善的指导内容，读者可进行多方尝试。

14.5.5　参考资料

如果读者尚不熟悉如何使用 Tableau 的支持功能，可访问 https://kb.tableau.com/articles/howto/submitting-a-case-from-the-customer-portal，以了解更多内容。

第 15 章　利用 Tableau Prep 分析数据

本章主要涉及以下内容:

❑　安装 Tableau Prep。

❑　利用 Tableau Prep 构建第一个流。

❑　与大数据协同工作。

15.1　简　　介

任何企业的主要任务都是为客户、员工和利益相关者带来价值,例如,利益相关者会对收入增长和关键绩效指标十分关注;另一方面,客户则期待高质量的服务和产品。

为了推动价值,企业需要管理者和员工做出正确的决定,因而需要准确的数据以支持合理的决策,进而为整个机构创造价值。

现代企业往往会生成大量的数据,一些数据于数据仓库中有效,一些数据在联机事务处理(OLTP)系统中可用,而某些数据则在第三方市场应用程序中可用。针对于此,Tableau 是一种功能强大的工具,并可查看和可视化这一类数据,但这仍不足以概括所有情况。在某些场合下,数据需要在分析之前进行清洗和转换,这通常需要数据工程师或 ETL 开发人员的帮助。如果未经适当处理,这可能会成为组织机构的瓶颈,从而减缓了决策和价值的生成过程。

Tableau 2018.1 发布了最新的桌面工具 Tableau Prep,这是一种自服务数据工具,以辅助数据的清洗、转换和重塑过程,进行生成较好的分析结果。同时,它可使业务用户亲自查看和感受数据,并对数据进行可视化操作,以便将其塑造为正确的形式。

15.2　技　术　需　求

当前案例需要下载和安装 Tableau Prep,以及本章的样本数据集(可访问 Packet 网站进行下载)。

15.3　安装 Tableau Prep

在传统机构组织中，所有的数据都是由 IT 人员所完成的，在此期间，业务人员不得不处于待命状态。当今，这种情况正在发生改变。具体来说，业务人员也对数据提出了要求，且希望获得全部数据以对其进行分析，进而更加直观地得到某些见解，以帮助他们在这个高度竞争的世界中更好地生存。在全球范围内，大量用户均采用了 Tableau，并将其用于日常工作中。

当前，业务用户对技术和数据的了解越来越深入，新的技能也使他们更具洞察力。在这种情况下，Tableau 发布了一款新工具，即 Tableau Prep，这是一个高效而强大的桌面工具，适用于 Windows 和 Linux 环境，且具有丰富的数据塑造功能。

读者可能会对 Tableau Prep 的用例产生疑问，实际上，Tableau Prep 中包含了大量的用例。Tableau Prep 的主要优点体现在，它为终端用户提供了一个功能强大的数据探索工具。大多数时候，业务用户不再依赖于 IT 人员，但在分析数据的筹备阶段，业务用户依然需要 IT 人员的指导。通过发布 Tableau Prep, Tableau 试图为业务用户解决另一个挑战，并在不涉及 IT 人员的情况下提供丰富的本地数据转换和筹备功能，例如，在一个营销团队中，您可能持有很多数据源，并且每个月都需要引入新的数据源，因而需要对此予以快速处理。当使用 Tableau Prep 时，可以设置自己的流并整合全部数据，还可以连接、转换、重塑和清洗数据，同时生成一个数据源，以便进行数据分析和探索。

15.3.1　准备工作

首先需要从 Tableau 网站中下载 Tableau Prep，并将其安装于本地计算机上。读者可访问 https://www.tableau.com/support/releases/ 下载所有的 Tableau 软件产品。

15.3.2　实现方式

下载并安装 Tableau Prep，具体步骤如下：

（1）访问 https://www.tableau.com/support/releases/prep。

（2）获取 Tableau Prep 的最新版本，并针对具体的操作系统进行下载。

（3）安装、启动 Tableau Prep，如图 15.1 所示。

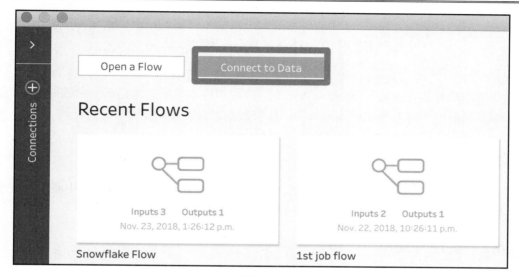

图 15.1

15.3.3 工作方式

Tableau Prep 包含了基本的界面，用户可访问 Sample Flows 或打开 Recent Flows 部分。这里，"流"表示为一系列的步骤（数据转换）。基本上讲，可将 Tableau Prep 视为一个桌面 ETL 工具，进而可连接和提取数据、转换数据，并将数据发布至 Tableau 数据源中，或者将其写入至某个文件中。

目前，与 Tableau Desktop 相比，Tableau Prep 所支持的数据源的数量相对较少，但仍提供了超过 40 个不同的数据源，如 Snowflake 这一较新的分析数据仓库。

15.3.4 其他

当首次下载 Tableau Prep 时，可选择下载免费的试用版，并可免费试用 Tableau Prep 长达 14 天。如果需要继续使用，则需要购买许可证。Tableau Prep 并不是一款独立产品，它附带有 Tableau Creator License，并包含了 Tableau Desktop、一个 Tableau Server 或 Tableau Online。关于许可费用，读者可访问 https://www.tableau.com/pricing/individual，以了解更多内容。

15.4　利用 Tableau Prep 构建第一个流

在成功地安装并启动了 Tableau Prep 后，可利用样本数据集构建第一个数据流。（作为示例，当前案例将考查如何连接数据、转换数据以及发布数据）

15.4.1　准备工作

首先需要下载本章附带的 Microsoft Excel 文档 installs.xlsx，该数据集中涵盖了关于 iOS 和 Android 应用程序安装数量方面的数据。

15.4.2　实现方式

本节将探讨如何连接数据、转换数据以及发布最终结果。

1．连接数据

Tableau Prep 支持大量的数据源，并可方便地混合多个数据源，例如文件和数据库。连接步骤如下：

（1）访问 File | New，并创建新的流。

（2）单击 Connections 图标，并选择 Microsoft Excel，如图 15.2 所示。

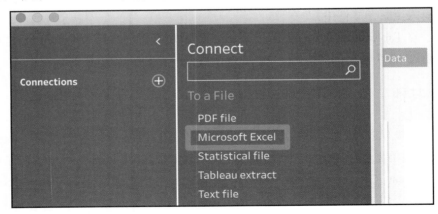

图 15.2

（3）选择 installs.xlsx 文件，并单击 Open 按钮。连接该文件后将显示两个表，即

Android 和 IOS，如图 15.3 所示。

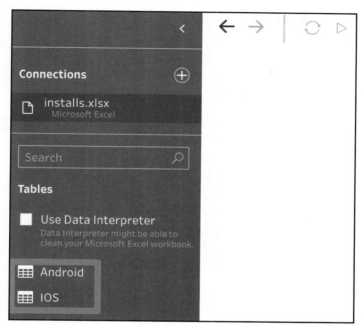

图 15.3

（4）将 IOS 拖曳至当前画布上。Tableau Prep 将创建 Input 步骤，如图 15.4 所示。

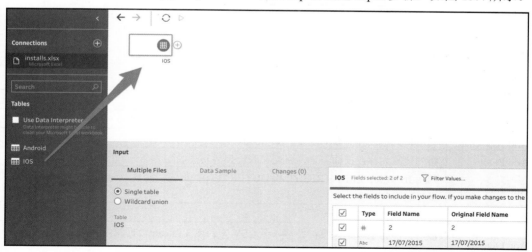

图 15.4

　　在 Input 步骤中，Tableau 将读取文件并查看文件的结构，例如，对于用户使用的 CSV 和 TSV 文件，Tableau 将自动识别相关模式，并尝试将其划分为多个列。此外，还可基于 Wildcard 使用 UNION 操作读取全部文件，并将其整合至单一文件中。同时，还可针对较大的数据集进行数据采样。最后，还可进一步使用相应的过滤器。

　　（5）利用 Android installs 添加另一个数据集文件。对此，存在两种操作方式：将 Android 工作表拖曳至画布中，或者启用 Wildcard 并调整 IOS 设置。

　　（6）此处将采用第一种方式，也就是说，将 Android 拖曳至当前画布中。

2．转换数据

　　一旦成功地连接至数据，并将数据源添加至画布后，即可开始构建流，步骤如下：

　　（1）单击数据源附近的 ⊕ 图标并选择下一步，如图 15.5 所示。

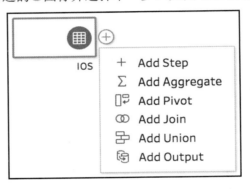

图 15.5

　　相关选项如表 15.1 所示。

表 15.1

步　骤	描　述
Add Step	考查数据并对其进行调整
Add Aggregate	利用相关函数计算新的量度，如 SUM、AVG、COUNT
Add Pivot	将列转置为行，换而言之，将交叉表转换为常规表
Add Join	利用 INNER、LEFT、RIGHT 和 OUTER 连接数据流，而且，Tableau 将即时对结果进行可视化和着色
Add Union	将多个流合并为一个流
Add Output	最后一步将生成结果集，并写入至 CSV 文件或 Tableau 数据源中。此外，还可直接发布至 Tableau Server 中

当前示例将加入 Clean 步骤以查看数据集。

（2）单击步骤 Clean 1，并查看 Profile 面板，如图 15.6 所示。

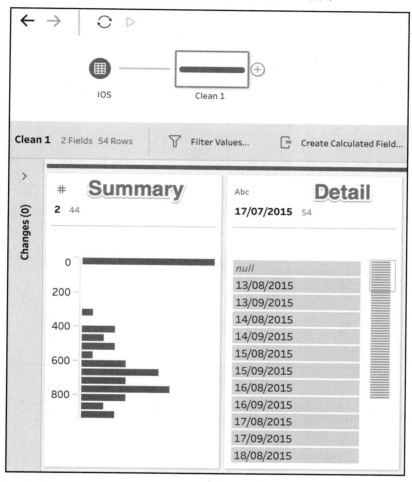

图 15.6

Tableau 将为每个列创建一个面板。在当前步骤中，将通过改变数据类型对数据进行调整，创建一个新列并过滤相关值。除此之外，还可看到数值间的连接，例如，如果单击数据面板中的任意值，将会显示相关值；此外还将显示数值分布的柱状图。Data 面板包含两个视图状态，即 Detail（#2 列）和 Summary（#1 列），表示为不同的值或者按值进行分组。

（3）对相关列进行重命名。这里，第一列应为 Number Installs，第二列应为 Install Date。

（4）合并数据集。在 Clean 1 步骤后单击⊕图标并选择 Union。将 Android 数据源拖曳至 Union 步骤上。同时，添加 Union 1 步骤。在将 Android 数据集拖曳至 Clean 步骤上时，将询问选择相应的步骤，如 Join 或 Union，如图 15.7 所示。

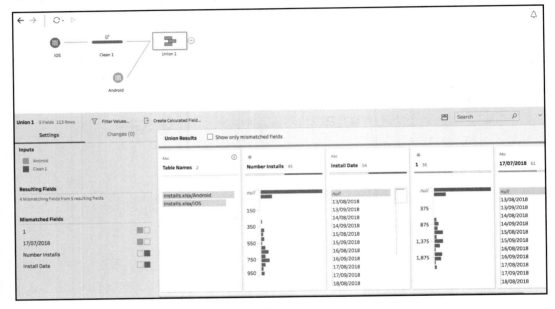

图 15.7

可以看到，Profile 面板中的结果集看起来难以令人满意，其原因在于，没有重命名 Android 数据集的列名，橙色的（Android）数据仍位于不同的列中。

（5）单击 Android 数据集，并采用与 IOS 相同的方式重命名列名。单击 Android Data Source Input，将 Field 和 Name 分别重命名为 Install Date 和 Number Installs，如图 15.8 所示。

（6）单击 Union 步骤，并修改数据格式，如图 15.9 所示。

（7）创建新的计算字段。当前并不包含 OS 名称，对此，可使用 Table Names 系统字段提取手机的 OS 名称。当创建新的计算字段时，可单击 Union 1 步骤，并单击 Table Names 面板，随后选择 Create Calculated Field...，如图 15.10 所示。

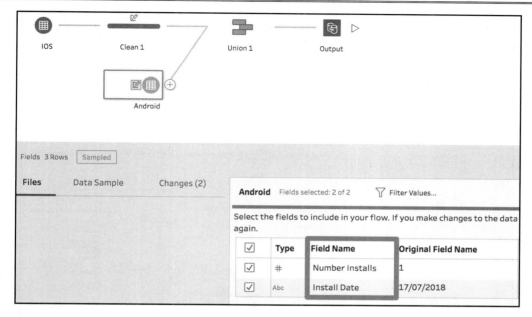

图 15.8

图 15.9

随后可编写语句，Tableau Prep 与 Tableau Desktop 包含相同的语法，如图 15.11 所示。

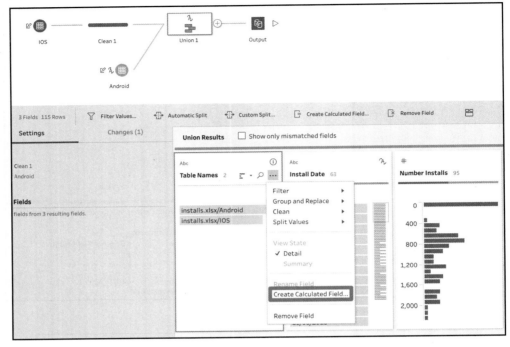

图 15.10

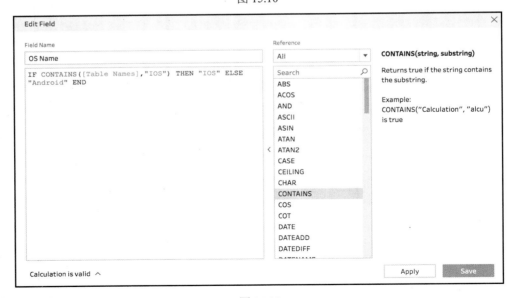

图 15.11

这将向数据集中添加另一个字段，随后需要移除原 Table Name 字段。当移除某个字段时，可在该字段的 Data Pane 处单击 Remove Field。

最终，我们得到了正确的数据集，并可在 Tableau 中执行进一步的分析。

3. 发布结果

当完成转换后，应通过 Add Output 步骤发布结果。接下来创建 Tableau 数据源，具体步骤如下：

（1）单击⊕图标并选择 Add Output。相关选项可将结果保存至 CSV 文件中，或者创建 Tableau Data Extract，而且，还可将数据源发布至 Tableau Server 中。

（2）创建 Hyper 数据提取，如图 15.12 所示。

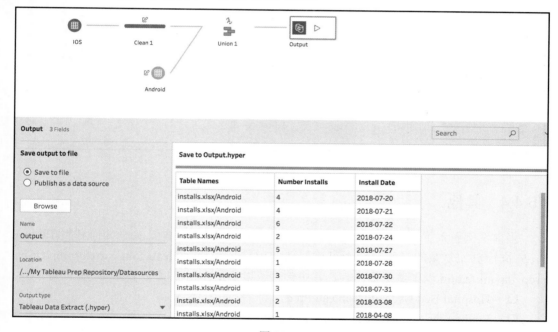

图 15.12

（3）单击 Run Flow 按钮，这将会发现一个新的数据源。

（4）利用 Tableau Desktop 打开一个新的数据源，如图 15.13 所示。

15.4.3　工作方式

尽管前述内容仅执行了一项较为简单的任务，但却涵盖了 Tableau Prep 的 80% 的功能。这一任务的主要目标是理解该产品的工作方式。基本上讲，Tableau Prep 可连接任意数据源，并可通过转换和合并数据对数据进行完全控制。除此之外，还可利用 Tableau 语法创建计算字段。最后，我们将最终结果存储为 CSV 文件或 Tableau 数据源。

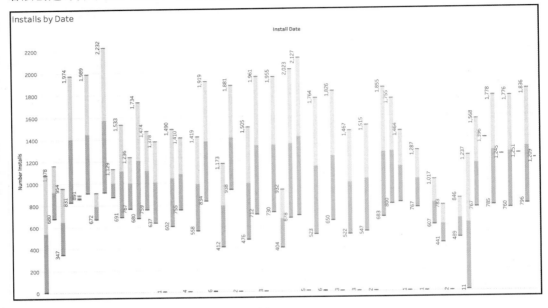

图 15.13

15.4.4　其他

当前案例引入了 Tableau Prep，并学习了该工具的主要功能。关于如何利用 Tableau Prep 执行更加复杂的工作，读者可访问 https://onlinehelp.tableau.com/current/prep/en-us/prep_dayinlife.htm 以了解更多内容，其中包含了以下两个用例以及详细的步骤向导：

- ❑　Hospital Bed Use with Tableau Prep。
- ❑　Finding the Second Date with Tableau Prep。

15.5　与大数据协同工作

Tableau Prep 可与大数据和大数据工具协同工作，如 Snowflake、Redshift 和 Amazon EMR。读者可参考第 10 章，并查看如何连接已有的 Amazon Redshift、Amazon EMR 或 Snowflake 账户。

通过采样机制，Tableau Prep 支持与大数据集间的协同工作，但这会在本地计算机上处理数据。对于大型数据集，如果希望将数据提取或导出至 CSV 中，这一过程可能会由于缺失内存空间而导致失败。如前所述，Tableau Desktop 可通过有效连接显示结果，进而与大数据协同工作。另外，此处并不打算创建提取。对于 Tableau Prep，可查看数据集，并于随后使用过滤器划分数据集，进而与其中的部分内容协同工作。

提示：

另一种方法是，启用 AWS EC2 实例，并安装 Tableau Prep，其中将会使用到更多的资源。

15.5.1　准备工作

当前案例将会连接集群，并利用 Snowflake 创建一个流，进而计算市场细分标准。

15.5.2　实现方式

第 10 章中曾使用了 Snowflake 的试用版，接下来将利用 Snowflake 构建流，步骤如下：

（1）单击 Connections，并选择 Snowflake，随后填写证书信息，如图 15.14 所示。

图 15.14

这里使用了与第 10 章相同的证书。

（2）选择 Virtual Warehouse（计算资源）、Database 和 Schema 选项，这与之前的 Tableau Desktop 保持一致，具体如表 15.2 所示。

表 15.2

Warehouse	SF_TUTS_WH
Database	SNOWFLAKE_SAMPLE_DATA
Schema	TPCH_SF1

对于较大的数据集，还可选择不同的模式，如 TPCH_SF10、TPCH_SF100 或 TPCH_SF1000。

（3）将表拖曳至当前画布上（相信读者已对 Desktop 和 Prep 有所了解），对应表如下：

❏　LINEITEM。

❏　ORDERS。

❏　CUSTOMER。

💡 提示：

这里需要将全部流连接起来。在 Tableau Prep 中，仅可一次性地连接两个流。此处应连接 LINEITEM 和 ORDERS 表。但是，在连接数据集之前，还需要通过 Clean 步骤查看表及其数据。如果不希望修改表中的任何数据，则 Clean 步骤为可选项。无论如何，在每次操作后使用 Clean 步骤均是一种较好的习惯。

图 15.15 所示显示了当前操作流程。

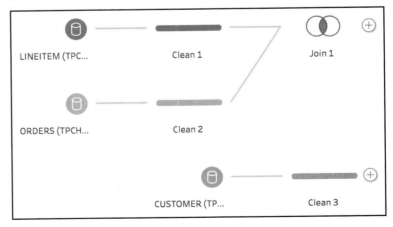

图 15.15

（4）单击 Join 1 将会弹出 Profile 面板，其中包含了 JOIN 语句的可视化结果，如图 15.16 所示。

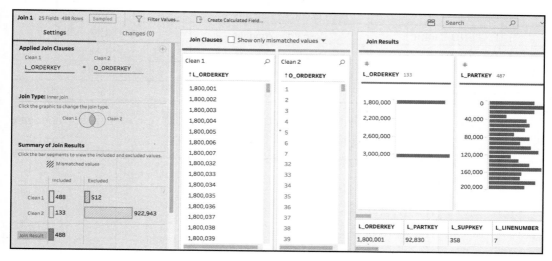

图 15.16

在 O_ORDERKEY 数据面板中，可能看到一些红色的数值，这表示此类数值未被连接。鉴于 LINEITEM 的采样机制，当前我们并未持有全部数据集。如果打算检查全部数据集，应调整 LINEITEM 源表组件并取消采样。稍后将在流结尾处对此予以操作。

提示：

另一种方法是与大型数据集协同工作，可能会针对 LINEITEM 数据源使用过滤器，进而过滤相关内容，例如，可添加[L_ORDERKEY]=1]过滤器。

这仅生成了 3 行，并添加了透明度。

（5）接下来添加 CUSTOMER 表。将 CUSTOMER 对象拖曳至 JOIN 1，并选择 JOIN 操作，这将生成 JOIN 2。由于过滤了 LINEITEM 表，因而可检测到流中仅包含一位客户。

（6）下面生成某些度量标准。单击⊕图标添加 Add Aggregate 步骤。在 Profile 面板中，将得到 Grouped Fields 和 Aggregated Fields。

（7）将 C_MKTSEGMENT 拖曳至 Grouped Fields 中，并将度量标准拖曳至 Aggregated Fields 中；此外，还需对其进行重命名，如表 15.3 所示。

表 15.3

原 始 名 称	新 名 称	功 能
L_Quantity	Quantity	SUM
L_EXTENDEDPRICE	Base Price Amount	SUM
L_DISCOUNT	Discount Rate	SUM
L_TAX	Tax Rate	SUM
C_MKTSEGMENT	Marketing Segment	n/a

（8）接下来计算某些额外的度量标准，如折扣和税额。对此，可在 Add Aggregate 步骤中创建计算字段，如图 15.17 所示。

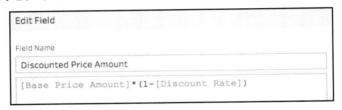

图 15.17

随后可添加 Clean 步骤对结果进行测试，如图 15.18 所示。

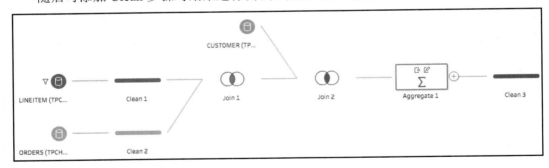

图 15.18

当在 Clean 3 步骤中检查 Discounted Price Amount 时，将会发现其中包含了错误的结果，其原因在于，此处破坏了聚合的级别。根据当前数据集，可在行-条目级别上得到折扣值。这意味着，应在 Item 级别上计算 Discounted Price 并执行聚合操作，随后在 Marketing Segment 级别上聚合折扣值（在客户级别上，因为当前仅包含一名客户）。

针对这一问题，需要使用多项聚合步骤。具体来说，应对现有结果进行修改，并按照 Line Item、Order Key 和 Marketing Segment 进行分组。随后添加另一项聚合步骤，并于其中仅在 Marketing Segment 上执行聚合操作，如图 15.19 所示。

Grouped Fields			Aggregated Fields		
# GROUP L_ORDERKEY 1	# GROUP L_LINENUMBER 6	Abc GROUP C_MKTSEGMENT 1	# SUM Quantity 6	# SUM Base Price Amount 6	# SUM Discount Rate 4
1	1 2 3 4 5 6	AUTOMOBILE	8 17 24 28 32 36	13,309.6 21,168.23 22,824.48 28,955.64 45,983.16 49,620.16	0.04 0.07 0.09 0.1

图 15.19

可以看到，其中包含了 6 行条目以及 4 个不同的折扣率。

添加另一个聚合步骤，并在 Marketing Segment 上执行聚合操作。最终，我们将得到正确的折扣价格。

（9）修改数据类型，也就是说，将其从 Number (decimal)调整为 Number (whole)。对此，仅需单击数据面板上的数据类型图标即可，如图 15.20 所示。

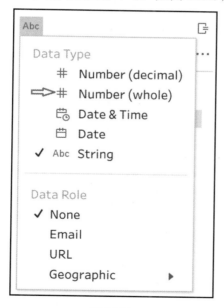

图 15.20

（10）最后一步是添加 Output。在运行之前，需要移除过滤器和采样功能，如图 15.21 所示。

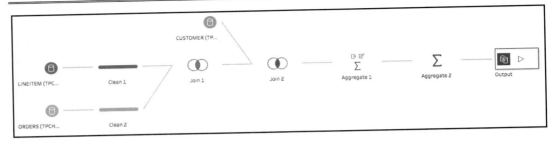

图 15.21

运行过程将花费大约 36 秒钟的时间。

（11）打开 Tableau Desktop 中的数据源并对结果进行测试。该数据源保存于 Documents | Tableau Prep | Data Sources | Output.tde 中。利用 Tableau Desktop 打开该数据源，如图 15.22 所示。

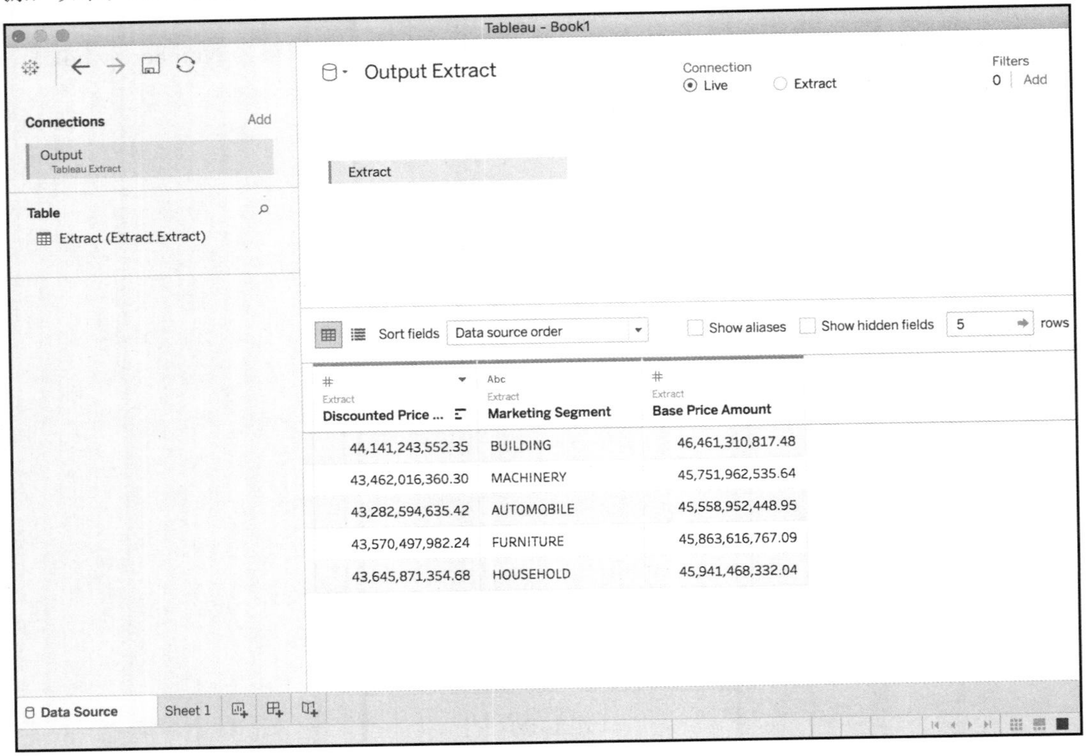

图 15.22

15.5.3　工作方式

打开 Snowflake 控制台，并查看 Tableau Prep 的底层工作方式，如图 15.23 所示。

✓	27b9f9fb-a...	SELECT "b15f6e92-e6c9-4137-a0a7-9c564c"."L_DISCOUNT" AS "L_DISCOUNT", "b15f6e9...	TABLEAUCOOKBOOK
✓	7aef9df4-f5...	SELECT "6d285608-20ca-4f84-b594-65f22f"."O_CUSTKEY" AS "O_CUSTKEY", "6d285608...	TABLEAUCOOKBOOK
✓	d584dff0-fd...	SELECT "edcd0042-63f1-4afb-b973-ee02b4"."L_ORDERKEY" AS "L_ORDERKEY", "edcd0...	TABLEAUCOOKBOOK
✓	edd60452-...	SELECT "287ec79d-633b-4e20-903d-22ef49"."C_CUSTKEY" AS "C_CUSTKEY", "287ec79...	TABLEAUCOOKBOOK

图 15.23

可以看到，Tableau Prep 运行了多项查询。其中，前 3 项查询从表中检索数据。在最后一项查询中，将对第一个聚合步骤检索数据。换而言之，Tableau Prep 仅部分利用了 Snowflake 以获得初始数据，其他全部转换将在 Tableau Prep 内部进行。

15.5.4　其他

我们可将当前流视为一组度量的逻辑操作。利用 Tableau Prep，可构建任意数量的流，随后将其整合并生成 Tableau Extract。例如，可在流中间添加一个分支，并利用不同的选项创建新的度量，随后与初始流合并，并写入至提取中。由于仪表板不包含复杂计算和过滤器，因而其运行速度将有所提升，同时性能问题也会得到较大的改善。而且，这将可视化流，用户可快速理解其中的逻辑，或者进行适当的调整。关于 Tableau Prep 的各项步骤，读者可访问 https://onlinehelp.tableau.com/current/prep/en-us/prep_clean.htm，以了解更多内容。

15.5.5　参考资料

Tableau Prep 2019.1 还发布了一些新的特性，其中之一便是 Tableau Prep Conductor。Prep Conductor 是一种服务器集成，它释放了 Tableau Prep 所有潜力，并使数据筹备工作更具可操作性。利用 Tableau Prep，可根据时机、位置和方式对流的运行进行调度，同时还可对输出结果进行选择以实现独立调度。

关于该特性，读者可访问 https://www.tableau.com/about/blog/2018/11/keep-your-data-fresh-tableau-prepconductor-now-beta-97369，以了解更多内容。

第 16 章　基于 Tableau 的 ETL 最佳实践方案

Tableau 是 BI 工具中的领导者，并为机构组织注入了强大的活力，但能力越大，责任也就越大。Tableau 只是冰山一角，它可以与其他工具一起工作，如数据仓库和 ETL（ETL 可将数据加载至数据仓库或数据平台中）。Tableau 实现的核心内容是质量分析和具有可操作性的业务洞察力，这将驱动业务决策，并帮助企业实现快速增长。更为重要的是，Tableau 可与 ETL 和数据仓库集成。

本章将探讨每个项目中都会遇到的某些常见问题。通常，组织倾向于为其 BI 解决方案使用多个独立的供应商，因此，其间可能会存在缺口，尤其是在数据仓库和 BI 工具之间。针对于此，本章主要涉及以下内容：

❑　Matillion ETL。

❑　在 Linux 上部署 Tabcmd。

❑　创建 Matillion 共享作业。

16.1　简　　介

假设在某个项目中，客户拥有一个云数据仓库，并使用 Matillion 对其进行加载；同时，客户还使用 Tableau 作为主要的 BI 工具。

图 16.1 所示显示了理想状态下的 ETL。

其中包含了两个独立的进程，深色表示为 Matillion，并通过 Matillion Scheduler 进行调度；浅色表示为 Tableau，并通过 Tableau Server 进行调度。假设 ETL 在上午 6 点完成，稍后则调度 Tableau 提取和仪表板，在当前示例中为上午 7 点。除此之外，我们还使用了 Tabcmd，并通过 Windows Task Scheduler 调度 Tableau Reports。

读者可能已经注意到，市场数据源并不是最可靠的。考查某个场景，其中，SFTP 针对文件交付有所延迟。

最终，ETL 作业失败，并于稍后（上午 7 点）自动重启，如图 16.2 所示。

在当前示例中，ETL 大约在上午 9 点完成，该时刻将触发 BI 报告，并刷新导出内容。

最终，业务用户的仪表板中包含了不一致的数据，他们通常会将所有的 ETL/DW 邮件发送至垃圾邮件文件夹中。根据我们的经验，大约在中午，用户会意识到，他们花了半个工作日的时间处理不一致的数据，结果一无所获。

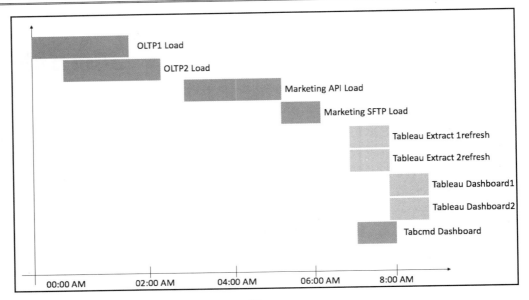

图 16.1

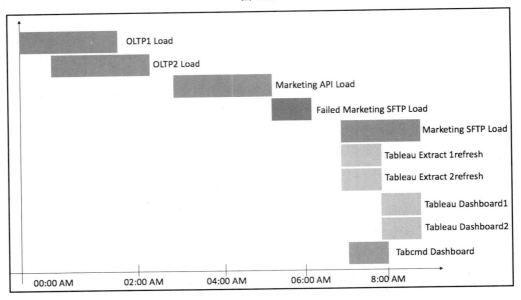

图 16.2

　　下面将利用 Matillion ETL 解决上述问题，并针对 ETL 和 Tableau 制订最佳实践方案。相关主题如下：

❑　安装 Matillion ETL。
❑　针对 Linux 安装 Tabcmd。
❑　如何针对 Matillion 创建自定义 Tableau 组件。

16.2　技术需求

第 10 章曾使用到 Redshift 或 Snowflake。除此之外，当前示例还将使用 AWS Marketplace 中的 Matillion ETL。

16.3　Matillion ETL 入门

根据最佳实践方案，应利用 Tabcmd 将数据管线与 Tableau Server 集成。图 16.3 所示显示了现代数据仓库项目中的常见架构。

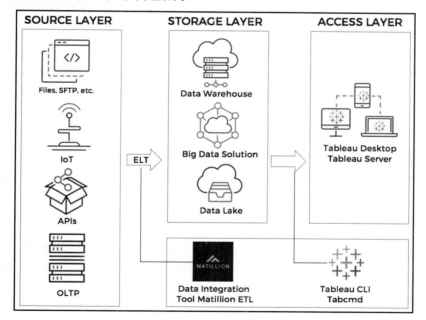

图 16.3

这里将在 Matillion EC2 实例上安装 Tabcmd 的 Linux 版本，并与 Tableau Server 集成。对此，应确保 ETL 和 Tableau Server 之间可彼此通信。当前示例使用了相同的 AWS 账户和地区，进而能够使用同一私有网络。另外，对于 Tableau Server 来说，还需要对防火墙进行适当配置。此处选择 Matillion ETL 的原因是，它是现代云 ETL 解决方案的领导者，并可与 Redshift、Snowflake 和 BigQuery 协同工作。

16.3.1　实现方式

本节将针对 Redshift 使用 Matillion ETL，读者可访问 AWS Market Place 并下载免费试用版。另外，读者还可访问 https://redshiftsupport.matillion.com/customer/en/portal/articles/ 2487672-launching-detailed-instructions，以了解基于 Redshift 的 Matillion 启动方式。

另外，读者还可联系 Matillion 支持团队寻求帮助。鉴于 Matillion ETL 的安装过程较为简单、直观，此处将不再赘述。

16.3.2　工作方式

在筹备工作的结束阶段，读者应可在账户下运行 Matillion ETL EC2 实例。此外，还需要针对 Redshift 实例对其进行配置（参见第 10 章）。随后，Tableau 将连接至 Redshift。接下来，将使用 Tabcmd 执行下列任务：

❑　在 ETL 结束时触发 Tableau Extract 的刷新操作。

❑　触发 Tableau Workbook 报告，进而生成 PDF 文件，并导出至 S3。

16.3.3　其他

对其示例针对 Redshift 使用了 Matillion ETL，但也可针对 Snowflake 和 Google BigQuery 使用 Matillion ETL。这一原则同样适用于其他数据平台。

16.4　在 Linux 上发布 Tabcmd

鉴于 Tableau 支持 Linux 环境，因而无须花费太多时间针对 Linux 转换 Windows Tabcmd。相应地，可简单地从 Tableau 网站下载 Tabcmd，并将其安装至包含 Matillion ETL 的 Linux 环境中。当前案例使用了 Tableau 2018.2 版本。当然，读者也可尝试采用 Tableau 2019.x 版本。

🔍 提示：

需要注意的是，Tabcmd 的版本与 Tableau Server 的版本保持一致。例如，如果读者持有 Tableau Server 2019.1，则需要下载 Tabcmd 2019.1。

16.4.1　实现方式

下面将下载 Tabcmd，并将其安装在 Linux 环境下，步骤如下：

（1）首先访问 Tableau Releases 网站，对应网址为 https://www.tableau.com/support/releases，并针对 Linux 环境下载 Tabcmd。如前所述，这里应下载与 Tableau Server 相同的版本，当前示例中为 2018.2，如图 16.4 所示。

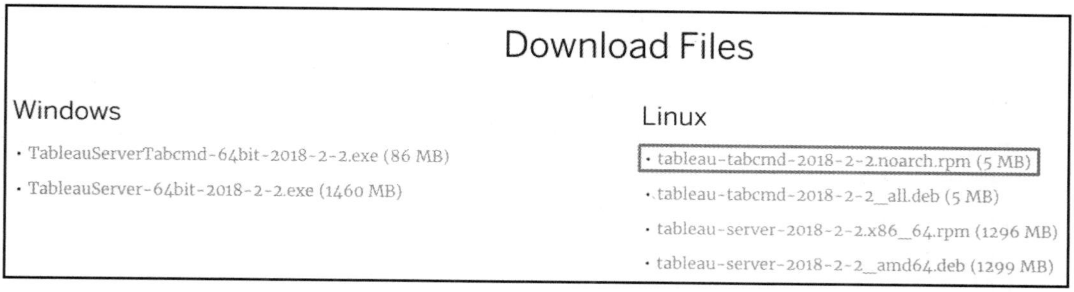

Download Files

Windows

· TableauServerTabcmd-64bit-2018-2-2.exe (86 MB)
· TableauServer-64bit-2018-2-2.exe (1460 MB)

Linux

· tableau-tabcmd-2018-2-2.noarch.rpm (5 MB)
· tableau-tabcmd-2018-2-2__all.deb (5 MB)
· tableau-server-2018-2-2.x86__64.rpm (1296 MB)
· tableau-server-2018-2-2__amd64.deb (1299 MB)

图 16.4

（2）下载 RMP 归档文件，因为 Amazon Linux 与 Red Hat 有很多共同之处。

（3）随后，通过 Matillion 将其上传到 EC2 实例中。除此之外，还存在其他方式可实现这一任务。例如，较快的方式是使用 AWS CLI S3。这里将把当前文件上传至 S3 存储桶中，并于随后从 EC2 实例中对其进行下载。

（4）接下来在 EC2 上安装该归档文件。访问归档文件的位置并执行下列命令，或指定该文件的全路径。

```
sudo rpm -Uvh tableau-tabcmd-2018-2-2.noarch.rpm
```

（5）针对 Linux 系统安装 Tabcmd。当前，应确保一切按期望方式运行。

注意：

从网络角度来看，Tableau 和 Matillion 之间彼此可见。这里建议使用相同的 AWS 账户和地区部署数据分析方案，否则，则需要对访问进行配置。

（6）当进行测试时，需要登录 Tableau Server 并触发提取。除此之外，还需要执行其他 Tabcmd 命令，代码如下：

```
#matillion is running under tomcat user and we will switch to this
user
sudo -su tomcat
```

```
#go to tabcmd location
cd /opt/tableau/tabcmd/bin
#login tableau server
./tabcmd login -u Admin -p 'p@ssword' -s https://myserver:443 --
no-certcheck -- accepteula
#refresh extract
./tabcmd refreshextracts --datasource "My Sexy Data Source" --
project "My project" --no-certcheck -synchronous
```

上述命令行中使用了以下 Tabcmd 参数。

- ❏　--no-certcheck：对于 SSL，需要使用到该参数。
- ❏　--accepteula：近期引入的新参数。
- ❏　-u：具有执行相关动作权限的 Tableau 用户名称。
- ❏　-p：该参数表示为密码。
- ❏　-s：Tableau 主机或负载平衡器端点。
- ❏　--datasource：Tableau 数据源。
- ❏　--project：保存数据源的项目。
- ❏　--synchronous：在 Tableau Extract 更新结束时，该参数等待来自 Tableau Server 的反馈，进而可在链中执行作业。

最终，可从 Matillion EC2 中触发 Tableau，甚至可以将这一逻辑复制到 Matillion Bash 组件中，但是业务用户很难通过它进行自助。

16.4.2　工作方式

Tabcmd 是一个命令行工具，可在 Tableau Server 站点上自动化站点管理任务。当前示例使用了 Tabcmd 功能触发 Tableau Extract。

16.4.3　其他

关于 Tabcmd 的命令列表，读者可参考 Tableau 官方文档，对应网址为 https://onlinehelp. tableau.com/current/server/en-us/tabcmd_cmd.htm。

16.5　创建 Matillion 共享作业

为了简化终端用户的作业，可利用 Matillion Shared Job（对应网址为 https://

redshiftsupport.matillion.com/customer/portal/articles/2942889-shared-jobs）和 Matillion 变量
（对应网址为 https://redshiftsupport.matillion.com/customer/portal/articles/2037630-using-
variables）。

共享作业的主要目的是将整体工作流打包至单一的自定义组件中。下面将创建以下
两个自定义组件：

❑　刷新 Tableau Extract。

❑　将 PDF 仪表板导出至 S3 存储桶中。

16.5.1　实现方式

在开始之前，应针对每个用例创建一个新的编排作业，随后插入 Matillion 变量并创
建共享作业。

（1）利用 bash 组件创建新的编排作业，将其命名为 Refresh Extract，如图 16.5 所示。

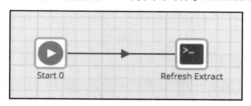

图 16.5

bash 组件包含了 timeout 参数。默认状态下，该参数值为 1000 秒。对于提取，可适
当地增加该值，并在最大提取刷新时予以等待。

（2）粘贴已经测试过的代码，用 Matillion 参数替换 Tableau 对象，代码如下：

```
#go to tabcmd location
cd /opt/tableau/tabcmd/bin
#login tableau server
./tabcmd login -u Admin -p '${password}' -s ${tableau_host} --nocertcheck
--accepteula
#refresh extract
./tabcmd refreshextracts --datasource "${data_source_name}" --
project "${project_name}" --no-certcheck --synchronous
```

最终，该组件将根据当前变量值刷新 Tableau Extract。

（3）此外，还应针对参数创建 Matillion 变量。对此，单击画布上的右侧按钮，并选
择 Manage Variables，如图 16.6 所示。

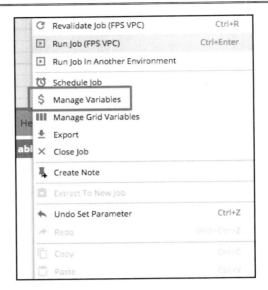

图 16.6

（4）添加 3 个公有变量，如图 16.7 所示。

	Name	Type	Behaviour	Visibility	Value		
⊞	data_source_name	Text	Copied	Public		✎	✕
⊞	project_name	Text	Copied	Public		✎	✕
⊞	tableau_host	Text	Copied	Public		✎	✕

Manage Job Variables

☐ Text Mode

＋

OK

图 16.7

（5）创建另一项作业，或复制现有的作业，将其命名为 Tableau Export PDF。利用 Matillion 参数输入下列代码：

```
#go to tabcmd location
cd /opt/tableau/tabcmd/bin
#login tableau server
./tabcmd login -u Admin -p 'p@ssword' -s ${tableau_host} --nocertcheck
```

```
--accepteula
#export pdf from Tabelau Server
./tabcmd export "${tableau_view_name}" --pdf --pagelayout landscape
-f "/tmp/$(date +%Y%m%d)_${tableau_report_name}.pdf" --no-certcheck
#upload pdf to the S3
aws s3 cp /tmp/$(date +%Y%m%d)_${tableau_report_name}.pdf
s3://${bucket_name}/$(date +%Y%m%d)/$(date
+%Y%m%d)_${tableau_report_name}.pdf
#clean out
rm /tmp/$(date +%Y%m%d)_${tableau_report_name}.pdf
```

上述脚本将 Tableau View 导出至 EC2 上的 /tmp 位置，随后通过 AWS CLI 上传至 Reporting Bucket 中，同时在存储桶中自动生成一个包含日期的文件夹。另外，还可根据命名规则指定文件名。

（6）采用与步骤（1）相同的方式创建下列变量：

❑ tableau_report_name。

❑ tableau_view_name。

❑ tableau_host。

❑ bucket_name。

读者可以感受到该方案的灵活性，并可实现多个不同的用例。

（7）创建共享作业（Shared Job），并封装编排作业（Orchestration Job）。对此，单击作业名右侧的按钮，并选择 Generate Shared Job，如图 16.8 所示。

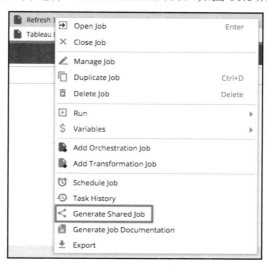

图 16.8

（8）填写表单并选择表 16.1 所示的选项。

表 16.1

包	Packt.tableau.refreshextract
名称	Refresh Tableau Extract
描述	This component refresh Tableau Extract

（9）单击 Next 按钮将会显示 rameter Configuration 步骤，随后单击 OK 按钮。

（10）针对第二项作业 Tableau Export to PDF 执行相同操作，如表 16.2 所示。

表 16.2

包	Packt.tableau.exporttopdf
名称	Tableau Export to PDF
描述	This component will export PDF report to S3 Bucket

（11）单击 Next 按钮，填写 Parameter Configuration 页面，并单击 OK 按钮。此类参数稍后将用于相应的数据项。

（12）接下来对作业进行检测。访问 Shared Jobs Pane | User Defined | Packt 选项，如图 16.9 所示。

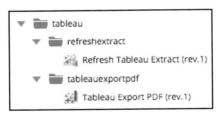

图 16.9

最后，我们可以看到最新的作业。

（13）创建新的编排作业，并拖曳新的共享组件，如图 16.10 所示。

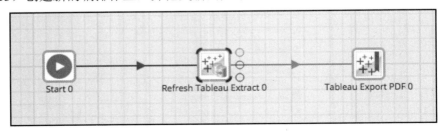

图 16.10

通常情况下，一个提取可提供多个不同的工作簿。相应地，我们可使用 Matillion 另一个功能强大的特性，即固定迭代器。对此，读者可访问 https://redshiftsupport.matillion.com/customer/en/portal/articles/2235536-fixed-iterator 以了解更多内容。

（14）在作业上添加固定迭代器，这可一次性地自定多份报告，如图 16.11 所示。

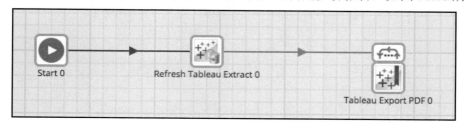

图 16.11

至此，我们创建了新的自定义组件，且对于终端用户来说兼具友好性和熟悉度。通过该方案，可使用任意 Tabcmd 命令创建一个自定义组件。

16.5.2　工作方式

我们采用了 Tabcmd 管理 Tableau Server，并将其与数据集成。向 EC2 Linux 中添加 Linux Tableau CLI Tabcmd 工具可以借助于 Matillion 组件将 Tableau 插入至数据管线中。一旦成功地执行了 ETL，即可方便地触发 Tableau Extract，或者执行其他操作。